"十三五"高校计算机应用技术系列规划教材

丛书主编　谭浩强

C++面向对象程序设计

（第三版）

陈维兴　林小茶　编著

中国铁道出版社有限公司

CHINA RAILWAY PUBLISHING HOUSE CO., LTD.

内 容 简 介

本书是为具有 C 语言基础的读者编写的，主要介绍 C++面向对象程序设计的基本知识和编程方法，全面讲述了 C++面向对象的基本特征。内容包括类、对象、继承、派生类、多态性、虚函数、运算符重载、模板、输入和输出流类库、异常处理和命名空间、STL 标准模板库和面向对象程序设计方法与实例等。

本书注重基本概念，从实际应用出发，突出重点，深入浅出，叙述清晰，内容详尽。针对初学者的特点，力求通过大量的例题，以通俗易懂的语言讲解复杂的概念和方法，以帮助读者尽快迈入面向对象程序设计的大门。

本书采用 Visual C++ 2010 作为调试环境。

为了帮助读者进一步理解和掌握所学的知识，同时出版了与本书配套的辅导教材《C++面向对象程序设计习题解答与上机指导（第三版）》。

本书内容全面、语言通俗、例题丰富，同时配有大量习题，适合作为高等院校各专业学生学习 C++的基础教材，也适合初学者自学使用。

图书在版编目（CIP）数据

C++面向对象程序设计 / 陈维兴，林小茶编著. —3版. —北京：中国铁道出版社，2017.1（2025.1重印）
"十三五"高校计算机应用技术系列规划教材
ISBN 978-7-113-22486-8

Ⅰ. ①C… Ⅱ. ①陈… ②林… Ⅲ. ①C 语言–程序设计–高等学校–教材 Ⅳ. ①TP312.8

中国版本图书馆 CIP 数据核字（2016）第 265030 号

书　　名：C++面向对象程序设计	
作　　者：陈维兴　林小茶	

策　　划：周海燕	编辑部电话：(010) 63549508
责任编辑：周海燕　徐盼欣	
封面设计：付　巍	
封面制作：白　雪	
责任校对：王　杰	
责任印制：赵星辰	

出版发行：中国铁道出版社有限公司（100054，北京市西城区右安门西街 8 号）
网　　址：https://www.tdpress.com/51eds
印　　刷：河北宝昌佳彩印刷有限公司
版　　次：2004 年 4 月第 1 版　2009 年 12 月第 2 版　2017 年 1 月第 3 版　2025 年 1 月第 12 次印刷
开　　本：787 mm×1092 mm　1/16　印张：22　字数：534 千
书　　号：ISBN 978-7-113-22486-8
定　　价：48.00 元

信息技术的迅猛发展和对人类的深远影响使许多人目瞪口呆。在当今社会，每个人都在享受信息技术的成果，都在直接或间接地应用着信息技术。信息技术改变了世界面貌，改变了人类的生活方式，也改变了人们的思维方式。

早在 30 多年前，我国高等学校已经开始在全体大学生中开展计算机教育，计算机课程成为所有学生的必修课程，掌握计算机基本知识和应用能力成为对大学生的基本要求和毕业后求职的必要条件。大学中的计算机课程的设置和内容随着信息技术的发展而与时俱进，全社会对计算机基础教育的认识和支持率大大提高了，真是今非昔比。

高等学校中的计算机教育是由两部分组成的：一是计算机专业的教育，二是面向 95% 以上大学生的非计算机专业的计算机教育（称为高校计算机基础教育）。两者的培养目标、教学内容和教学方法是不同的。前者主要培养计算机专门人才，后者主要培养各行各业中广大的计算机应用人才。

过去，面向非计算机专业大学生的课程体系和教材往往是根据计算机专业的知识体系和教材来构建的，强调学科的系统性和完整性，强调理论，有的甚至是计算机专业课程的浓缩。事实证明这是不切合实际的，难以取得好的效果。

大学生为什么要学习计算机？答案是不言而喻的：首先是因为计算机有用。如果没有用何必学习它呢？现代社会离开计算机寸步难行，使用计算机将是现代人的一项基本技能。现在有些老年人（包括一些老年知识分子）由于不会使用计算机而感到处处不便，他们的意识、习惯和工作明显落后于时代，影响了他们对社会的贡献，这是很可惜的。

有人轻视应用，以为应用就是操作，因此认为"理论高级，应用低级"，这是一种误解。应用是分层次的，应用有初级、中级和高级之分。搞理论的人只是少数，绝大多数人将来是搞应用的。大到两弹一星，小到网上购物，在各个领域，都可以看到计算机应用无所不在，所有的人都可以尽其所能，大显身手。

计算机基础教育在本质上是计算机应用的教育，应当以应用为目的，以应用为出发点，应该以计算机应用为主线来构建课程体系，明确分析和提出应用能力的要求，编写出体现应用特点的教材。

计算机基础教育要综合考虑三方面因素：信息技术的发展、面向应用的需要以及科学思维的培养。在计算机基础教学中应当做到：讲知识、讲应用、讲方法，并且把三者紧密结合起来。首先要讲知识，因为知识是基础，应用和方法都需要知识支撑；同时要讲应用，因为计算机基础教育不是纯理论的学习，要面向应用，提高应用能力；还要注意向学生传授方法，使学生掌握规律，学会思考，培养科学的思维方法。

对多数人来说，学习计算机的目的是利用这个现代化工具处理面临的各种问题，使自己能够跟上时代前进的步伐，同时在学习过程中努力培养自己的信息素养，使自己具有信息时代所要求的科学素质，站在信息技术发展和应用的前列，推动我国信息技术的发展。

学习计算机课程有两种不同的方法：一是从理论入手；二是从实际应用入手。不同的人有不同的学习内容和学习方法。大学生中的多数人将来是各行各业中的计算机应用人才。对他们来说，不仅需要"知道什么"，更重要的是"会做什么"。因此，在学习过程中要以应用为目的，注重培养应用能力，大力加强实践环节训练，激励创新意识。

由于全国各地区、各高等院校的情况不同，需要有不同特点的教材来满足不同学校、不同专业教学的需要。因此，在教材建设上应当提倡百花齐放，推陈出新。应当提供不同内容、不同风格的教材，供各校选用。

根据培养应用型人才的需要，我们组织编写了这套"'十三五'高校计算机应用技术系列规划教材"。这套教材的特点是突出应用技术，面向实际应用，强调培养应用能力，学以致用。在选材上，根据实际应用的需要决定内容的取舍，重视实践环节，不涉及过多的理论，坚决舍弃那些现在用不到、将来也用不到的内容。在叙述方法上，采取"提出问题—解决问题—归纳分析"的三部曲，这种从实际到理论、从具体到抽象、从个别到一般的方法，符合人们的认知规律，且在实践过程中已取得了很好的效果。

本丛书可以作为应用型大学的计算机应用技术课程的教材，程度较高的高职高专学校也可从中选择适用的教材，也可作为广大计算机爱好者的自学教材。

本丛书由浩强创作室与中国铁道出版社共同策划，由有丰富教学经验的高校老师编写而成。中国铁道出版社以很高的热情和效率组织了这套教材的出版工作。在组织编写及出版推广过程中，得到各高等院校老师的大力支持，对此谨表衷心的感谢。

本丛书如有不足之处，请各位专家、老师和广大读者不吝指正。希望通过本丛书的出版，能为我国计算机教育事业的发展和人才培养做出贡献。

全国高等院校计算机基础教育研究会荣誉会长

丛书主编

谭浩强

第三版前言

本教材的第一版和第二版自出版以来获得读者和同行好评，成为不少高校的教材，并作为考研参考书受到读者欢迎。在总结了最近几年的教学经验，并听取了专家和读者的意见后，我们在第二版的基础上对教材进行了再次修订。

本次修订保持了前两版通俗易懂、层次分明的特点，通过大量的实例讲解，方便读者对基本概念的理解，并使读者能尽快建立面向对象程序设计的基本思想，迅速掌握 C++程序设计的基本技能，编写出具有良好风格的程序，在此基础上，本教材主要在以下几个方面进行了修订：

（1）版本进行了升级，由 Visual C++ 6.0 升级到了 Visual C++ 2010。由于采用了 Visual C++ 2010 作为调试环境，因此本书中所有程序都在 Visual C++ 2010 中调试通过。因此，有些程序的实现与第二版有区别。在 Visual C++ 6.0 环境下，有些程序的第一行必须改为 "#include <iostream.h>" 程序才能通过调试，而在 Visual C++ 2010 中调试程序就不存在这个问题。这给我们调试程序带来了极大的方便。

（2）增加了第 11 章 STL 标准模板库。对于有一定程序设计基础的读者来说，掌握这部分内容可以提高编程效率，因为标准模板库中提供了对常用的数据结构的操作，如表、栈和队列等。程序设计者在编写实用程序时可以直接调用在这些数据结构上操作的函数，而不用再编写相关的基础程序。当然，在此也要强调，在学习过程中，数据结构的基础程序还是需要学习者好好研究并自行编写，只是，在已经掌握了相关内容后，在实用程序编写的时候，可以考虑使用标准模板库。

（3）通过对第二版的内容进行研究，删掉了一些不是十分必要的内容和案例，增加了一些新的、更实用的案例和内容，从而使本教材更具有实用性。

C++是一门实践性很强的课程，只靠听课和看书是学不好的，必须多做题、多编程、多上机。我们编写了与本教材配套的《C++面向对象程序设计习题解答与上机指导（第三版）》（由中国铁道出版社同期出版），请读者参阅。

本教材由陈维兴、林小茶编著。其中，第 1 章～第 10 章由陈维兴编写，第 11 章、第 12 章以及附录由林小茶编写。

在本教材的编写和出版过程中，全国高等院校计算机基础教育研究会荣誉会长谭浩强教授给予了指导和把关，在此表示最衷心的感谢。

最后，借用本书再版的机会，向各位老师和读者表示衷心的感谢，欢迎您对本书的内容和编写方法提出批评和建议。

编　者
2016 年 8 月

第一版前言

面向对象程序设计是不同于传统程序设计的一种新的程序设计范型。它对降低软件的复杂性，改善其重用性和维护性、提高软件的生产效率，有着十分重要的意义。因此面向对象的程序设计被普遍认为是程序设计方法学的一场实质性的革命。

C++语言是在 C 语言基础上扩充了面向对象机制而形成的一种面向对象程序设计语言，它除了继承了 C 语言的全部优点和功能外，还支持面向对象程序设计。C++现在已成为介绍面向对象程序设计的首选语言。学习 C++不仅可以深刻理解和领会面向对象程序设计的特点和风格，掌握其方法和要领，而且可以使读者掌握一种十分流行和实用的程序设计语言。

近年来许多高等院校纷纷将面向对象程序设计及面向对象技术正式列入教学计划，作为必修课或选修课，许多有识之士也纷纷把目光转向面向对象程序设计。

鉴于以上情况，我们在多年教学和科研的基础上编写了这本教材，旨在使读者迅速迈入面向对象程序设计的大门，掌握 C++程序设计的基本技能和面向对象的概念与方法，并能编写出具有良好风格的程序。本书的特点是：通俗易懂，适于自学；由浅入深，便于理解；例题丰富，重点突出。

本教材共分 10 章，第 1 章概述了面向对象程序设计的基本概念。第 2 章介绍了 C++对 C 语言在非面向对象方面的扩充。第 3～9 章详述了 C++支持面向对象程序设计的基本方法，包括类、对象、派生类、继承、多态性、模板、流类库等。第 10 章介绍了面向对象程序设计的一般方法和技巧，并安排了两个应用实例，供读者借鉴。在附录中给出了上机实验题，供读者上机练习。带有"*"号的章节是提高部分，读者可根据自己的需要，予以有选择地学习。

作为本教材的姐妹篇，我们将同时出版本教材的习题解答和实验指导书，给出了教材中所有习题的参考答案及每个实验题的参考程序，供教师和学生授课与学习时参考。

本教材第 1～9 章由陈维兴教授编写，第 10 章和附录以及习题由林小茶副教授编写。全书由陈维兴组织编写并统稿。

在本教材编写和出版过程中，全国高等院校计算机基础教育研究会会长谭浩强教授给予了指导和把关，在此表示最衷心的感谢。

在本教材的编写和出版过程中还得到了郑玉明教授、陈宝福教授、杨道沅教授、陈昕博士以及胡燕萍老师的帮助和支持，在此表示诚挚的感谢。

由于编者水平有限，书中难免还存在一些缺点和错误，殷切希望广大读者批评指正。

编　者
2004 年 3 月

第二版前言

本教材第一版于 2004 年 4 月出版以来，颇受读者欢迎，不少高校用其作为教材或考研参考书，取得了很好的教学效果。在近几年教学科研实践的基础上，作者听取了专家和读者的意见，并结合本人的教学经验，对第一版做了认真修订。

本教材根据教学需要编写，定位准确，取材合适，深度适宜。现在 C++教材很多，但大多数都是为没有学过 C 语言的学生编写的。但是据作者了解，当前无论在大学里还是在社会中，都有相当一批人已经学过 C 语言。很多高校的培养计划，仍是先开设 C 语言，随后再开设 C++语言（必修或选修）。本教材就是为那些已经学过 C 语言，且具有一定程序设计基础的大学本科生编写的。因此，本教材是符合高校的教学需要的。在取材方面，舍去了 C 语言中的内容，只讲 C++面向对象程序设计部分的内容。这样既节省了教学时间，也减轻了学生的经济负担。根据多年师生反馈的信息，本教材的取材是合适的，深度也是适宜的。

本教材体现了"以学生为中心"的理念，内容叙述力求通俗易懂，由浅入深，符合认知规律，力求做到多讲实例，循序渐进地引出概念，将复杂的概念用简洁、浅显的语言来讲述。力求教学内容富有启发性，便于学生学习。本教材还配有大量的例题、应用举例和习题，利于学生举一反三，从中学习方法和技巧，注重培养学生的创新能力。

这次修订保持了第一版语言通俗、层次清晰、理论与实例相结合的特点，将复杂的概念用简洁、浅显的语言讲述，使读者能尽快迈入面向对象程序设计的大门，迅速掌握 C++程序设计的基本技能和面向对象的概念和方法，并编写出具有良好风格的程序，在此基础上，本教材在以下几个方面进行了修订：

（1）对第一版的内容进行了斟酌，删掉了部分不是十分必要的内容，增加了一些新的、更实用的内容，从而使本书更具有实用性。增加了第 10 章"异常处理和命名空间"，以帮助读者进一步了解面向对象程序设计方法，提高解决实际问题的能力。带有"*"号的章节是提高部分，读者可根据自己的需要，有选择地学习。

（2）为了使教师能够更好地组织和实施教学过程，使读者能够更容易地接受和理解课程内容，对部分章节的内容和讲解方法进行了改进，力求从实例出发循序渐进地引出概念，对概念和例题的分析讲解更加细致、透彻，更有利于读者自学。

（3）更换或增加了一些在实践教学中效果比较好的例题，帮助读者举一反三，从中学习方法和技巧，从而更快地掌握 C++程序设计的方法和要领。

（4）对习题部分做了较大的修订，大幅度地增加了题型和题量，帮助读者通过练习题检查自己对所学内容的掌握情况。

（5）为了与 C++国际标准（IOS/IEC14882）相一致，使用标准 C++头文件改写了所有源程序。系统头文件不带扩展名.h，使用系统库时使用命名空间 std。

C++是一门实践性很强的课程，只靠听课和看书是学不好的，必须多做题、多编程、多上机。我们编写了与本教材配套的《C++面向对象程序设计习题解答与上机指导（第二版）》（已由中国铁道出版社同期出版），该配套教材的主要内容分为三部分：第一部分"《C++面向对象程序设计第二版》习题和参考答案"是对教材中习题的详细解答；第二部分"C++上机实验环境介绍"讲解了 C++程序设计调试环境；第三部分"上机实验题与参考答案"安排了 10 套精心设计的实验，每个实验题目都给出了详细的实验目的和要求、实验内容、实验步骤，帮助读者掌握 C++程序设计方法，并进一步加深对课程相关内容的理解与掌握。

　　本教材的第 1 章～第 10 章由陈维兴编写，第 11 章和附录由林小茶编写。全书由陈维兴组织编写并统稿。本书中所有程序都在 Visual C++ 6.0 中调试通过。

　　在本教材的编写和出版过程中，全国高等院校计算机基础教育研究会荣誉会长谭浩强教授给予了指导和把关，在此表示最衷心的感谢。此外，还得到了陈昕、周涛、李春强、孙若莹等老师的帮助和支持，在此表示诚挚的谢意。

　　最后，借用本书再版的机会，向各位老师和读者表示衷心的感谢，欢迎您对本书的内容和编写方法提出批评和建议。

编　者

2009 年 10 月

目录

第 *1* 章　面向对象程序设计

20 世纪 90 年代以来，在计算机软件业，面向对象程序设计的思想已经被越来越多的软件设计人员所接受。这不仅因为它是一种先进的、新颖的计算机程序设计思想，更主要的是这种新的思想更接近人的思维活动，人们利用这种思想进行程序设计时，可以很大程度地提高编程能力，减少软件维护的开销。面向对象程序设计方法通过增加软件的可扩充性和可重用性来提高程序员的编程能力。这种思想与以前使用的方法有很大的不同，并且在理解上有一些难点，希望本章的内容能对读者有所帮助。

1.1　面向对象程序设计概述

1.1.1　面向对象程序设计的定义

面向对象程序设计（Object-Oriented Programming，OOP）是一种新的程序设计范型。程序设计范型是指设计程序的规范、模型和风格，它是一类程序设计语言的基础。一种程序设计范型体现了一类语言的主要特征，这些特征能用以支持应用领域所希望的设计风格。不同的程序设计范型有不同的程序设计技术和方法。

面向过程程序设计范型是使用较广泛的程序设计范型，这种范型的主要特征是：程序由过程定义和过程调用组成（简单地说，过程就是程序执行某项操作的一段代码，函数是最常用的过程）。从这个意义出发，基于面向过程的程序可以用下面的公式来表述：

程序=过程+调用

基于面向过程程序设计范型的语言称为面向过程性语言，如 C、Pascal、FORTRAN、Ada 等都是典型的面向过程性语言。除面向过程程序设计范型外，还有许多其他程序设计范型。例如，函数式程序设计范型也是较为流行的程序设计范型，它的主要特征是：程序被看作"描述输入与输出之间关系"的数学函数，LISP 是支持这种范型的典型语言。此外，还有模块程序设计范型（典型语言是 Modula）、逻辑式程序设计范型（典型语言是 PROLOG）、进程式程序设计范型、类型系统程序设计范型、事件程序设计范型、数据流程序设计范型等。

面向对象程序设计是一种新的程序设计范型。这种范型的主要特征是：

程序=对象+消息

面向对象程序的基本元素是对象，面向对象程序的主要结构特点是：第一，程序一般由类的定义和类的使用两部分组成；第二，程序中的一切操作都是通过向对象发送消息来实现的，对象接收到消息后，启动有关方法完成相应的操作。一个程序中涉及的类，可以由程序设计者自己定义，也可以使用现成的类（包括类库中为用户提供的类和他人已构建好的类）。尽量使用现成的类，是面向对象程序设计范型所倡导的程序设计风格。

需要说明的是：某一种程序设计语言不一定与一种程序设计范型相对应。实际上存在具备两种或多种范型特征的程序设计语言，即混合型语言。例如，C++就不是纯粹的面向对象程序设计范型的语言，而是具有面向过程程序设计范型和面向对象程序设计范型的混合型程序设计语言。

1.1.2   面向对象程序设计的基本概念

为了掌握面向对象程序设计技术，我们从最基本的概念入手。本节介绍的内容是面向对象程序设计的理论基础，它们不依赖于具体的程序设计语言，也就是说，无论使用哪种面向对象语言进行面向对象程序设计，本节内容都有指导意义。

1. 对象

在此，我们讨论的对象具有两方面的含义，即在现实世界中的含义和面向对象程序设计中的含义。

在现实世界中，任何事物都是对象。它可以是一个有形的、具体存在的事物，如一粒米、一名学生、一辆汽车，甚至一个星球。它也可以是一个无形的、抽象的事件，如一次演出、一场球赛、一次出差等。对象既可以很简单，也可以很复杂，复杂的对象可以由若干简单的对象构成，整个世界都可以认为是一个非常复杂的对象。

现实世界中的对象既具有静态的属性（或称状态），又具有动态的行为（或称操作、功能）。例如，每个人都有姓名、性别、年龄、身高、体重等属性，都有吃饭、走路、睡觉、学习等行为。所以，在现实世界中，对象一般可以表示为属性+行为。

现实世界中的对象具有以下特性：

（1）每一个对象必须有一个名字以区别于其他对象。

（2）用属性来描述它的某些特征。

（3）有一组操作，每个操作决定对象的一种行为。

（4）对象的操作可以分为两类：一类是自身所承受的操作，另一类是施加于其他对象的操作。

在面向对象程序设计中，对象是描述其属性的数据以及对这些数据施加的一组操作封装在一起构成的统一体。对象可以认为是数据+操作。对象所能完成的操作表示它的动态行为，通常也把操作称为方法。

为了帮助读者理解对象的概念，图 1-1 形象地描绘了具有 3 个操作的对象。

图 1-1   具有 3 个操作的对象示意图

下面我们用一台录音机比喻一个对象，通俗地说明对象的某些特点。

录音机上有若干按键，如 Play（播放）、Rec（录音）、Stop（停止）、Rew（倒带）等，当人们使用录音机时，只要根据自己的需要如放音、录音、停止、倒带等按下与之对应的键，录音机就会完成相应的工作。这些按键安装在录音机的表面，人们通过它们与录音机交互。人们无法（当然也没必要）操作录音机的内部电路，因为它们被装在机壳里，录音机的内部情况对于用户来说是隐蔽的、不可见的。也就是该对象向公众开放的操作。

当我们用录音机比喻对象时，使用对象向公众开放的操作就好像使用录音机的按键，只需知道该操作的名字（如录音机的键名）和所需要的参数（用于提供附加信息或设置状态，好像听录音前先装录音带并把录音带转到指定位置），根本无须知道实现这些操作的方法。事实上，实现对象操作的代码和数据是隐藏在对象内部的，一个对象好像是一个黑盒子，表示它内部状态的数据和实现各个操作的代码，都被封装在这个黑盒子内部，在外面是看不见的，更不能从外面去访问或修改这些数据或代码。

使用对象时只需知道它向外界提供的接口形式而无须知道它的内部实现算法，不仅使得对象的使用变得非常简单、方便，而且具有很高的安全性和可靠性。可见面向对象程序设计中的对象来源于现实世界，更接近人们的思维。

2．类

在实现世界中，类是一组具有相同属性和行为的对象的抽象。例如，张三、李四、王五等，虽然每个人的性格、爱好、职业、特长等各有不同，但是他们的基本特征是相似的，都具有相同的生理构造，都能吃饭、说话、走路等，于是把他们统称为"人"类，而具体的每一个人是人类的一个实例，也就是一个对象。

类和对象之间的关系是抽象和具体的关系。类是多个对象进行综合抽象的结果，一个对象是类的一个实例。例如，"学生"是一个类，它是由千千万万个具体的学生抽象而来的一般概念。

类在现实世界中并不真正存在。例如，在地球上并没有抽象的"人"，只有一个个具体的人，如张三、李四、王五等。同样，世界上没有抽象的"学生"，只有一个个具体的学生。

在面向对象程序设计中，类是具有相同的数据和相同的操作的一组对象的集合，也就是说，类是对具有相同数据结构和相同操作的一类对象的描述。例如，"学生"类可由学号、姓名、性别、成绩等表示其属性的数据项和对这些数据的录入、修改和显示等操作组成。

在 C++ 中把类中的数据称为数据成员，类中的操作是用函数来实现的，这些函数称为成员函数。

在面向对象程序设计中，总是先声明类，再由类生成其对象。类是建立对象的"模板"，按照这个模板所建立的一个个具体的实例，通常称为对象。打个比方，手工制作月饼时，先雕刻一个有凹下图案的木模，然后在木模上抹油，接着将事先揉好的面塞进木模里，用力挤压后，将木模反扣在桌上，一个漂亮的图案就会出现在月饼上了。这样，就可以制造出外形一模一样的月饼。这个木模就好比是"类"，制造出来的月饼好比是"对象"。

3．消息

现实世界中的对象不是孤立存在的实体，它们之间存在着各种各样的联系，正是它们之间的相互作用、联系和连接，才构成了世间各种不同的系统。同样，在面向对象程序设计中，对象之间也需要联系，称之为对象的交互。面向对象程序设计技术必须提供一种机制允许一个对象与另一个对象的交互，这种机制称为消息传递。

在面向对象程序设计中的消息传递实际是对现实世界中的信息传递的直接模拟。以实际生活为例，每一个人可以为他人服务，也可以要求他人为自己服务。当需要别人为自己服务时，必须告诉他们需要的是什么服务，也就是说，要向其他对象提出请求，其他对象接到请求后，才会提供相应的服务。

在面向对象程序设计中，一个对象向另一个对象发出的请求称为"消息"。当对象接收到发向它的消息时，就调用有关的方法，执行相应的操作。消息是一个对象要求另一个对象执行某个操作的规格说明，通过消息传递才能完成对象之间的相互请求或相互协作。例如，有一位教师对象张三和一名学生对象李四，对象李四可以发出消息，请求对象张三演示一个实验，当对象张三接收到这个消息后，确定应完成的操作并执行之。

一般情况下，称发送消息的对象为发送者或请求者，称接收消息的对象为接收者或目标对象。对象中的联系只能通过消息传递来进行。接收对象只有在接收到消息时，才能被激活，被激活的对象会根据消息的要求完成相应的功能。

消息具有以下 3 个性质：

（1）同一个对象可以接收不同形式的多个消息，做出不同的响应。

（2）相同形式的消息可以传递给不同的对象，所做出的响应可以是不同的。

（3）对消息的响应并不是必需的，对象可以响应消息，也可以不响应。

4．方法

在面向对象程序设计中的消息传递实际是对现实世界中的信息传递的直接模拟。调用对象中的函数就是向该对象传送一个消息，要求该对象实现某一行为（功能、操作）。对象所能实现的行为（操作），在程序设计方法中称为方法，它们是通过调用相应的函数来实现的，在 C++中方法是通过成员函数来实现的。

方法包括界面和方法体两部分。方法的界面给出了方法名和调用协议（相对于 C++中成员函数的函数名和参数表）；方法体则是实现某种操作的一系列计算步骤，也就是一段程序（相对于 C++中成员函数的函数体）。消息和方法的关系是：对象根据接收到的消息，调用相应的方法；有了方法，对象才能响应相应的消息。

1.1.3　面向对象程序设计的基本特征

面向对象程序设计方法模拟人类习惯的解题方法，代表了计算机程序设计的新的思维方法。这种方法的提出是对软件开发方法的一场革命，是目前解决软件开发面临困难的最有希望、最有前途的方法之一。本节介绍面向对象程序设计的 4 个基本特征。

1．抽象

抽象（abstraction）是人类认识问题的最基本的手段之一。抽象是将有关事物的共性归纳、集中的过程。在抽象的过程中，通常会忽略与当前主题目标无关的那些方面，以便更充分地注意与当前目标有关的方面。抽象是对复杂世界的简单表示，抽象并不打算了解全部信息，而只强调感兴趣的信息，忽略了与主题无关的信息。例如，在设计学生成绩管理系统的过程中，只关心他的姓名、学号、成绩等，而对他的身高、体重等信息就可以忽略。而在学生健康信息管理系统中，身高、体重等信息必须抽象出来，而成绩则可以忽略。

抽象是通过特定的实例（对象）抽取共同性质后形成概念的过程。面向对象程序设计中的抽象包括两个方面：数据抽象和代码抽象（或称行为抽象）。前者描述某类对象的属性或状态，也就是此类对象区别于彼类对象的特征物理量；后者描述了某类对象的共同行为特征或具有的共同功能。正如前面所述的，对于一组具有相同属性和行为的对象，可以抽象成一种类型，在 C++ 中，这种类型为类（class），类是对象的抽象，而对象是类的实例。

抽象在系统分析、系统设计以及程序设计的发展中一直起着重要的作用。在面向对象程序设计方法中，对一个具体问题的抽象分析结果是通过类来描述和实现的。

现在以职工人事管理系统为例，通过对所有职工进行归纳、分析，抽取出其中的共性，可以得到如下的抽象描述：

（1）共同的属性：姓名、职工号、部门等，它们组成了职工类的数据抽象部分。用 C++ 的数据成员来表示，可以是：

```
string name;           //姓名
int number;            //职工号
string department;     //部门
```

（2）共同的行为：数据录入、数据修改和数据输出等，这构成了职工类的代码抽象（行为抽象）部分。用 C++ 的成员函数表示，可以是：

```
input()                //数据录入函数
modify()               //数据修改函数
display()              //数据输出函数
```

如果开发一个学生成绩管理系统，所关心的特征就有所不同了。可见，即使对同一个研究对象，由于所研究问题的侧重点不同，也可能产生不同的抽象结果。

2．封装

封装（encapsulation）是面向对象程序设计方法的一个重要特性。在现实世界中，所谓封装就是把某个事物包围起来，使外界不知道该事物的具体内容。在面向对象程序设计中，封装是指把数据和实现操作的代码集中起来放在对象内部，并尽可能隐蔽对象的内部细节。对象好像是一个不透明的黑盒子，表示对象属性的数据和实现各个操作的代码都被封装在黑盒子里，从外面是看不见的，更不能从外面直接访问或修改这些数据及代码。使用一个对象时，只需知道它向外界提供的接口形式而无须知道它的数据结构细节和实现操作的算法。

C++ 对象中的函数名就是对象的对外接口，外界可以通过函数名来调用这些函数来实现某些行为（功能）。这些将在以后进行详细介绍。

所谓封装具有两方面的含义：一是将有关的数据和操作代码封装在一个对象中，各个对象相对独立、互不干扰；二是将对象中某些数据与操作代码对外隐蔽，即隐蔽其内部细节，只留下少量接口，以便与外界联系，接收外界的消息。这种对外界隐蔽的做法称为信息隐蔽。信息隐蔽有利于数据安全，可以防止无关人员访问和修改数据。

封装的好处是可以将对象的使用者与设计者分开，大大降低了人们操作对象的复杂程度。使用者不必知道对象行为实现的细节，只需要使用设计者提供的接口即可自如地操作对象。封装的结果实际上隐藏了复杂性，并提供了代码重用性，从而减轻了开发一个软件系统的难度。

3. 继承

继承（inheritance）是面向对象程序设计的重要特性。继承在现实生活中是一个很容易理解的概念。例如，我们每一个人都从父母身上继承了一些特性，如种族、血型、眼睛的颜色等，我们身上的特性来自父母，也可以说，父母是我们所具有的属性和行为的基础。

下面以哺乳动物、狗、柯利狗之间的关系来描述"继承"这个特性。图1-2说明了哺乳动物、狗、柯利狗之间的继承关系。哺乳动物是一种热血、有毛发、用奶哺育幼仔的动物；狗是有犬牙、食肉、特定的骨骼结构、群居的哺乳动物；柯利狗是尖鼻子、具有红白相间的颜色、适合放牧的狗。在继承链中，每个类继承了它前一个类的所有特性。例如，狗具有哺乳动物的所有特性，同时还具有区别于其他哺乳动物如猫、大象等的特征。图中从下到上的继承关系是：柯利狗是狗，狗是哺乳动物。"柯利狗"类继承了"狗"类的特性，"狗"类继承了"哺乳动物"类的特性。

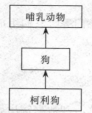

图1-2　哺乳动物、狗、柯利狗之间的继承关系

从面向对象程序设计的角度出发，继承所表达的是对象类之间相关的关系。这种关系使得某一类可以继承另外一个类的特征和能力。

若类之间具有继承关系，则它们之间具有下列几个特性：

（1）类间具有共享特征（包括数据和操作代码的共享）。

（2）类间具有差别或新增部分（包括非共享的数据和操作代码）。

（3）类间具有层次结构。

假设有两个类A和B，若类B继承类A，则类B包含了类A的特征（包括数据和操作），同时也可以加入自己所特有的新特性。这时，称被继承类A为基类或父类；而称继承类B为A的派生类或子类。同时，还可以说，类B是从类A中派生出来的。

如果类B是类A的派生类，那么在构造类B时，不必描述类B的所有特征，只需让它继承类A的特征，然后描述与基类A不同的那些特性。也就是说，类B的特征由继承来的和新添加的两部分特征构成。

如果类B是从类A派生出来，而类C又是从类B派生出来的，那么就构成了类的层次。这样，又有了直接基类和间接基类的概念。类A是类B的直接基类，是类C的间接基类。类C不但继承它的直接基类的所有特性，还继承它的所有间接基类的特征。

具体地说，继承机制允许派生类继承基类的数据和操作（即数据成员和成员函数），也就是说，允许派生类使用基类的数据和操作。同时，派生类还可以增加新的操作和数据。

如果没有继承机制，每次的软件开发都要从"一无所有"开始，类的开发者们在构造类时，各自为政，使类与类之间没有什么联系，分别是一个个独立的实体。继承使程序不再是毫无关系的类的堆砌，而是具有良好的结构。

采用继承的方法可以很方便地利用一个已有的类建立一个新的类，这就可以重用已有软件中的一部分甚至大部分，在派生类中只需描述其基类中没有的数据和操作。这样，就避免了公用代码的重复开发，增加了程序的可重用性，减少了代码和数据的冗余，大大节省了编程的工作量，这就是常说的"软件重用"思想。同时，在描述派生类时，程序员还可以覆盖基类的一些操作，或修改和重定义基类中的操作。具体的实现方法将在以后进行详细介绍。

从继承源来分，继承分为单继承和多继承。

单继承是指每个派生类只直接继承了一个基类的特征。前面介绍的动物链，就是一个单继承的实例。

单继承并不能解决继承中的所有问题。例如，小孩喜欢的玩具车既继承了车的一些特性，又继承了玩具的一些特征。玩具车与玩具、车之间就形成了多继承的关系。

多继承是指多个基类派生出一个派生类的继承关系。多继承的派生类直接继承了多于一个基类的特征。

4. 多态

多态（polymorphism）也是面向对象程序设计的重要特性。在现实世界中，多态性经常出现。假设一辆汽车停在了属于别人的车位，司机可能会听到这样的要求："请把你的车挪开。"司机在听到请求后，所做的工作应该是把车开走。在家里，一把凳子挡住了孩子的去路，他可能会请求妈妈："请把凳子挪开。"妈妈过去搬起凳子，放在一边。在这两件事情中，司机和妈妈的工作都是"挪开"一样东西，但是他们在听到请求以后的行为是截然不同的，这就是现实世界中的多态性。对于"挪开"这个请求，还可以有更多的行为与之对应。"挪开"从字面上看是相同的，但由于作用的对象不同，操作的方法就不同。

面向对象程序设计借鉴了现实世界的多态性。面向对象系统的多态性是指不同的对象收到相同的消息时产生多种不同的行为方式。例如，有一个窗口（Window）类对象，还有一个汽车（Car）类对象，对它们发出"移动"的消息，"移动"操作在 Window 类对象和 Car 类对象上可以有不同的行为。

C++支持两种多态性，即编译时的多态性和运行时的多态性。编译时的多态性是通过重载来实现的，运行时的多态性是通过虚函数来实现的。

重载一般包括函数重载和运算符重载。函数重载是指一个标识符可同时用于为多个函数命名，而运算符重载是指一个运算符可同时用于多种运算。也就是说，相同名字的函数或运算符在不同的场合可以表现出不同的行为。下面给出一个函数重载的例子。

```
void Print(int i){语句段1;}
void Print(double f){语句段2;}
void Print(string c){语句段3;}
```

在此，重载了 3 个函数，名字都是 Print()。它们有各自不同的功能，分别用"语句段 1""语句段 2""语句段 3"中的语句实现，在此略去了语句的细节。这 3 个函数的函数名相同，但函数实现的操作不同。那么，当收到要求使用 Print()函数的消息时，到底应该执行哪一个函数呢？这就要看消息传递时函数实参的类型是什么，根据实参的类型来调用不同的同名函数。例如，发送的消息是 Print(20)，则执行的是"语句段 1"；发送的消息是 Print(12.34)，则执行的是"语句段 2"；发送的消息是 Print("welcome")，则执行的是"语句段 3"。

使用重载可以使程序员在只知道操作的一般含义、而不知道操作的具体细节的情况下能够正确地调用某个函数，减少了程序员记忆操作名字的负担。

如果不能使用重载，我们必须为不同函数确定不同的函数名，如 PrintInteger()和 Printdouble()等。程序员将需要记忆很多不同的函数名，增加了程序员的负担。

由于虚函数的概念略为复杂，并且涉及 C++的语法细节，将在第 6 章再进一步讨论。

多态性增强了软件的灵活性和重用性，为软件的开发与维护提供了极大的便利。尤其是采用了虚函数和动态连编机制后，允许用户以更为明确、易懂的方式去建立通用的软件。

1.2　面向对象程序设计的特点

1.2.1　面向过程程序设计的局限性

传统的程序设计是面向过程的结构化程序设计，其局限性至少有以下几个方面：

1. 面向过程程序设计开发软件的生产效率低下

众所周知，从 1946 年第一台电子计算机问世以来，计算机的硬件已经历了四代变化，从电子管时代、晶体管时代、集成电路时代到大规模集成电路时代，其硬件性能取得了长足的发展，速度、容量等成倍地增长，而价格却一直下降，并且计算机的硬件水平还在突飞猛进地发展着。但相比之下，软件的生产能力还比较低下，开发周期长、效率低、费用不断上升，以至出现了所谓的"软件危机"。

硬件生产之所以效率高，一个重要原因就是，其生产方式已从当初的分立元件一级的设计，发展到今天的芯片（超大规模集成电路）一级的设计。这就是说，硬件有大粒度的构件，而且这些构件有很好的重用性。于是，也就便于实现生产过程的工程化和自动化，生产效率自然也就提高了。

然而，尽管传统的程序设计语言经历了第一代语言、第二代语言以及第三代语言的发展过程，但是其编制程序的主要工作还是围绕着设计解题过程来进行的，故称之为面向过程的程序设计，面向过程程序设计语言为过程性语言。这种程序设计的生产方式仍是采用较原始的方式进行，程序设计基本上还是从语句一级开始。软件的生产中缺乏大粒度、可重用的构件，软件的重用问题没有得到很好的解决，从而导致软件生产的工程化和自动化屡屡受阻。

复杂性问题也是影响软件生产效率的重要方面。传统程序设计的特点是数据与其操作分离，而且对同一数据的操作往往分散在程序的不同地方。这样，如果一个或多个数据的结构发生了变化，那么这种变化将波及程序的很多部分甚至遍及整个程序，致使许多函数和过程必须重写，严重时会导致整个软件结构的崩溃。随着计算机技术的大规模推广，软件的应用范围越来越广，软件的规模越来越大，要解决的问题越来越复杂。面向过程程序设计的复杂性控制是一个很棘手的问题，这也是传统程序难以重用的一个重要原因。

维护是软件生命周期中的最后一个环节，也是非常重要的一个环节。面向过程程序设计是面向过程的，其数据和操作相分离的结构，使得维护数据和处理数据的操作过程要花费大量的精力和时间，严重地影响了软件的生产效率。

总之，要提高软件生产的效率，就必须很好地解决软件的重用性、复杂性和可维护性问题。但是面向过程程序设计是难以解决这些问题的。

2. 面向过程程序设计难以应付日益庞大的信息量和多样的信息类型

随着计算机科学与技术的飞速发展和计算机应用的普及，当代计算机的应用领域已从数值计算扩展到了人类社会的各个方面，所处理的数据已从简单的数字和字符发展为具有多种格式的多媒体数据，如文本、图形、图像、影像、声音等，描述的问题从单纯的计算问题到仿真复杂的自然现象和社会现象。于是，计算机处理的信息量与信息类型迅速增加，程序的规模日益庞大，复杂度不断增加。这些都要求程序设计语言有更强的信息处理能力。然而，面对这些庞大的信息量和多样的信息格式，面向过程程序设计方法是无法应付的。

3. 面向过程程序设计难以适应各种新环境

当前，并行处理、分布式、网络和多机系统等，已经或将是程序运行的主流方式和主流环境。这些环境的一个共同特点是都具有一些有独立处理能力的结点，结点之间有通信机制，即以消息传递进行联络。显然传统的面向过程程序设计技术很难适应这些新环境。

综上所述，面向过程程序设计不能够满足计算机技术迅猛发展的需要，软件开发迫切需要一种新的程序设计范型的支持。那么，面向对象程序设计是否能担当此任呢？下面分析面向对象程序设计的主要优点。

1.2.2　面向对象程序设计的主要优点

面向对象程序设计方法是软件开发史上一个里程碑。这种方法从根本上改变了人们以往设计软件的思维方式，从而使程序设计者摆脱了具体的数据格式和过程的束缚，将精力集中于要处理对象的设计和研究上，极大地减少了软件开发的复杂性，提高了软件开发的效率。面向对象程序设计主要具有以下几个优点：

1. 面向对象程序设计可提高程序的重用性

重用是提高软件开发效率最主要的方法，面向过程程序设计的重用技术是利用标准函数库，但是标准函数库缺乏必要的"柔性"，不能适应不同应用场合的需要，库函数往往仅提供最基本的、最常用的功能，在开发一个新的软件系统时，通常大部分函数仍需要开发者自己编写，甚至绝大部分函数都是新编的。

面向对象程序设计能比较好地解决软件重用的问题。对象所固有的封装性和信息隐藏等机理，使得对象内部的实现与外界隔离，具有较强的独立性，它可以作为一个大粒度的程序构件，供同类程序直接使用。

面向对象程序设计可以重复使用一个对象类，可以像使用集成电路（IC）构建计算机硬件那样，比较方便地重用对象类来构造软件系统，因此有人把对象类称为"软件 IC"。

2. 面向对象程序设计可控制程序的复杂性

面向过程程序设计忽略了数据和操作之间的内在联系，它把数据与其操作分离，于是存在使用错误的数据调用正确的程序模块，或使用正确的数据调用错误的程序模块的风险。使数据和操作保持一致，控制程序的复杂性，是程序员一个沉重的负担。面向对象程序设计采用了数据抽象和信息隐藏技术，把数据及对数据的操作放在一个个类中，作为相互依存、不可分割的整体来处理。这样，在程序中任何要访问这些数据的地方都只需简单地通过传递信息和调用方法来进行，这就有效地控制了程序的复杂性。

3. 面向对象程序设计可改善程序的可维护性

用面向过程程序设计语言开发出来的软件很难维护，是长期困扰人们的一个严重问题，是软件危机的突出表现。但是，面向对象程序设计方法所开发的软件可维护性较好。在面向对象程序设计中，对于对象的操作只能通过消息传递来实现，所以只要消息模式即对应的方法界面不变，方法体的任何修改不会导致发送消息的程序修改，这显然给程序的维护带来了方便。另外，类的封装和信息隐藏机制使得外界对其中的数据和程序代码的非法操作成为不可能，这也大大减少了程序的错误率。

4. 面向对象程序设计能够更好地支持大型程序设计

在开发一个大型系统时，应对任务进行清晰的、严格的划分，使每个程序员了解自己要做的工作以及与他人的接口，使每个程序员可以独立地设计、调试自己负责的模块，以使各个模块能够顺利地应用到整个系统中去。

类是一种抽象的数据类型，所以类作为一个程序模块，要比通常的子程序的独立性强得多，面向对象技术在数据抽象和抽象数据类型之上又引入了动态连接和继承性等机制，进一步发展了基于数据抽象的模块化设计，使其更好地支持大型程序设计。

5. 面向对象程序设计增强了计算机处理信息的范围

面向对象程序设计方法模拟人类习惯的解题方法，代表了计算机程序设计新颖的思维方法。这种方法把描述事物静态属性的数据结构和表示事物动态行为的操作放在一起构成一个整体，完整地、自然地表示客观世界中的实体。

用类来直接描述现实世界中的类型，可使计算机系统的描述和处理对象从数据扩展到现实世界和思维世界的各种事物，这实际上大大扩展了计算机系统处理的信息量和信息类型。

6. 面向对象程序设计能很好地适应新的硬件环境

面向对象程序设计中的对象、消息传递等思想和机制，与分布式、并行处理、多机系统及网络等硬件环境也恰好吻合。面向对象程序设计能够开发出适应这些新环境的软件系统。面向对象的思想也影响计算机硬件的体系结构，现在已在研究直接支持对象概念的面向对象计算机。这样的计算机将会更适合于面向对象程序设计，更充分地发挥面向对象技术的优势。

由于面向对象程序设计的上述优点，我们看到，面向对象程序设计是目前解决软件开发面临难题的最有希望、最有前途的方法之一。

1.3   面向对象程序设计的语言

1.3.1   面向对象程序设计语言的发展概况

为了适应高科技发展的需要，以及消除传统程序设计的局限性，自 20 世纪 70 年代以来研发出了各种不同的面向对象程序设计语言。现在公认的第一个真正面向对象程序设计语言是Smalltalk。它是由美国的 Xerox 公司于 20 世纪 70 年代初开发的。该语言第一次使用了"面向对象"的概念和程序风格，开创了面向对象程序设计的新范型，被誉为面向对象程序设计语言发展的里程碑。

实际上，面向对象程序设计语言的出现并非偶然，它是程序设计语言发展的必然结果。事实上，20 世纪 60 年代研制出来的 Simula 语言已经引入了几个面向对象程序设计中的概念和特性。Smalltalk 中类和继承的概念就是源于 Simula 语言，它的动态连编（聚束）的概念和交互式开发环境的思想则来自于 50 年代诞生的 LISP 语言，其信息隐藏与封装机制则可以看作 70 年代出现的 CLU 语言、Modula-2 语言及 Ada 语言数据抽象机制的进一步发展。

Smalltalk 的问世标志着面向对象程序设计语言的正式诞生。20 世纪 80 年代以来，面向对象程序设计语言得到飞速发展，形形色色的面向对象程序设计语言如雨后春笋般地涌现。这时候，面向对象程序设计语言朝着两个方向发展：一个方向是朝着纯面向对象语言发展，如继 Smalltalk 之后，又出现了 Eiffel、SELF 等语言；另一个方向是朝着混合型面向对象语言发展，如将过程型与面向对象结合产生了 C++、Objective-C、Object Pascal、Object Assembler、Object logo 等一大批语言，将函数型（LISP）与面向对象结合产生了 LOOPS、Flavors、CLOS 等语言，将逻辑型（PROLOG）与面向对象结合产生了 SPOOL、Orient 84K 等语言。此外，还有一批面向对象的并发程序设计语言也相继出现，如 ABCL、POOL、PROCOL 等。我们将要学习的 C++就是一种面向过程与面向对象相结合的语言。

当前新推出的程序设计语言和软件平台几乎都是面向对象的或基于对象的。例如，我们熟知的 BC++、VC++、VB、PowerBuilder、Windows 以及 Java 等。

这些语言和软件平台把 OOP 的概念和技术与数据库、多媒体、网络等技术融为一体，成为新一代的软件开发工具与环境。它们的出现标志着 OOP 已全面进入软件开发的主战场，成为软件开发的主力军。

1.3.2　几种典型的面向对象程序设计语言

1. Smalltalk 语言

Smalltalk 是公认的第一个真正的面向对象程序设计语言，它体现了纯正的面向对象程序设计思想。Smalltalk 中的一切元素都是对象，如数字、符号、串、表达式、程序等都是对象。类也是对象，类是元类的对象。该语言从本身的实现和程序设计环境到所支持的程序设计风格，都是面向对象的。

但由于早期版本的 Smalltalk 是基于 Xerox 的称为 Alto 的硬件平台而开发的，再加上它的动态连编的解释执行机制导致的低运行效率，使得该语言并没有得到迅速的推广应用。Smalltalk 经过不断改进，直到 1981 年推出了 Smalltalk-80 以后，情况才有所改观。现在流行的版本仍是 Smalltalk-80。另外，Digitalk 公司于 1986 年推出的 Smalltalk/v 是运行在 IBM PC 系列机的 DOS 环境下的一个 Smalltalk 版本。

Smalltalk 被认为是最纯正、最具有代表性的面向对象程序设计语言。它在面向对象程序设计乃至面向对象技术中扮演着不可取代的重要角色。

2. Simula 语言

Simula 语言是 20 世纪 60 年代开发出来的，在 Simula 中已经引入了几个面向对象程序设计语言中最重要的概念和特性，如数据抽象的概念、类机构和继承性机制。Simula 67 是具有代表性的一个版本，70 年代的 CLU、Ada、Modula-2 等语言是在它的基础上发展起来的。

3．C++语言

为了填补传统的面向过程程序设计与面向对象程序设计之间的鸿沟，使得人们能从习惯了的面向过程程序设计平滑地过渡到面向对象程序设计，人们对广泛流行的 C 语言进行扩充，开发了C++。我们将在以后的章节进行详细介绍。

4．Java 语言

Java 语言是由 Sun 公司（已于 2009 年被 Oracle 公司收购）的 J.Gosling、B.Joe 等人在 20 世纪90 年代初开发出的一种面向对象的程序设计语言。Java 是一个广泛使用的网络编程语言。首先，作为一种程序设计语言，它简单、面向对象、不依赖于机器结构，具有可移植性、健壮性和安全性，并且提供了并发的机制，具有很高的性能；其次，它最大限度地利用了网络，Java 的应用程序（applet）可在网络上传输；另外，Java 还提供了丰富的类库，使程序设计者可以很方便地建立自己的系统。

5．C#语言

C#语言是由 Microsoft 公司于 2000 年 6 月 26 日对外正式发布的。C#语言从 C/C++语言继承发展而来，是一个全新的、面向对象的、现代的编程语言。C#语言可以使广大程序员更加容易地建立基于 Microsoft .NET 平台、以 XML（扩展标识语言）为基础的因特网应用程序。用 C#语言编写的应用程序可以充分利用.NET 框架体系的各种优点，完成各种各样高级功能。例如，既可以用来编写基于通用网络协议的 Internet 服务软件，也可以用来编写 Windows 图形用户界面程序，还可以用来编写各种数据库、网络服务应用程序。

本 章 小 结

（1）面向对象程序设计是一种新型的程序设计范型。这种范型的主要特征是：程序=对象+消息。

（2）C++不是纯粹的面向对象程序设计范型，而是面向过程程序设计范型和面向对象程序设计范型的混合范型程序设计语言。

（3）在面向对象程序设计中，对象是将描述其属性的数据以及对这些数据施加的一组操作封装在一起构成的统一体。

（4）在面向对象程序设计中，类是具有相同的数据和相同的操作的一组对象的集合，也就是说，类是对具有相同数据结构和相同操作的一类对象的描述。

（5）在面向对象程序设计中，对象之间也需要联系，称之为对象的交互。面向对象程序设计技术必须提供一种机制允许一个对象与另一个对象的交互，这种机制称为消息传递。

（6）在面向对象程序设计中，要求某一对象做某一操作时，就向该对象发送一个相应的消息，当对象接收到发向它的消息时，就调用有关的方法，执行相应的操作。方法就是对象所能执行的操作。

（7）面向对象程序设计方法模拟人类习惯的解题方法，代表了计算机程序设计新颖的思维方法。这种方法的提出是对软件开发方法的一场革命，是目前解决软件开发面临困难的最有希望、最有前途的方法之一。面向对象程序设计的 4 个基本特征是：抽象、封装、继承和多态。

（8）随着计算机大规模地推广、普及与应用，传统的程序设计已不能满足需要。面向对象程序设计方法是软件开发史上一个里程碑。这种方法从根本上改变了人们以往设计软件的思维方式，从而使程序设计者摆脱了具体的数据格式和过程的束缚，将精力集中于要处理对象的设计和研究上，极大地减少了软件开发的复杂性，提高了软件开发的效率。

习　题

【1.1】什么是面向对象程序设计？

【1.2】在面向对象程序设计中，什么是对象？什么是类？对象与类的关系是什么？

【1.3】现实世界中的对象有哪些特征？

【1.4】什么是消息？消息具有什么性质？

【1.5】什么是方法？在 C++ 中它是通过什么来实现的？

【1.6】什么是抽象和封装？

【1.7】什么是继承？请举例说明。

【1.8】若类之间具有继承关系，则它们之间具有什么特征？

【1.9】什么是单继承、多继承？请举例说明。

【1.10】什么是多态性？请举例说明。

【1.11】传统程序设计方法的局限性主要有哪些？

【1.12】面向对象程序设计的优点主要有哪些？

第 *2* 章 C++基础

C 语言以及 C++可以说是当今使用人数最多的程序设计语言。C 语言具有高级语言的容易学习以及低级语言强大的控制能力两种特性。

C++是在 C 语言基础上扩充了面向对象机制而形成的一种面向对象程序设计语言，C++对 C 语言的扩充，主要是引进了面向对象机制，包括类、对象、派生类、继承、多态等概念和语言机制，从而使 C++成为一个面向对象程序设计语言。

在传统的非面向对象方面，C++对 C 语言也做了不少扩充。本章先介绍这方面的内容，以便为后面章节的学习和编程做好准备。

2.1 C++的产生和特点

2.1.1 C++的产生

C++是美国贝尔实验室的 Bjarne Stroustrup 博士在 C 语言的基础上，弥补了 C 语言存在的一些缺陷，增加了面向对象的特征，于 1980 年开发出来的一种面向过程性与面向对象性相结合的程序设计语言。最初他把这种新的语言称为 "含类的 C"，到 1983 年才取名为 C++。

C 语言是 1972 年由 Dennis Ritchie 在贝尔实验室设计的一个通用目的程序设计语言，它的前身是 B 语言，而 B 语言又是在继承和发展了 BCPL 语言的基础上设计的，C 最初用做 UNIX 操作系统的描述语言。开发者希望它功能强、性能好，能像汇编语言那样高效、灵活，又能支持结构化程序设计。由于这一追求的实现并随着 UNIX 的成功和广泛使用，C 语言被介绍于世并立即赢得了青睐，到了 20 世纪 80 年代已经广为流行，成为一种应用最广泛的程序设计语言。

但是 C 语言也存在着一些局限：

（1）C 语言的类型检查机制相对较弱，这使得程序中的一些错误不能在编译阶段由编译器检查出来。

（2）C 语言本身几乎没有支持代码重用的语言结构。

（3）C 语言不适合开发大型程序，当程序的规模达到一定程度时，程序员很难控制程序的复杂性。

C++正是为了解决上述问题而设计的。C++继承了 C 语言的原有精髓，如高效率、灵活性，增加了对开发大型软件颇为有效的面向对象机制，弥补了 C 语言不支持代码重用、不适宜开发大型软件的不足，成为一种既可用于表现过程模型，又可用于表现对象模型的、优秀的程序设计语言之一。

2.1.2 C++的特点

C++现在得到了越来越广泛的应用，它继承了 C 语言的优点，并有自己的特点，最主要的有：

（1）C++保持与 C 语言兼容，这使许多 C 语言代码不经修改就可以为 C++所用，用 C 语言编写的众多的库函数和实用软件可以用于 C++中。

（2）C++是一个更好的 C 语言，它保持了 C 语言的简洁、高效和接近汇编语言等特点，并对 C 语言的功能做了不少扩充。用 C++编写的程序比 C 语言更安全，可读性更好，代码结构更为合理。

（3）用 C++编写的程序质量高，从开发时间、费用到形成的软件的可重用性、可扩充性、可维护性和可靠性等方面有了很大提高，使得大中型程序的开发变得更加容易。

（4）增加了面向对象机制，C++几乎支持所有的面向对象程序设计特征，体现了近几十年来在程序设计和软件开发领域出现的新思想和新技术。

C++语言最有意义的方面是支持面向对象的特征，然而，由于 C++与 C 语言保持兼容，使得 C++不是一个纯正的面向对象语言，C++既可用于面向过程的结构化程序设计，也可用于面向对象的程序设计。

2.2 C++程序的结构特性

2.2.1 一个简单的 C++示例程序

C++是 C 的一个超集，它几乎保留了 C 的所有特性。下面给出一个简单的 C++程序，以便读者对 C++程序的格式有一个初步的了解。

【例 2.1】一个简单的 C++程序。

```cpp
//sum.cpp
#include <iostream>              //编译预处理命令
using namespace std;            //使用命令空间 std
int add(int a,int b);          //函数原型说明
int main()                      //主函数
{  int x,y,sum;                 //定义 3 个整型变量
   cout<<"Enter two numbers:"<<'\n'; //界面: 提示用户输入两个数
   cin>>x;                      //从键盘输入变量 x 的值
   cin>>y;                      //从键盘输入变量 y 的值
   sum=add(x,y);               //调用函数 add(), 将得到的值赋给变量 sum
   cout<<"The sum is:"<<sum<<'\n'; //输出两个数的和 sum 的值
   return  0;
}
int add(int a,int b)            //定义 add() 函数, 函数值为整型
{  int c;                       //定义一个整型变量
   c=a+b;                       //计算两个数的和
   return c;                    //将 c 的值返回, 通过 add 带回调用处
}
```

本程序用来计算两个整数的和。它由两个函数组成：主函数 main()和被调用函数 add()。函数 add()的作用是计算 a 与 b 的和，把其值赋给变量 c。return 语句把 c 的值返回给主函数 main()。返

回值通过函数名 add 带回到 main()函数的调用处。

从例 2.1 中可以看出，C++程序和 C 语言程序在形式上基本是一样的，也是由一些函数组成。C++的主函数一般要求在前面写上返回类型 int。若一个函数没有指出返回类型，则 C++默认该函数的返回类型是 int。

程序的第 1 行是 C++风格的注释语句，它由"//"开始，到行尾结束，这条注释语句注明了本程序的文件名为 sum.cpp。程序的第 2 行"#include <iostream>"是编译预处理命令。第 3 行"using namespace std;"是使用命名空间 std 的指令，将在后面进行介绍。第 7 行语句的作用是将字符串"Enter two numbers:"在屏幕上显示出来，"'\n'"是换行符，即输出上述信息后回车换行。第 8 行和第 9 行的作用是分别输入变量 x 和 y 的值，即执行 cin 后，把从键盘输入的两个数值分别赋给变量 x 和 y。第 10 行用来调用 add()函数，调用时把实际参数 x、y 的值传给函数 add()中的形式参数 a、b，执行 add()函数后得到一个返回值（即 add()函数中的 c），把这个值赋给 sum，然后第 11 行输出 sum 的值。程序运行结果如下：

```
Enter two numbers:
3✓
5✓
The sum is:8
```

从例 2.1 中可以看出，第 7、8、9、11 行 4 个语句中的关键字 cin、cout 及运算符"<<"和">>"在 C 语言中是没有的。它们是 C++提供的新的输入/输出方式。其中，cin 是标准输入流对象，cout 是标准输出流对象，它们都是 C++系统定义的对象。">>"是输入运算符（也称提取运算符），"<<"是输出运算符（又称插入运算符）。表达式：

```
cout<<数据
```

表示把数据写到流对象 cout（可理解为屏幕）上。表达式：

```
cin>>变量
```

表示从流对象 cin（可理解为键盘）读数据到变量中。

关于输入流对象和输出流对象的概念将在后面介绍。在此，读者只要知道用 cin>>和 cout<<就可以分别实现输入和输出。为了便于理解，把用 cin 和>>实现输入的语句简称为 cin 语句，把用 cout 和<<实现输出的语句简称为 cout 语句。

程序的第 2 行"#include <iostream>"是编译预处理命令，用来指示编译器在对程序进行预处理时，将文件 iostream 的代码嵌入程序中该指令所在的地方。iostream 是 C++系统定义的一个头文件，在这个文件中声明了程序所需要的输入和输出操作的有关信息。流对象 cin、cout 及运算符"<<"和">>"的定义均包含在文件 iostream 中。由于这类文件常被嵌入在程序开始处，所以称之为头文件。

程序的第 3 行"using namespace std;"是针对命名空间 std 的指令，意思是使用命名空间 std。使用命名空间 std 可保证对 C++标准库操作的每一个特性都是唯一的，不至于发生命名冲突。关于命名空间的概念，本书将在第 7 章进行介绍，现在读者只需知道：使用"#include <iostream>"命令的同时，必须加上"using namespace std;"，否则编译时将出错。

2.2.2　C++程序的结构特性

例 2.1 并没有真正体现出 C++面向对象的风格。一个面向对象的 C++程序一般由类的声明和类的使用两大部分组成。

$$
面向对象程序 \begin{cases} 类的声明部分 \\ \\ 类的使用部分 \end{cases}
$$

类的使用部分一般由主函数及有关子函数组成。例 2.2 就是一个典型的 C++程序的框架结构，引入本例的目的是使读者对 C++面向对象程序的基本框架有一个初步的印象，我们将在以后的章节中做详细介绍。

【例 2.2】C++程序的结构特性示例。

```
#include <iostream>          //编译预处理命令
using namespace std;         //使用命令空间 std
class A                      //声明一个类,类名为 A
{ private:
    int x,y,z;               //声明类 A 的数据成员
    …
  public:
    fun(){ … }               //声明类 A 的成员函数 fun()
    …
};
int main()
{ A a;                       //定义类 A 的一个对象 a
    …
  a.fun();                   //调用对象 a 的成员函数 fun()
  return 0;
}
```

在 C++程序中，程序设计始终围绕"类"展开。通过声明类，构建了程序所要完成的功能，体现了面向对象程序设计的思想。在例 2.2 中首先声明了类 A，然后在主函数中创建了类 A 的对象 a，通过向对象 a 发送消息，调用成员函数 fun()，完成了所需要的操作。

2.3　C++程序的编辑、编译、连接和运行

开发一个 C++程序的过程通常包括编辑、编译、连接、运行和调试等步骤。目前，有许多软件产品可以帮助完成 C++程序的开发。例如，在 Windows 平台下有 Microsoft 公司的 Visual C++和 Borland 公司的 C++ Builder，在 Linux 平台下有 GUN 的 gcc 和 gdb 等。读者可以使用不同的 C++编译系统，在不同的环境下编译和运行 C++程序。

自从 Microsoft 公司发布 Visual C++以来，Visual C++已经成为 Windows 操作系统环境下最主要的应用系统开发工具之一，是目前用得最多的 C++编译系统，现在常用的是 Visual C++ 2010 版本。

如果所用的计算机上已经安装了 Visual C++ 2010（即 Visual Studio 2010），则在 Windows 环境下找到"Visual Studio 2010"并单击，通过建立项目、建立源文件、输入源程序（见图 2–1）、运行程序等步骤，就可以完成程序的调试。

Visual C++ 2010 等 C++开发环境都带有 C 和 C++两种编译器，当源程序文件扩展名为.c 时启动 C 编译器，当源程序文件扩展名为.cpp 时启动 C++编译器。

图 2-1   Visual C++ 2010 调试环境

C++程序的编辑、编译、连接和运行的方法和过程与 C 语言基本一致，学过 C 语言上机操作的读者几乎不需要专门学习就可以完成 C++的上机操作过程。但需要注意的是：C 源程序文件扩展名为.c，而 C++源程序文件扩展名为.cpp。

在本书的配套参考书《C++面向对象程序设计习题解答与上机指导（第三版）》中更详细地介绍了 C++上机实验的环境、上机实验的内容以及本教材各章节中全部习题的参考答案，读者可以参阅。

2.4   C++在非面向对象方面对 C 语言的扩充

C++是从 C 语言发展而来的，C 程序中的表达式、语句、函数和程序的组织方法等在 C++中仍可以使用。C++对 C 语言的扩充，主要是引进了面向对象机制，包括类、对象、派生类、继承、多态等概念和语言机制，从而使 C++成为一种面向对象程序设计语言。这一部分内容也就是本书的主要内容，我们将在后面的章节中详细介绍。

此外，在传统的非面向对象方面，C++对 C 语言也做了不少扩充。本节先介绍这方面的内容，以便为后面章节的学习和编程做好准备。

2.4.1   注释行

在 C++中，可以用/*及*/作为注释分界符号。例如：
```
/*  The C++
    Programming Languages. */
```
C++还提供了一种更有效的注释方式，该注释以 "//" 开始，到行尾结束。例如，以下两条语句是等价的：
```
x=y+z;      /* This is a comment. */
x=y+z;      //This is a comment.
```
C++的 "//…" 注释方式特别适合于内容不超过一行的注释，这时，它显得很简洁。

说明：

（1）以//开始的注释内容只在本行起作用。因此，当注释内容分为多行时，通常用/ * … */方式；如果用//方式，则每行都要以//开头。

（2）/* … */方式的注释不能嵌套，但它可以嵌套//方式的注释。例如：

```
/* This is a multiline comment
inside of which // is nested a single_line comment
Here is the end of the multiline comment. */
```

2.4.2 C++的输入和输出

在 C 中进行输入/输出操作时，常使用函数 scanf()和 printf()。例如：

```
int i;
float f;
…
scanf("%d",&i);
printf("%f",f);
```

C++除了可以照常使用这两个函数进行输入/输出外，还增加了标准输入流对象 cin 和标准输出流对象 cout 来进行输入和输出。使用 cin 和 cout 进行输入/输出更安全、更方便。上面的程序段可以改写为：

```
int i;
float f;
…
cin>>i;
cout<<f;
```

1．标准输入流对象 cin

cin 是标准的输入流对象，在程序中用于代表标准输入设备，通常指键盘。运算符"＞＞"在C++中仍保持 C 语言中的"右移"操作，但用于输入时扩充了其功能，表示将从标准输入流对象cin（通常指键盘）读取的数值传送给右方指定的变量。cin 必须与输入运算符"＞＞"配套使用，请看下面的语句：

```
cin>>x;
```

此时，用户从键盘输入的数值会自动地转换为变量 x 的类型，并存入变量 x 内。x 必须是基本数据类型，而不能是 void 类型。

运算符"＞＞"允许用户连续输入一连串数据，例如：

```
cin>>a>>b>>c;
```

它按书写顺序从键盘上提取所要求的数据，并存入对应的变量中。两个数据间用空白符（按【Space】、【Enter】或【Tab】键产生的字符，即空格符、回车符、制表符）分隔。

说明：

（1）在默认情况下，运算符"＞＞"将跳过空白符，然后读入后面与变量类型相对应的值。因此，给一组变量输入值时可用空格符、回车符、制表符将输入的数据间隔开。例如：

```
int i;
float x;
cin>>i>>x;
```

在输入时，可以采用下面的形式：

```
23  56.78
```
或
```
23
56.78
```

（2）当输入字符串（即类型为 string 的变量）时，提取运算符"＞＞"的作用是跳过空白字符，读入后面的非空白字符，直到遇到另一个空白字符为止，并在串尾放一个字符串结束标态'\0'。因此，输入字符串遇到空格时，就当作本数据输入结束。例如：

```
string str;
cin>>str;
```
若键入的字符串为：
```
Object_Oriented Programming!
```
则输入后，str 中的字符串是"Object_Oriented"，而后面的字符串"Programming!"被略去。

（3）数据输入时，系统除检查是否有空白外，还检查输入数据与变量的匹配情况。例如，对于语句

```
cin>>i>>x;              //i 为 int 型，x 为 float 型
```
若从键盘输入：
```
56.79 32.5
```
得到的结果就不是预想的
```
i=56,x=32.5
```
而是
```
i=56,x=0.79
```
这是因为，系统是根据变量的类型来分隔输入的数据的。在这种情况下，系统把 56.79 中小数点前面的整数部分赋给了整型变量 i，而把剩下的 0.79 赋给了浮点型变量 x。

2．标准输出流对象 cout

cout 是标准输出流对象，在程序中用于代表标准输出设备，通常指屏幕。运算符"＜＜"在 C++ 中仍保持 C 语言中的"左移"操作，但用于输出时扩充了其功能，表示将右方变量的值写到标准输出流 cout 对象中，即显示在屏幕上。cout 必须与输出运算符"＜＜"配套使用。例如，执行下面的语句：

```
cout<<y;
```
变量 y 的值将显示在屏幕上。

使用插入运算符"＜＜"进行输出操作时，可以把多个不同类型的数据组合在一条语句中，也可以输出表达式的值，使用起来很方便。例如：

```
cout<<a+b<<c;
```
它按书写顺序将 a+b 和 c 的值输出到屏幕上。

```
int n=456;
double d=3.1416;
cout<<"n="<<n<<",d="<<d<<'\n';
```
就是由整型和字符串型数据组合在一起的语句。编译程序根据出现在"＜＜"操作符右边的变量或常量的类型来决定调用形参为哪种标准类型的运算符重载函数。

上述语句的输出结果为：
```
n=456,d=3.1416
```

说明：

（1）使用 cin 或 cout 进行 I/O 操作时，在程序中必须嵌入头文件 iostream，否则编译时将产生错误。

（2）在 C++程序中，仍然可以沿用传统的 stdio 函数库中的 I/O 函数，如 printf()函数、scanf()函数或其他的 C 语言输入/输出函数，但只有使用 cin>>和 cout<<才能显示 C++的输入和输出风格。输入或输出时，cin 和>>、cout 和<<要配套使用。

（3）使用 cin>>可以连续输入多个数据，但由于用户常常忘记用空格符、回车符、制表符来分隔两个数值，容易造成输入混乱，因此使用时应加以注意。

（4）在 C 语言中，常用"\n"实现换行，C++中增加了换行操作符 endl，其作用与"\n"一样。例如，以下两个语句的操作是等价的：

```
cout<<"x="<<x<<endl;
cout<<"x="<<x<<'\n';
```

（5）前面用 cout 和 cin 输出、输入数据时，全部使用了系统默认的格式。实际上，可以对输入和输出的格式进行控制。例如，可用设置域宽的操作符 setw(n)来控制输出数据的宽度。请看下面的例子。

【例 2.3】设置域宽的操作符 setw(n)的使用。

```
#include <iostream>
#include <iomanip>
using namespace std;
int main()
{   cout<<123<<endl;                    //①
    cout<<setw(6)<<456<<endl;           //②
    return 0;
}
```

程序运行结果如下：

```
123
   456
```

下面分析输出结果：

第①条 cout 语句按默认方式输出 123，即 123 占域宽为 3。

第②条 cout 语句首先用操作符 setw(6) 设置域宽为 6，之后按域宽 6 输出 456，即 456 占域宽为 6。

由于操作符 setw(n)在头文件 iomanip 中定义，所以需要在程序的开头加上编译预处理命令"#include <iomanip>"。有关 C++输入/输出的格式控制的方法将在第 9 章中详细介绍。

2.4.3　灵活的变量声明

在 C 语言中，全局变量声明必须在任何函数之前，局部变量必须集中在可执行语句之前。而 C++的变量声明非常灵活，它允许变量声明与可执行语句在程序中交替出现。这样，程序员就可以在使用一个变量时再声明它。例如，在 C 语言中，下面的程序段是不正确的：

```
f()
{   int i;
    i=10;
    int j;
```

```
    j=25;
    …
}
```

由于语句 i=10 插在两个变量声明之间，C 编译指示有错，并中止对函数的编译。但在 C++中，上程序段是正确的，编译时不会出错。例如，在 C++中，下面的程序段是正确的：

```
float fun(int x,int y)          //对形参直接进行声明
{
    for(int i=0;i<10;i++)       //对循环变量 i 进行声明
    {   int sum=0;              //循环体内也可对变量 sum 进行声明
        sum=sum+i;
        cout<<"sum="<<sum;
    }
    int z=0;                    //使用变量 z 前，再说明它
    z=x+y;
}
```

可见，C++允许在代码块中的任何地方声明局部变量，它所声明的变量从其说明点到该变量所在的最小分程序末的范围内有效。需要强调的是，局部变量的声明一定要符合"先定义、后使用"的规定。

说明：关于局部变量在什么位置声明为好，C++编程人员众说不一。有人认为所有变量声明集中放在块首，有利于维护时迅速找到变量声明的地方；另一些人认为变量应在使用前才声明，有助于避免局部变量声明不当而产生的副作用，并且避免了在修改程序时必须回到块首查看和修改，有利于节省时间。

通常认为，在大函数中，在最靠近使用变量的位置声明变量较为合理；而在较短的函数中，把局部变量集中在函数开始处声明较好。

2.4.4　结构、联合和枚举名

在 C++中，结构名、联合名、枚举名都是类型名。在定义变量时，不必在结构名、联合名或枚举名前冠以 struct、union 或 enum。例如：

```
enum Bool{ FALSE,TRUE };
struct String
{   char *str;
    int length;
};
union Number
{   int i;
    float f;
};
```

在传统的 C 语言中，定义变量时，必须写成：

```
enum Bool done;                 //必须在枚举名前冠以关键字 enum
struct String str;              //必须在结构名前冠以关键字 struct
union Number x;                 //必须在联合名前冠以关键字 union
```

但是，在 C++中，可以说明为：

```
Bool done;                      //不必在枚举名前冠以关键字 enum
String str;                     //不必在结构名前冠以关键字 struct
Number x;                       //不必在联合名前冠以关键字 union
```

2.4.5　函数原型

　　C 语言建议编程者为程序中的每一个函数建立原型，而 C++要求为每一个函数建立原型，以说明函数的名称、参数类型与个数以及函数返回值的类型。其主要的目的是让 C++编译程序进行类型检查，即形参与实参的类型匹配检查，以及返回值是否与原型相符，以维护程序的正确性。例如：

```
int sum(int a,int b);
```
就是函数 sum 的原型。函数原型的语法形式一般为：

　　返回类型　函数名(参数表);

　　函数原型是一条语句，它必须以分号结束。它由函数的返回类型、函数名和参数表构成。参数表包含所有参数及它们的类型，参数之间用逗号分开。请看下面的例子。

　　【例 2.4】函数原型的声明。

```
#include <iostream>
using namespace std;
void write(char *s);          //函数原型的声明
int main()
{ write("Hello,world! ");
  return 0;
}
void write(char *s)
{ cout<<s;
}
```

　　在本例中采用了函数原型对函数 write()进行声明。但这并不是强制性的，在编译时并不是严格要求的。在 C 语言中声明函数原型时，也可以采用简化的声明形式，如下面几种声明的形式都是合法的，都能通过编译。

```
void write(char *s);          /* write()函数原型声明 */
void write();                 /* 可以不列出 write()函数的参数表 */
```

　　在程序中，要求一个函数的原型出现在该函数的调用语句之前。这样，当一个函数的定义在后，而对它的调用在前时，必须将该函数的原型放在调用语句之前；但当一个函数的定义在前，而对它的调用在后时，一般就不必再单独给出它的原型了。因为，这时函数定义式的首部就起到了函数原型的声明作用。例如，下面的两个程序段是等价的。

　　程序段 1：

```
int fun(int x,int y);     //函数 fun()的原型声明
int main()
{ int z;
  z=fun(4,6);             //调用函数 fun()
  return 0;
}
int fun(int x,int y)      //定义函数 fun()
{ …
}
```

程序段 2：

```
int fun(int x,int y)        //定义函数 fun()
{ …
}
int main()
{ int z;
  z=fun(4,6);                //调用函数 fun()
  return 0;
}
```

说明：

（1）函数原型的参数表中可不包含参数的名字，而只包含它们的类型。例如，以下的函数原型是完全合法的：

```
long Area(int,int);
```

该原型声明一个函数名为 Area()，返回类型为 long，有两个 int 型参数的函数。尽管这一结构是合法的，但是加上参数名将使原型含义更加清楚。例如，带有参数名字的同一函数原型可以书写成：

```
long Area(int length,int width);
```

这样，可以很清楚地看出，第 1 个参数表示长度，第 2 个参数表示宽度。

（2）函数定义由函数首部和函数体构成。函数首部与函数原型基本一致，但函数首部中的参数必须给出名字，而且不包含结尾的分号。例如：

```
long Area(int length,int width)              //函数首部
{ …
  return (length*width);
}
```

（3）主函数 main()不必进行原型说明，因为它被看成一个自动说明原型的函数。主函数是第一个被执行的函数，而且不存在被别的函数调用的问题。

（4）标准 C++要求 main()函数必须声明为 int 型，即要求主函数带回一个整型函数值。C++通常是这样处理的：如果程序正常结束，则在 main()函数的最后加一条语句"return 0;"，向操作系统返回数值 0。如果函数执行不正常，则返回数值 1。

（5）如果一个函数没有返回值，则必须在函数原型中注明返回类型为 void，这时函数的最后就不必有"return;"之类的返回语句了。需要说明的是：标准 C++要求 main()函数声明为 int 型，但是目前使用的 C++编译系统并未完全执行 C++的这一规定，如果主函数首行写成"void main()"也能通过编译。建议读者执行标准 C++的这一规定，编写程序时注意在 main()函数前面加 int，同时在 main()函数的最后加上一条"return 0;"语句。

（6）如果函数原型中未注明参数，C++假定该函数的参数表为空（void）。例如，以下两个原型说明在 C++中是完全一样的：

```
f();                        //表示该函数不带任何参数
f(void);                    //表示该函数不带任何参数
```

但是在 C 语言中，上述两个原型说明是不同的：

```
f();                        //表示该函数的参数信息没有给出，很可能它带有多个参数
f(void);                    //表示该函数不带任何参数
```

2.4.6　const 修饰符

在 C 语言中，习惯使用#define 来定义常量。例如：

```
#define  PI 3.14
```

C++提供了一种更灵活、更安全的方式来定义常量，即使用 const 修饰符来定义常量。例如：

```
const float PI=3.14;
```

这个常量 PI 是类型化的，它有地址，可以用指针指向它，但不能修改它。

const 的作用与#define 相似，但它消除了#define 的不安全性。因此 C++建议用 const 取代#define 定义常量。

const 可以与指针一起使用，它们的组合情况较复杂，可归纳为 3 种：指向常量的指针、常指针和指向常量的常指针。

（1）指向常量的指针：一个指向常量的指针变量。例如：

```
const char* pc="abcd";          //声明指向常量的指针
```

这个语句的含义为：声明一个名为 pc 的指针变量，它指向一个字符型常量，初始化 pc 为指向字符串"abcd"。

由于使用了 const，不允许改变指针所指的常量，因此以下语句是错误的：

```
pc[3]='x';
```

但是，由于 pc 是一个指向常量的普通指针变量，不是常指针，因此可以改变 pc 所指的地址。例如，下列语句是允许的：

```
pc="efgh";
```

该语句赋给了指针另一个字符串的地址，即改变了 pc 的值。

（2）常指针：把指针变量所指的地址，而不是它指向的对象声明为常量。例如：

```
char* const pc="abcd";          //常指针
```

这个语句的含义为：声明一个名为 pc 的指针变量，该指针是指向字符型数据的常指针，用字符串"abcd"的地址初始化该常指针。

创建一个常指针，就是创建一个不能移动的固定指针，即不能改变指针所指的地址，但是它所指的地址中的数据可以改变。例如：

```
pc[3]='x';                      //合法，可以改变常指针 pc 所指地址中的数据
pc="efgh";                      //出错，不能改变常指针所指的地址
```

第 1 个语句改变了常指针所指地址中的数据，这是允许的；但第 2 个语句要改变常指针所指的地址，这是不允许的。

（3）指向常量的常指针：这个指针变量所指的地址不能改变，它所指向的地址中的数据也不能改变。要声明一个指向常量的常指针，二者都要声明为 const。例如：

```
const char* const pc="abcd";    //指向常量的常指针
```

这个语句的含义是：声明了一个名为 pc 的指针变量，它是一个指向字符型常量的常指针，用"abcd"的地址初始化该指针。不难理解以下两个语句都是错误的：

```
pc[3]='x' ;                     //出错，不能改变指针所指地址中的值
pc="efgh";                      //出错，不能改变指针所指的地址
```

说明：

（1）如果用 const 定义的是一个整型常量，关键字 int 可以省略。所以下面两个定义是等价的：

```
const int bufsize=200;
```

```
const bufsize=200;
```

（2）常量一旦被建立，在程序的任何地方都不能再更改。

（3）与#define定义的常量有所不同，const定义的常量可以有自己的数据类型，这样C++的编译程序可以进行更加严格的类型检查，编译时具有良好的检测性。

（4）函数参数也可以用const说明，用于保证实参在该函数内部不被改动，大多数C++编辑器能对具有const参数的函数进行更好的代码优化。例如，希望通过函数i_Max()求出整型数组a[200]中的最大值，函数原型应该是：

```
int i_Max(const int* ptr);
```

调用时的格式可以是：

```
i_Max(a);
```

这样做的目的是确保原数组的数据不被破坏，即在函数中对数组元素的操作只许读不许写。

2.4.7　void型指针

void通常表示无值，但将void作为指针的类型时，它却表示不确定的类型。这种void型指针是一种通用型指针，也就是说任何类型的指针值都可以赋给void类型的指针变量。

```
void pa;                          //错误，不能声明void类型的变量
void* pc;                         //正确，可以声明void类型的指针
int i=456;
char c=a;
pc=&i;
pc=&c;
```

void型指针的这种特性在编写通用程序时非常有用。void型指针现已被ANSI C所采纳。

需要指出的是，这里说void型指针是通用型指针，是指它可以接受任何类型的指针的赋值，但对已获值的void型指针，对它再进行处理，如输出或传递指针值时，则必须再进行显式类型转换，否则会出错。

【例2.5】void型指针的使用。

```
#include <iostream>
using namespace std;
int main()
{   void* pc;
    int i=456;
    char c='a';
    pc=&i;
    cout<<*(int*)pc<<endl;
    pc=&c;
    cout<<*(char*)pc<<endl;
    return 0;
}
```

程序运行结果如下：

```
456
a
```

2.4.8　内联函数

在函数名前冠以关键字 inline，该函数就被声明为内联函数。每当程序中出现对该函数的调用时，C++编译器使用函数体中的代码插入到调用该函数的语句之处，同时用实参取代形参，以便在程序运行时不再进行函数调用。

为什么要引入内联函数呢？这主要是为了消除函数调用时的系统开销，以提高运行速度。我们知道，在程序执行过程中调用函数时，系统要将程序当前的一些状态信息存到栈中，同时转到函数的代码处去执行函数体语句，这些参数保存与传递的过程中需要时间和空间的开销，使得程序执行效率降低，特别是在程序频繁地调用函数时，这个问题会变得更为严重。

下面的程序定义了一个内联函数。

【例 2.6】将函数指定为内联函数。

```
#include <iostream>
using namespace std;
inline double circle(double r)        //内联函数
{  return 3.1416*r*r;
}
int main()
{  for(int i=1;i<=3;i++)
     cout<<"r="<<i<<"  area= "<<circle(i)<<endl;
   return 0;
}
```

程序运行结果如下：

```
r=1  area=3.1416
r=2  area=12.5664
r=3  area=28.2744
```

说明：

（1）内联函数在第 1 次被调用之前必须进行完整的定义，否则编译器将无法知道应该插入什么代码。

（2）在内联函数体内一般不能含有复杂的控制语句，如 for 语句和 switch 语句等。

（3）使用内联函数是一种用空间换时间的措施，若内联函数较长，且调用太频繁时，程序将加长很多。如果将一个复杂的函数定义为内联函数，反而会使程序代码加长很多，加大开销。在这种情况下，多数编译器会自动将其转换为普通函数来处理。通常只有规模很小（一般为 1～5 条语句）且使用频繁的函数才定义为内联函数，这样可大大提高运行速度。

（4）C++的内联函数与 C 中带参宏定义#define 有些相似，但不完全相同。宏定义是在编译前由预编译程序对其预处理的，它只做简单的字符置换而不做语法检查，往往会出现意想不到的错误。请看下面的例子。

【例 2.7】使用带参宏定义完成乘 2 的功能。

```
#include <iostream>
using namespace std;
#define doub(x) x*2
int main()
{  for(int i=1;i<=3;i++)
     cout<<i<<" doubled is "<<doub(i)<<endl;
```

```
        cout<<"1+2 doubled is "<<doub(1+2)<<endl;
        return 0;
    }
```

程序运行结果如下：

```
1  doubled is 2
2  doubled is 4
3  doubled is 6
1+2 doubled is 5
```

分析运行结果，可以看出前 3 个结果是正确的。但是第 4 个结果与期望的结果有所差别，期望的结果应该是 6，因为 1+2 加倍后是 6，实际运行的结果却是 5。出现问题的原因是宏定义的代码在程序中是被直接置换的。在上例中，编译程序将第 2 条输出语句解释为：

```
cout<<"1+2 doubled is"<<1+2*2<<endl;
```

所以，这条语句执行的结果如下：

```
1+2 doubled is 5
```

使用内联函数替代宏定义，就能消除宏定义的不安全性。内联函数具有带参宏定义的优点而不会出现副作用。下面的程序表明，在使用内联函数替代例 2.7 中的宏定义就能进行正确的运算。

【例 2.8】使用内联函数完成乘 2 的功能。

```
#include <iostream>
using namespace std;
inline int doub(int x);
int main()
{   for(int i=1;i<=3;i++)
      cout<<i<<" doubled is "<<doub(i)<<endl;
    cout<<"1+2 doubled is "<<doub(1+2)<<endl;
    return 0;
}
inline int doub(int x)
{   return x*2; }
```

程序运行的结果如下：

```
1 doubled is 2
2 doubled is 4
3 doubled is 6
1+2 doubled is 6
```

不难看出，此运行结果是正确的。可见，用内联函数和带参宏定义都可以实行置换，但具体做法不同，用内联函数可以达到#define 的置换作用，但不会出现带参宏定义的副作用。显然，内联函数优于带参宏定义。自从有了内联函数后，一般不再用带参宏定义#define。

2.4.9 带有默认参数值的函数

一般情况下，实参个数应与形参个数相同，但 C++允许实参个数与形参个数不同。方法是在说明函数原型时（若没有说明函数的原型，则应在函数定义时）为一个或多个形参指定默认值，以后调用此函数时，若省略其中某一实参，则 C++自动以默认值作为相应参数的值。

例如，有一函数原型说明为：

```
void init(int x=5,int y=10);
```

则 x 与 y 的默认值分别为 5 与 10。

当进行函数调用时，编译器按从左向右的顺序将实参与形参结合，若未指定足够的实参，则编译器按顺序用函数原型中的默认值来补足所缺少的实参。例如，以下的函数调用都是被允许的：

```
init(100,80);              //x=100, y=80
init(25);                  //相当于 init(25,10)，结果为 x=25,y=10
init();                    //相当于 init(5,10)，结果为 x=5,y=10
```

可见，应用带有默认值的函数，可以使函数调用更为灵活方便。上述例子可以用下面的程序来实现。

【例 2.9】带有默认参数值的函数。

```
#include <iostream>
using namespace std;
void init(int x=5,int y=10);
int main()
{   init(100,80);      //x=100, y=80
    init(25);          //相当于 init(25,10)，结果为 x=25,y=10
    init();            //相当于 init(5,10)，结果为 x=5,y=10
    return 0;
}
void init(int x,int y)
{   cout<<"x: "<<x<<"\t y: "<<y<<endl;
}
```

程序运行的结果如下：

```
x: 100    y: 80
x: 25     y: 10
x: 5      y: 10
```

说明：

（1）在函数原型中，所有取默认值的参数都必须出现在不取默认值的参数的右边。亦即，一旦开始定义取默认值的参数，就不可以再说明非默认的参数。例如：

```
int fun(int i,int j=5,int k);
```

是错误的，因为在取默认参数的 int j=5 后，不应再说明非默认参数 int k。若改为：

```
int fun(int i,int k,int j=5);
```

就正确了。

（2）在函数调用时，若某个参数省略，则其后的参数皆应省略而采用默认值。不允许某个参数省略后，再给其后的参数指定参数值。例如，不允许出现以下调用 init()函数的语句：

```
init(,20);
```

2.4.10　函数重载

在传统的 C 语言中，在同一作用域内，函数名必须是唯一的，也就是说不允许出现同名的函数。假设，要求编写求整数、长整数和双精度数的三次方数的函数时，若用 C 语言来处理，必须编写 3 个函数，这 3 个函数的函数名不允许同名。

```
Icube(int i);          //求整数的三次方数
Lcube(long l);         //求长整数的三次方数
Dcube(double d);       //求双精度数的三次方数
```

当使用这些函数求某个数的三次方数时，必须调用合适的函数，也就是说，用户必须记住 3 个函数，虽然这 3 个函数的功能是相同的。

在 C++中，用户可以重载函数。这意味着，在同一作用域内，只要函数参数的类型不同，或者参数的个数不同，或者二者兼而有之，两个或者两个以上的函数可以使用相同的函数名。

当两个以上的函数共用一个函数名，但是形参的个数或者类型不同，编译器根据实参与形参的类型及个数的最佳匹配，自动确定调用哪一个函数，这就是函数重载。被重载的函数称为重载函数。

由于 C++支持函数重载，上面 3 个求三次方数的函数可以起一个共同的名字 cube，但它们的参数类型仍保留不同。当用户调用这些函数时，只需在参数表中带入实参，编译器就会根据实参的类型来确定到底调用哪个重载函数。因此，用户调用求三次方数的函数时，只需记住一个 cube() 函数，至于调用哪一个重载函数由编译系统来完成。上述内容可以用下面的程序来实现。

【例 2.10】参数类型不同的重载函数。

```cpp
#include <iostream>
using namespace std;
int cube(int i)            //求整数的三次方数
{ return i*i*i; }
long cube(long l)          //求长整数的三次方数
{ return l*l*l; }
double cube(double d)      //求双精度数的三次方数
{ return d*d*d; }
int main()
{ int i=5;
  long l=123;
  double d=5.67;
  cout<<i<<"*"<<i<<"*"<<i<<"= "<<cube(i)<<endl;
  cout<<l<<"*"<<l<<"*"<<l<<"= "<<cube(l)<<endl;
  cout<<d<<"*"<<d<<"*"<<d<<"= "<<cube(d)<<endl;
  return 0;
}
```

程序运行结果如下：

```
5*5*5= 125
123*123*123= 1860867
5.67*5.67*5.67= 182.284
```

在函数 main()三次调用了 cube()函数，实际上是调用了 3 个不同的重载版本。由系统根据传送的不同参数类型来决定调用哪个重载版本。例如 cube(i)，因为 i 为整型变量，所以系统将调用求整数三次方数的重载版本 int cube(int i)。可见，利用重载概念，用户在调用函数时，书写非常方便。

下面是一个参数个数不同的重载函数的例子。

【例 2.11】参数个数不同的重载函数。

```cpp
#include <iostream>
using namespace std;
int add(int x,int y)
{ return x+y; }
int add(int x,int y,int z)
{ return x+y+z; }
int main()
{ int a=3,b=4,c=5;
```

```
    cout<<a<<"+"<<b<<"="<<add(a,b)<<endl;
    cout<<a<<"+"<<b<<"+"<<c<<"="<<add(a,b,c)<<endl;
    return 0;
}
```

程序运行结果如下：

```
3+4=7
3+4+5=12
```

例中的函数 add() 被重载，这两个重载函数的参数个数是不同的。编译程序根据传送参数的数目决定调用哪一个函数。

说明：

（1）调用重载函数时，函数返回值类型不在参数匹配检查之列。因此，若两个函数的参数个数和类型都相同，而只有返回值类型不同，则不允许重载。例如：

```
int mul(int x,int y);
double mul(int x,int y);
```

虽然这两个函数的返回值类型不同，但是由于参数个数和类型完全相同，因此 C++编译系统无法从函数的调用形式上判断哪一个函数与之匹配。

（2）函数的重载与带默认值的函数一起使用时，有可能引起二义性。例如，有以下两个函数：

```
void Drawcircle(int r=0,int x=0,int y=0);
void Drawcircle(int r);
```

当执行以下的函数调用时：

```
Drawcircle(20);
```

编译系统无法确定调用哪一个函数。

（3）在函数调用时，如果给出的实参和形参类型不相符，C++的编译器会自动地做类型转换工作。如果转换成功，则程序继续执行，在这种情况下，有可能产生不可识别的错误。例如，有两个函数的原型如下：

```
void f_a(int x);
void f_a(long x);
```

虽然这两个函数满足函数重载的条件，但是，如果用下面的数据去调用，就会出现不可分辨的错误：

```
int c=f_a(5.56);
```

这是因为编译器无法确定将 5.56 转换成 int 还是 long 类型的原因造成的。

2.4.11　作用域标识符"::"

通常情况下，如果有两个同名变量，一个是全局的，另一个是局部的，那么局部变量在其作用域内具有较高的优先权，它将屏蔽全局变量。下面的例子说明了这一点。

【例 2.12】局部变量具有较高优先权。

```
#include <iostream>
using namespace std;
int avar=10;                    //定义全局变量 avar
int main()
{   int avar;                   //定义局部变量 avar
    avar=25;
    cout<<"avar is "<<avar<<endl;        //输出局部变量 avar 的值
```

```
    return 0;
}
```

程序运行结果如下：

```
avar is 25
```

此时，在 main()函数的输出语句中，使用的变量 avar 是在 main()函数内定义的局部变量，因此输出的是局部变量 avar 的值。

如果希望在局部变量的作用域内使用同名的全局变量，可以在该变量前加上"::"，此时 :: avar 代表全局变量 avar，"::"称为作用域标识符。请看下面的例子。

【例 2.13】使用作用域标识符的情况。

```
#include <iostream>
using namespace std;
int avar;                              //定义全局变量 avar
int main()
{   int avar;                          //定义局部变量 avar
    avar=25;                           //给局部变量 avar 赋值
    ::avar=10;                         //给全局变量 avar 赋值
    cout<<"local avar="<<avar<<endl;   //输出局部变量 avar 的值
    cout<<"global avar="<<::avar<<endl; //输出全局变量 avar 的值
    return 0;
}
```

程序运行结果如下：

```
local avar=25
global avar=10
```

从这个例子可以看出，作用域标识符可用来解决局部变量与全局变量的重名问题。即在局部变量的作用域内，可用"::"对被隐蔽的同名全局变量进行访问。

2.4.12　强制类型转换

在 C 语言表达式中不同类型的数据会自动地转换类型。有时，编程者还可以利用强制类型转换将不同类型的数据进行转换。例如，要把一个整型数（int）转换为双精度型数（double），可使用如下的格式：

```
int i=10;
double x=(double)i;
```

C++支持这样的格式，但是还提供了一种更为方便的、类似于函数调用的格式，使得类型转换的执行看起来好像调用了一个函数。上面的语句可改写成：

```
int i=10;
double x=double(i);
```

以上两种方法 C++都能接受，推荐使用后一种方式。

2.4.13　new 和 delete 运算符

我们知道，程序运行时，计算机的内存被分为 4 个区：程序代码区、全程数据区、栈和堆。其中，堆可由用户分配和释放。C 语言中使用函数 malloc()和 free()等来进行动态内存管理（分配与释放）。C++则提供了运算符 new 和 delete 来做同样的工作，而且后者比前者性能更优越，使用更方便灵活。

运算符 new 用于内存分配的最基本形式为：

指针变量名=new 类型;

在程序运行过程中，运算符 new 从称为堆的一块自由存储区中为程序分配一块与类型字节数相适应的内存空间，并将该块内存的首地址存于指针变量中。例如：

```
int *p;              //定义一个整型指针将变量 p
p=new int;           //new 动态分配存放一个整数的内存空间，并将其首地址赋给指针变量 p
```

运算符 delete 用于释放运算符 new 分配的存储空间。该运算符释放存储空间的基本形式为：

delete 指针变量名;

其中，指针变量保存着运算符 new 分配的内存的首地址。例如：

```
delete p;            //将 new 动态分配内存空间释放（其首地址已存放在指针变量 p 中）
```

下面是使用 new 和 delete 的一个简单例子。

【例 2.14】运算符 new 和 delete 的使用。

```
#include <iostream>
using namespace std;
int main()
{ int *p;            //声明一个整型指针变量 p
  p=new int;         //动态分配一个存放 int 型数据的内存空间，并将首地址赋给 p
  *p=10;
  cout<<*p;
  delete p;          //释放指针变量 p 指向的内存空间
  return 0;
}
```

程序运行结果如下：

10

该程序定义了一个整型指针变量 p，然后用 new 为其分配了一块存放整型数据的内存空间，指针变量 p 指向这个内存块。然后在这个内存块中赋予初值 10，并将其打印出来。最后，用 delete 释放指针变量 p 指向的内存空间。

虽然运算符 new 和 delete 完成的功能类似于函数 malloc() 和 free()，但是它们有以下几个优点：

（1）运算符 new 可以自动计算所要分配内存类型的大小，而不必使用函数 sizeof() 来计算所需要的字节数，这就减少了发生错误的可能性。

（2）运算符 new 能够自动返回正确的指针类型，不必对返回指针进行强制类型转换。

下面对运算符 new 和 delete 的使用再作几点说明：

（1）用运算符 new 分配的空间，使用结束后应该用也只能用运算符 delete 显式地释放，否则这部分空间将不能回收而变成死空间。

（2）使用运算符 new 动态分配内存时，如果没有足够的内存满足分配要求，new 将返回空指针（NULL）。因此，通常要对内存的动态分配是否成功进行检查。请看下面的例子。

【例 2.15】对内存的动态分配是否成功进行检查。

```
#include <iostream>
using namespace std;
int main()
{ int *p;
  p=new int;
  if(!p)
```

```
    { cout<<"allocation failure\n";
      return 1;
    }
    *p=20;
    cout<<*p;
    delete p;
    return 0;
}
```

程序运行结果如下：

20

若动态分配内存失败，则此程序将在屏幕上显示 allocation failure。

（3）使用运算符 new 可以为数组动态分配内存空间，这时需要在类型名后面加上数组大小。其语法形式为：

　　指针变量名=new 类型名[下标表达式]；

例如：

```
int *pi=new int[10];
```

这时，new 为具有 10 个元素的整型数组分配了内存空间，并将首地址赋给了指针 pi。

使用运算符 new 为多维数组分配空间时，必须提供所有维的大小。例如：

```
int *pi=new int[2][3][4];
```

其中，第一维的界值可以是任何合法的表达式，如：

```
int i=3;
int *pj=new int[i][3][4];
```

（4）释放动态分配的数组存储区时，可使用 delete 运算符。其语法形式如下：

```
delete []指针变量名；
```

在此，指针变量名前只用一对方括号符，无须指出所删除数组的维数和大小。例如：

```
delete []pi;            //在指针变量前面加一个方括号，表示对数组空间的操作
```

（5）new 可在为简单变量分配内存空间的同时，进行初始化。这时的语法形式为：

　　指针变量名=new 类型名(初值)；

请看下面的例子。

【例 2.16】运算符 new 在为简单变量分配内存空间的同时，进行初始化。

```
#include <iostream>
using namespace std;
int main()
{ int *p;
  p=new int(99);           //动态分配内存，并将99作为初始值赋给它
  if(!p)
  { cout<<"allocation failure\n";
    return 1;
  }
  cout<<*p<<endl;
  delete p;
  return 0;
}
```

但是，运算符 new 不能对动态分配的数组存储区进行初始化。

【例 2.17】给数组动态分配内存空间。

```
#include <iostream>
using namespace std;
int main()
{  double* s;
   s=new double[10];
   if(!s)
   {  cout<<"allocation failure\n";
      return 1;
   }
   for(int i=0;i<10;i++)
      s[i]=100.00+2*i;
   for(int i=0;i<10;i++)
      cout<<s[i]<<" ";
   delete []s;
   return 0;
}
```

程序运行结果如下：

100 102 104 106 108 110 112 114 116 118

2.4.14　引用

1. 引用的概念

引用（reference）是 C++对 C 的一个重要的扩充。在 C++中，变量的"引用"就是变量的别名，因此引用又称别名。

建立引用的作用是为变量另起一个名字，以便在需要时可以方便、间接地引用该变量，这就是引用名称的由来。当声明了一个引用时，必须同时用另一个变量的名字来将它初始化，即声明它代表哪一个变量，是哪一个变量的别名。这样，对一个引用的所有操作，实际上都是对其所代表的变量的操作，就如同对一个人来说，即使有三四个名字，实际仍为同一个人，用这三四个人名所做的事情，其实就是那一个人所做的事情。声明一个引用的格式如下：

类型 &引用名=已定义的变量名;

例如：

```
int i=5;
int &j=i;          //声明 j 是一个整型变量 i 的引用，用整型变量 i 对它进行初始化
```

在此，j 是一个整型变量的引用，用整型变量 i 对它进行初始化，这时 j 就可看作变量 i 的引用，即变量 i 的别名。经过了这样声明后，i 和 j 的作用相同，都代表同一个变量。上述声明中"&"是引用声明符，此时它不代表地址。

注意：不要把声明语句"int &j=i;"理解为"将变量 i 的值赋给引用 j"，它的作用是使 j 成为变量 i 的引用，即变量 i 的别名。

【例 2.18】了解引用和变量的关系。

```
#include <iostream>
using namespace std;
int main()
{  int i=10;
   int &j=i;                              //声明 j 是一个整型变量 i 的引用
```

```
        i=30;                                  //变量i的值变化了
        cout<<"i="<<i<<" j="<<j<<"\n";          //引用j的值也随着变量i的值一起变化
        j=80;                                  //引用j的值变化了
        cout<<"i="<<i<<" j="<<j<<"\n";          //变量i的值也随着引用j的值一起变化
        return 0;
    }
```

程序运行结果如下：

```
i=30  j=30
i=80  j=80
```

由运行结果可以看出，变量i和引用j的值同步更新，当变量i变化时，引用j也随之变化，反之亦然。引用与其所代表的变量共享同一内存单元，系统并不为引用另外分配存储空间。实际上，编译系统使引用和其代表的变量具有相同的地址。

【例2.19】引用和其代表的变量具有相同的地址。

```
#include <iostream>
using namespace std;
int main()
{   int i=10;
    int &j=i;                                  //声明j是一个整型变量i的引用
    cout<<"i="<<i<<" j="<<j<<"\n";              //引用j的值随着变量i的值一起变化
    cout<<"变量i的地址:"<<&i<<"\n";             //输出变量i的地址
    cout<<"引用j的地址:"<<&j<<"\n";             //输出引用j的地址
    return 0;
}
```

程序运行结果如下：

```
i=10  j=10
变量i的地址: 0012FF7C
引用j的地址: 0012FF7C
```

由运行结果可以看出，i和j的值相同，且使用内存的同一地址，此例中变量i和引用j的地址均为0012FF7C（注意：此地址视实际运行而有所不同）。

说明：

（1）引用并不是一种独立的数据类型，它必须与某一种类型的变量相联系。在声明引用时，必须立即对它进行初始化，不能声明完成后再赋值。例如，下述声明是错误的：

```
int i=10;
int &j;            //错误，没有指定j代表哪个变量
j=i;               //不能声明完成后再赋值
double a;
int &b=a;          //错误，声明b是一个整型变量的别名，而a不是整型变量
```

（2）为引用提供的初始值，可以是一个变量或另一个引用。例如：

```
int i=5;           //定义整型变量i
int &j1=i;         //声明j1是整型变量i的引用(别名)
int &j2=j1;        //声明j2是整型引用j1的引用(别名)
```

这样定义后，变量i有两个别名j1和j2。

（3）指针是通过地址间接访问某个变量，而引用是通过别名直接访问某个变量。每次使用引用时，可以不用像指针那样书写间接运算符"*"，因而使用引用比使用指针更直观、方便，不必通过运算符"*"兜圈子，可以简化程序，便于理解。请看下面的例子。

【例 2.20】比较引用和指针的使用方法。

```
#include <iostream>
using namespace std;
int main()
{   int i=15;                               //定义整型变量 i，赋初值为 15
    int *iptr=&i;                           //定义指针变量 iptr，将变量 i 的地址赋给 iptr
    int &rptr=i;                            //声明变量 i 的引用 rptr，rptr 是变量 i 的别名
    cout<<"i is "<<i<<endl;                 //输出变量 i 的值
    cout<<"*iptr is "<<*iptr<<endl;         //通过指针变量 iptr，输出变量 i 的值
                                            //需要通过运算符 "*"
    cout<<"rptr is "<<rptr<<endl;           //通过引用 rptr，输出变量 i 的值，
                                            //不需要通过运算符 "*"，方便、直观

    return 0;
}
```

程序运行结果如下：

```
i is 15
*iptr is 15
rptr is 15
```

从这个程序可以看出，如果要使用指针变量 iptr 所指的变量 i，必须用 "*" 来间接引用指针；而使用引用 rptr 所代表的变量 i，不必书写间接引用运算符 "*"。

（4）引用在初始化后不能再被重新声明为另一个变量的引用（别名）。例如：

```
int i,k;                                    //定义 i 和 k 是整型变量
int &j=i;                                   //声明 j 是整型变量 i 的引用（别名）
j=&k;                                       //错误，企图重新声明 j 是整型变量 k 的引用（别名）
```

2. 引用作为函数参数

C++提供引用，其主要的一个用途就是将引用作为函数参数。在讨论这个问题之前，先回顾一下在 C 语言中传递函数参数的两种情况。

（1）将变量名作为函数参数。这时，实参传给形参的是实参变量的值，即"传值调用"。这种传递是单向的，在执行函数期间形参值发生的变化并不传回给实参，因为在调用函数时，形参和实参不是占用同一个存储单元。下面的程序无法实现两个变量值的互换。

【例 2.21】变量名作为函数参数。

```
#include <iostream>
using namespace std;
void swap(int m,int n)
{   int temp;
    temp=m;
    m=n;
    n=temp;
}
int main()
{   int a=5,b=10;
    cout<<"a="<<a<<" b="<<b<<endl;
    swap(a,b);
    cout<<"a="<<a<<" b="<<b<<endl;
    return 0;
}
```

程序运行结果如下：

```
a=5 b=10
a=5 b=10
```

可见，采用变量名作为函数参数，调用函数 swap()后，形参 m 和 n 的值被交换了。但是实参 a 和 b 的值没有交换，仍是 5 和 10，也就是说形参 m 和 n 的值的改变不会影响实参 a 和 b 的值。

（2）指针变量作为函数参数。这时，实参传给形参的是实参变量的地址，即"传址调用"。这种传递是双向的，在执行函数期间形参值发生的变化传回给实参，因为在调用函数时，形参和实参占用同一个存储单元。下面的程序能够实现两个变量值的互换。

【例 2.22】指针变量作为函数参数。

```cpp
#include <iostream>
using namespace std;
void swap(int *m,int *n)
{   int temp;
    temp=*m;
    *m=*n;
    *n=temp;
}
int main()
{   int a=5,b=10;
    cout<<"a="<<a<<" b="<<b<<endl;
    swap(&a,&b);
    cout<<"a="<<a<<" b="<<b<<endl;
    return 0;
}
```

程序运行结果如下：

```
a=5 b=10
a=10 b=5
```

可见，采用指针变量作为函数参数，调用函数 swap()后，实参 a 和 b 的值被交换了。

除了采用指针变量作为函数参数的方式外，C++还提供了引用作为函数参数。

（3）引用作为函数参数。C++提供了向函数传递数据的第三种方法，把变量的引用作为函数形参，即传送变量的别名。这时，实参传给形参的是实参变量的地址，即"传址调用"。这种传递也是双向的，形参值发生的变化传回给实参，因为在调用函数时，形参变量是实参变量的引用（别名），它们占用同一个存储单元。

【例 2.23】引用作为函数的参数。

```cpp
#include <iostream>
using namespace std;
void swap(int &m,int &n)            //形参 m 和 n 是整数类型变量的引用
{   int temp;
    temp=m;
    m=n;
    n=temp;
}
int main()
{   int a=5,b=10;
    cout<<"a="<<a<<" b="<<b<<endl;
```

```
    swap(a,b);                          //实参a和b是整型变量,
                                        //可以通过引用来修改实参a和b的值
    cout<<"a="<<a<<" b="<<b<<endl;
    return 0;
}
```

程序运行结果如下：

```
a=5 b=10
a=10 b=5
```

当程序中调用函数 swap()时，实参 a 和 b 分别初始化引用形参 m 和 n，所以形参 m 和 n 分别是变量 a 和 b 的别名，对 m 和 n 的访问就是对 a 和 b 的访问。调用函数 swap()后，引用 m 和 n 的值被交换了，所以变量 a 和 b 的值也随着交换。

尽管通过引用作为函数参数产生的效果同采用指针变量作为函数参数的效果是一样的，但引用作为函数参数更清楚简单。采用这种方法，函数的形参前不需要间接引用运算符"*"，函数调用时实参是变量。C++主张采用引用作为函数参数，因为这种方法简单且不易出错。

3. 使用引用返回函数值

使用引用可以返回函数的值，采用这种方法可以将该函数调用放在赋值运算符的左边。请看下面的例子。

【例 2.24】使用引用返回函数值。

```
#include <iostream>
using namespace std;
int a[]={1,3,5,7,9};
int& index(int);              //声明函数返回一个整数类型的引用
int main()
{   cout<<index(2)<<endl;     //等价于输出数组元素a[2]的值
    index(2)=25;              //将函数调用放在赋值运算符的左边,等价于将a[2]赋值为25
    cout<<index(2)<<endl;     //等价于输出数组元素a[2]的值
    return 0;
}
int& index(int i)
{   return a[i];              //定义函数返回一个整数类型的引用,等价于返回数组元素a[i]
}
```

程序运行结果如下：

```
5
25
```

除了将函数定义为返回一个引用外，通常一个函数是不能直接用在赋值运算符左边的。

【例 2.25】使用引用返回函数值的方法，计算 Fibonacci 数列前 10 项的值。

```
#include <iostream>
using namespace std;
int A[10];
int& array(int i);
int main()
{   int i,number;
    A[0]=0;
    A[1]=1;
    cin>>number;
```

```
   for(i=2;i<number;i++)
      array(i)=array(i-2)+array(i-1);
   for(i=0;i<number;i++)
      cout<<" "<<array(i);
   cout<<endl;
   return 0;
}
int& array(int i)
{ return A[i];}
```

当给 number 赋 10 时，运行结果如下：

```
0 1 1 2 3 5 8 13 21 34
```

4. 引用举例

【例 2.26】应用引用的综合例子。

```
#include <iostream>
using namespace std;
int &max(int &num1,int &num2);          //返回一个较大值
int &min(int &num1,int &num2);          //返回一个较小值
int main()
{ int num1,num2;
  cout<<"Enter the first number: ";
  cin>>num1;
  cout<<"Enter the second number: ";
  cin>>num2;
  max(num1,num2)=0;
  cout<<"After putting zero in largest,the numbers are\n";
  cout<<num1<<" and "<<num2<<endl;
  cout<<"Now, please enter two more numbers.\n";
  cout<<"Enter the first number:";
  cin>>num1;
  cout<<"Enter the second number:";
  cin>>num2;
  min(num1,num2)=0;
  cout<<"After putting zero in smallest the numbers are\n";
  cout<<num1<<" and "<<num2<<endl;
  return 0;
}
int &max(int &num1,int &num2)
{ return (num1>num2)?num1:num2;}
int &min(int &num1,int &num2)
{ return (num1<num2)?num1:num2;}
```

程序运行结果如下：

```
Enter the first number: 23↙
Enter the second number: 45↙
After putting zero in largest,the numbers are
23 and 0
Now,please enter two more numbers.
Enter the first number:12↙
Enter the second number:68↙
```

```
After putting zero in smallest the numbers are
0 and 68
```

分析以上程序，不难看出，如果没有使用引用返回函数值功能，就不得不把程序中的语句 max(num1,num2)=0 和 min(num1,num2)=0 扩展成多行的 if...else 语句。例如，必须先找出最大数，然后把最大数赋为零；找出最小值的情况也类似。

5．对引用的进一步说明

下面再对使用引用的一些细节做进一步的说明。

（1）不允许建立 void 类型的引用。例如：

```
void &r=10;          //错误
```

void 只是在语法上相当于一个类型，本质上不是类型。void 的含义是无类型或空类型，任何实际存在的变量都是属于非 void 类型的。

（2）不能建立引用的数组。例如：

```
int a[4]="abcd";
int &ra[4]=a;        //错误，不能建立引用数组
```

企图建立一个包含 4 个元素的引用数组，这样是不行的，数组名 a 只代表数组首元素的地址，本身并不是一个占有存储空间的变量。

（3）不能建立引用的引用。不能建立指向引用的指针。引用本身不是一种数据类型，所以没有引用的引用，也没有引用的指针。例如：

```
int n=3;
int &&r=n;           //错误，不能建立引用的引用
int &*p=n;           //错误，不能建立指向引用的指针
```

（4）可以将引用的地址赋给一个指针，此时指针指向的是原来的变量。例如：

```
int a=50;            //定义 a 是整型变量
int &b=a;            //声明 b 是整型变量 a 的引用
int *p=&b;           //指针变量 p 指向变量 a 的引用 b，相当于指向 a
```

指针变量 p 中保存的是变量 a 的地址，其作用与下面一行相同，即

```
int *p=&a;
```

如果输出*p 的值，就是 b 的值，也就是 a 的值。

（5）可以用 const 对引用加以限定，不允许改变该引用的值。例如：

```
int a=5;             //定义整型变量a，初值为 5
const int &b=a       //声明常引用 b
b=3;                 //错误，不允许改变常引用 b 的值
```

但是它不阻止改变引用所代表的变量的值，如

```
a=10;
```

此时，输出 a 和 b 的值都是 10。

有时希望在函数中保护形参的值不被改变，这时采用常引用作为函数形参时是很有用的。例如，希望通过函数 i_Max()求出整型数组 a[200]中的最大值，函数原型应该是：

```
int i_Max(const int* ptr);
```

调用时的格式可以是：

```
i_Max(a);
```

这样做的目的是确保形参数组的数据不被破坏，即在函数中对数组元素的操作只许读，而不许写。

（6）尽管引用运算符与地址操作符使用相同的符号"&"，但是它们是不一样的。引用仅在声明时带有引用运算符"&"，以后就像普通变量一样使用，不能再带"&"。其他场合使用的"&"都是地址操作符。例如：

```
int j=5;
int &i=j;                //声明引用 i，"&"为引用运算符
i=123;                   //使用引用 i，不带引用运算符
int *pi=&i;              //此"&"为地址操作符
cout<<&pi;               //此"&"为地址操作符
```

本 章 小 结

本章是了解 C++的开始，首先介绍了 C++的产生、特点和 C++程序的结构特性，随后主要介绍了 C++在非面向对象方面对 C 的扩充。这些扩充部分包括 C++的输入/输出、const 修饰符、内联函数、函数重载、作用域标识符、强制类型转换、运算符 new 和 delete、引用等。希望通过本章的学习使读者较快地进入 C++环境，为学习 C++打下基础。

习　　题

【2.1】简述 C++的主要特点。

【2.2】下面是一个 C 程序，改写它，使它采用 C++风格的 I/O 语句。

```
#include <stdio.h>
int main()
{  int a,b,d,min;
   printf("Enter  two  numbers: ");
   scanf("%d%d",&a,&b);
   min=a>b?b:a;
   for(d=2;d<min;d++)
     if(((a%d)==0)&&((b%d)==0))  break;
   if(d==min)
   {
     printf("No  common  denominators\n");
     return  0;
   }
   printf("The lowest common denominator is %d\n",d);
   return 0;
}
```

【2.3】函数重载是指（　　　　）。

A. 两个或两个以上的函数取相同的函数名，但形参的个数或类型不同

B. 两个以上的函数取相同的名字和具有相同的参数个数，但返回值的类型不同

C. 两个以上的函数名字不同，但形参的个数或类型相同

D. 两个以上的函数取相同的函数名，并且函数的返回类型相同

【2.4】声明或定义一个内联函数时，必须在函数开始使用关键字（　　　　）。

A. static　　　　　　　B. inline　　　　　　　C. const　　　　　　　D. extern

【2.5】一个函数功能不太复杂，但被频繁调用，宜选用（　　　）。

A. 内联函数　　　　　B. 重载函数　　　　　C. 递归函数　　　　　D. 嵌套函数

【2.6】在 C++中，下列关于设置参数默认值的描述中，正确的是（　　　）。

A. 程序中有函数重载，就不能设置参数默认值

B. 设置参数默认值，只能在函数定义时进行

C. 设置参数默认值时，应该是先设置右边的再设置左边的

D. 设置参数默认值时，应该全部参数都设置

【2.7】已知"int m=10;"，在下列表示引用的方法中，正确的是（　　　）。

A. int &x=m;　　　　B. int &y=10;　　　　C. int &z;　　　　D. float &t=&m;

【2.8】在 C++中，下列关于设置函数默认参数值的描述中，正确的是（　　　）。

A. 不允许设置默认参数值

B. 在指定了默认值的参数右边，不能出现没有指定默认值的参数

C. 只能在函数的定义中指定参数的默认值

D. 设置默认参数值时，必须全部都设置

【2.9】下列描述中关于引用调用的是（　　　）。

A. 形参是指针，实参是地址值　　　　　B. 形参是引用，实参是变量

C. 形参和实参都是变量　　　　　　　　D. 形参和实参都是数组名

【2.10】下列语句中错误的是（　　　）。

A. int *p=new int(10);　　　　　　　　B. int *p=new int[10];

C. int *p=new int;　　　　　　　　　　D. int *p=new int[40](0);

【2.11】假设已经有定义"const char *const name="chen";"，下面的语句中正确的是（　　　）。

A. name[3]='a';　　　　　　　　　　　B. name="lin";

C. name=new char[5];　　　　　　　　D. cout<<name[3];

【2.12】假设已经有定义"char *const name="chen";"，下面的语句中正确的是（　　　）。

A. name[3]='q';　　　　　　　　　　　B. name="lin";

C. name=new char[5];　　　　　　　　D. name=new char('q');

【2.13】假设已经有定义"const char *name="chen";"，下面的语句中错误的是（　　　）。

A. name[3]='q';　　　B. name="lin";　　　C. name=new char[5]; D. name=new char('q');

【2.14】在重载函数调用时选择的依据中，错误的是（　　　）。

A. 函数名字　　　　B. 函数的返回类型　　C. 参数个数　　　　D. 参数的类型

【2.15】在（　　　）情况下适宜采用内联函数。

A. 函数代码小，频繁调用　　　　　　　B. 函数代码多，频繁调用

C. 函数体含有递归语句　　　　　　　　D. 函数体含有循环语句

【2.16】在下列描述中，错误的是（　　　）。

A. 内联函数主要解决程序的运行效率问题

B. 内联函数的定义必须出现在内联函数第一次被调用之前

C. 内联函数中可以包括各种语句

D. 对内联函数不可以进行异常接口声明

【2.17】下面的类型声明中正确的是（　　　）。

A．int &a[4]；　　　　B．int &*p；　　　　C．int &&q；　　　　D．int i,*p=&i；

【2.18】下列关于 new 运算符的描述中，错误的是（　　　）。

A．它可以用来动态创建对象和对象数组

B．使用它创建的对象或对象数组可以使用运算符 delete 删除

C．使用它创建对象时要调用构造函数

D．使用它创建对象数组时必须指定初始值

【2.19】下面的函数声明中，（　　　）是 void BC(int a, int b); 的重载函数。

A．int BC(int a, int b);　　　　　　　B．void BC(int x, int y);

C．float BC(int a, int b);　　　　　　D．void BC(float a, float b, float c);

【2.20】有函数原型 void test(int a,int b=7,char c='*')，下面的函数调用中，属于不合法调用的是（　　　）。

A．test(5)；　　　　B．test(5,8)；　　　　C．test(6,"#")；　　　　D．test(0,0,'*')；

【2.21】下列关于 delete 运算符的描述中，错误的是（　　　）。

A．它必须用于 new 返回的指针

B．使用它删除对象时要调用析构函数

C．对一个指针可以使用多次该运算符

D．指针名前只有一对方括号符号，不管所删除数组的维数

【2.22】下面这个简短的 C++程序不可能编译通过，为什么？

```cpp
#include <iostream>
using namespace std;
int main()
{ int a,b,c;
  cout<<"Enter two numbers: ";
  cin>>a>>b;
  c=sum(a,b);
  cout<<"sum is:"<<c;
  return 0;
}
sum(int a,int b)
{ return a+b;
}
```

【2.23】回答问题。

（1）以下两个函数原型是否等价？

```cpp
float fun(int a,float b,char *c);
float fun(int,float,char *c);
```

（2）以下两个函数的第一行是否等价？

```cpp
float fun(int a,float b,char *c)
float fun(int,float,char *)
```

【2.24】写出下面程序的运行结果。

```cpp
#include <iostream>
using namespace std;
int i=15;
```

```
int main()
{   int i;
    i=100;
    ::i=i+1;
    cout<<::i<<endl;
    return 0;
}
```

【2.25】写出下面程序的运行结果。

```
#include <iostream>
using namespace std;
void f(int &m,int n)
{   int temp;
    temp=m;
    m=n;
    n=temp;
}
int main()
{   int a=5,b=10;
    f(a,b);
    cout<<a<<" "<<b<<endl;
    return 0;
}
```

【2.26】分析下面程序的运行结果。

```
#include <iostream>
using namespace std;
int &f(int &i)
{   i+=10;
    return i;
}
int main()
{   int k=0;
    int &m=f(k);
    cout<<k<<endl;
    m=20;
    cout<<k<<endl;
    return 0;
}
```

【2.27】编写一个 C++风格的程序，用动态分配空间的方法计算 Fibonacci 数列的前 20 项并存储到动态分配的空间中。

【2.28】编写一个 C++风格的程序，建立一个被称为 sroot()的函数，返回其参数的二次方根。重载函数 sroot() 3 次，让它返回整数、长整数与双精度数的二次方根（计算二次方根时，可以使用标准库函数 sqrt()）。

【2.29】编写一个 C++风格的程序，解决百钱问题：将一元人民币兑换成 1 分、2 分、5 分的硬币，有多少种换法？

【2.30】编写一个 C++风格的程序，输入两个整数，将它们按由小到大的顺序输出。要求使用变量的引用。

【2.31】编写 C++风格的程序，用二分法求解方程 $f(x)=0$ 的根。

第 *3* 章 │ 类和对象（一）

类是一种用户自定义的复杂数据类型，它是将不同类型的数据和与这些数据相关的操作封装在一起的集合体。类是 C++中最重要、最基本的概念，它是面向对象程序设计的基础。C++对 C 语言的改进，最重要的就是增加了"类"这种类型。所以，C++开始时被称为"带类的 C"。类是所有面向对象程序设计语言的共同特征，所有面向对象程序设计语言都提供了这种类型。对象是类的实例，用类对象模拟现实世界中的事物比用数据对象更确切。本章主要介绍类的构成、对象的定义和使用、成员函数、构造函数与析构函数等内容。

3.1　类　的　构　成

3.1.1　从结构体到类

结构体是 C 的一种自定义的数据类型，它把相关联的数据元素组成一个单独的统一体。例如，声明一个成绩结构体：

```
struct Score          //声明了一个名为 Score 的结构体
{   int mid_exam;
    int fin_exam;
};
```

结构体成绩中包含了 3 个数据元素 mid_exam 和 fin_exam 分别表示期中成绩、期末成绩。下面是这个例子的完整程序。

【例 3.1】有关成绩结构体的例子。

```
#include <iostream>
using namespace std;
struct Score                      //声明了一个名为 Score 的结构体
{   int mid_exam;
    int fin_exam;
};
int main()
{   Score score1;
    score1.mid_exam=80;      //可以在结构体外直接访问数据 mid_exam
    score1.fin_exam=88;      //可以在结构体外直接访问数据 fin_exam
    cout<<"期中成绩:"<<score1.mid_exam<<"\n 期末成绩:"<<score1.fin_exam
        <<"\n 总评成绩:"<< (int)(0.3*score1.mid_exam+score1.fin_exam*0.7)
```

```
        <<endl;
    return 0;
}
```
程序的运行结果如下：

期中成绩:80
期末成绩:88
总评成绩:85

总评成绩是计算出来的。

    C 语言中的结构体存在一些缺点。例如，一旦建立了一个结构体变量，就可以在结构体外直接访问内部数据。在上例 main()函数中，可以用赋值语句随意访问结构体变量中的数据 mid_exam 和 fin_exam。但是，在现实世界中有些数据是不允许被随意访问的。换句话说，不同的用户对数据访问的权限是不一样的。例如，在成绩系统中，某门功课的成绩只有授课的教师才有权限访问和修改。可见，在 C 结构体中的数据是很不安全的，C 结构体无法对数据进行保护和权限控制。C 结构体中的数据与对这些数据进行的操作是分离的，没有把这些相关的数据和操作（通常用函数实现）构成一个整体进行封装。因此，使程序的复杂性很难控制，维护数据和处理数据要花费很多精力，使传统程序难以重用，严重影响了软件的生产效率。

    在 C++中，引入了类的概念，它能克服 C 结构体的这些缺点。C++中的类将数据和与之相关的函数封装在一起，形成一个整体，具有良好的外部接口，可以防止数据未经授权的访问，提供了模块间的独立性。

3.1.2　类的构成概述

    C++提供了一种比结构体类型更安全有效的数据类型——类。类是 C++的一个最重要的特性。类与结构体的扩充形式十分相似，类声明中的内容包括数据和函数，分别称为数据成员和成员函数。按访问权限划分，数据成员和成员函数又可分为公有、保护和私有 3 种，分别称为公有数据成员与成员函数、保护数据成员与成员函数以及私有数据成员与成员函数。类声明的一般格式如下：

```
class  类名{
  public:
    公有数据成员；
    公有成员函数；
  protected:
    保护数据成员；
    保护成员函数；
  private:
    私有数据成员；
    私有成员函数；
};
```

    类的声明由关键字 class 打头，后跟类名，花括号中是类体，最后以一个分号 ";" 结束。这里，还是以分数为例，用一个类 Score 来描述分数，其形式如下：

```
class Score {
  public:
    void setScore(int m,int f);        //公有成员函数
    void showScore();                  //公有成员函数
```

```
    private:
        int mid_exam;                          //私有数据成员
        int fin_exam;                          //私有数据成员
};
```

一般情况下，类体中仅给出成员函数原型，而把函数体的定义放在类体外实现。成员函数的具体定义将在后续章节讨论。

在类 Score 中，数据成员和成员函数分别属于 private 部分和 public 部分。为什么要把它们分为不同的部分呢？这是因为它们的性质不同，或者说它们有不同的访问权限。

类体中一般有 private、protected 和 public 3 个关键字，被称为访问权限关键字。每个关键字下面又都可以有数据成员和成员函数。数据成员和成员函数一般统称为类的成员。

private 部分称为类的私有部分，这一部分的数据成员和成员函数称为类的私有成员。私有成员只能由本类的成员函数访问，而类外部的任何访问都是非法的。这样，私有成员就整个隐蔽在类中，在类的外部根本就无法访问，实现了访问权限的有效控制。在类 Score 中就声明了 2 个只能由内部成员函数访问的数据成员：mid_exam 和 fin_exam。

public 部分称为类的公有部分，这部分的数据成员和成员函数称为类的公有成员。公有成员可以由程序中的函数（包括类内和类外）访问，即它对外是完全开放的。公有成员函数是类与外界的接口，来自类外部的访问需要通过这种接口来进行。例如，在类 Score 中声明了设置分数的成员函数 setScore() 和显示分数的成员函数 showScore()，它们都是公有的成员函数，类外部若想对类 Score 的数据进行操作，只能通过这两个函数来实现。

protected 部分称为类的保护部分，这部分的数据成员和成员函数称为类的保护成员。保护成员可以由本类的成员函数访问，也可以由本类的派生类的成员函数访问，而类外的任何访问都是非法的，即它是半隐蔽的，这个问题将在第 5 章详细介绍。

说明：

（1）对一个具体的类来讲，类声明格式中的 3 个部分并非一定要全有，但至少要有其中的一个部分。

一般情况下，一个类的数据成员应该声明为私有成员，成员函数声明为公有成员。这样，内部的数据整个隐蔽在类中，在类的外部根本就无法看到，使数据得到有效的保护，也不会对该类以外的其余部分造成影响，程序模块之间的相互作用就被降低到最小。

（2）类声明中的 private、protected 和 public 这 3 个关键字可以按任意顺序出现任意次。但是，如果把所有的私有成员、保护成员和公有成员归类放在一起，程序将更加清晰。

（3）若私有部分处于类体中第一部分时，关键字 private 可以省略。这样，如果一个类体中没有一个访问权限关键字，则其中的数据成员和成员函数都默认为私有的。

（4）有些程序员主张将所有的私有成员放在其他成员的前面，因为一旦用户忘记了使用说明符 private，由于默认值是 private，这将使用户的数据仍然得到保护。另一些程序员主张将公有成员放在最前面，这样可以使用户将注意力集中在能被外界调用的成员函数上，使用户思路更清晰一些。不论 private 部分放在前面，还是 public 部分放在前面，类的作用是完全相同的。

（5）不能在类声明中给数据成员赋初值。例如：

```
class Score {
  public:
```

```
        void setScore(int m,int f);          //公有成员函数
        void showScore ();                    //公有成员函数
    private:
        int mid_exam=80;                      //错误
        int fin_exam=88;                      //错误
};
```

C++规定，只有在类的对象定义之后才能给数据成员赋初值。

3.2 成员函数的定义

类的成员函数是函数的一种，它也有函数名、返回值类型和参数表，它的用法与普通函数基本上是一样的，只是它属于一个类的成员。成员函数可以访问本类中任何成员（包括公有的、保护的和私有的）。成员函数可以被指定为私有的（private）、公有的（public）和保护的（protected）。其中，私有的成员函数只能被本类中其他成员函数调用，不能被类外的对象调用；公有的成员函数既可以被本类的成员函数访问，也可以在类外被该类的对象访问。保护成员函数的内容将在第5章详细介绍。

在 C++程序设计中，成员函数既可以定义成普通的成员函数（即非内联的成员函数），也可以定义成内联成员函数。以下介绍成员函数的两种定义方式中，第 1 种方式是定义成普通的成员函数，而第 2 种方式是定义成内联成员函数。

3.2.1 普通成员函数的定义

定义成员函数的第 1 种方式是：将成员函数以普通成员函数（即非内联的成员函数）的形式进行定义。在类声明中只给出成员函数的原型，而成员函数的定义写在类的外部。这种成员函数在类外定义的一般形式是：

返回值类型 类名::成员函数名(参数表)
{
    函数体
}

例如，表示分数的类 Score 可声明如下：

```
#include <iostream>
using namespace std;
class Score{
  public:
    void setScore(int m,int f);
    void showScore();
  private:
    int mid_exam;                    //私有数据成员
    int fin_exam;                    //私有数据成员
};
void Score::setScore(int m,int f)
{   mid_exam=m;
    fin_exam=f;
}
void Score ::showScore()
```

```
{   cout<<"\n 期中成绩: "<<mid_exam<<"\n 期末成绩: "<<fin_exam<<"\n 总评成绩:
    "<<(int)(0.3*mid_exam+0.7*fin_exam)<<endl;
}
```

从这个例子可以看出，虽然函数 setScore()和 showScore()在类外部定义，但它们属于类 Score 的成员函数，它们可以直接访问类 Score 中的私有数据成员 mid_exam 和 fin_exam。

说明：

（1）在类外定义成员函数时，必须在成员函数名之前加上类名，在类名和函数名之间应加上作用域运算符"::"，用于声明这个成员函数是属于哪个类的。例如，上面例子中的"Score::"说明这些成员函数是属于类 Score 的。如果在函数名前没有类名，或既无类名又无作用域运算符"::"，如

```
::setScore()
```

或

```
setScore()
```

则表示 setScore()函数不属于任何类，这个函数不是成员函数，而是普通的函数。

（2）在类声明中，成员函数原型的参数表可以不说明参数的名字，而只说明它们的类型。例如：

```
void setScore(int,int);
```

但是，在类外定义成员函数时，不但要说明参数表中参数的类型，还必须要指出其参数名。

（3）采用"在类声明中只给出成员函数的原型，而将成员函数的定义放在类的外部"的定义方式，是 C++程序设计的良好习惯。这种方式不仅可以减少类体的长度，使类的声明简洁明了、便于阅读，而且有助于把类的接口和类的实现细节相分离，隐藏了执行的细节。

3.2.2　内联成员函数的定义

定义成员函数的第 2 种方式是：将成员函数以内联函数的形式进行定义。在 C++中，可以用下面两种格式定义内联成员函数。

（1）隐式声明：将成员函数直接定义在类的内部。例如：

```
class Score{
  public:
    void setScore(int m,int f)      //成员函数 setScore()直接定义在类的内部
    {   mid_exam=m;
        fin_exam=f;
    }
    void showScore();
  private:
    int mid_exam;                   //私有数据成员
    int fin_exam;                   //私有数据成员
};
```

此时，函数 setScore()就是隐含的内联成员函数。内联函数的调用类似宏指令的扩展，它直接在调用处扩展其代码，而不进行一般函数的调用操作。

这种定义内联成员函数的方法没有使用关键字 inline 进行声明，因此这种定义内联成员函数的方法称为隐式定义。

（2）显式声明：在类声明中只给出成员函数的原型，而将成员函数的定义放在类的外部。但是在类内函数原型声明前或在类外定义成员函数前冠以关键字 inline，以此显式地说明这是一个内联函数。这种定义内联成员函数的方法称为显式定义。

例如，上面的例子改为显式声明可变成如下形式：

```
class Score{
    public:
        inline void setScore(int m,int f) ;
        //声明成员函数 setScore()为内联函数
        inline void showScore();
    private:
        int mid_exam;                      //私有数据成员
        int fin_exam;                      //私有数据成员
};
inline void Score::setScore(int m,int f)   //在类外定义此函数为内联函数
{   mid_exam=m;
    fin_exam=f;
}
inline void Score ::showScore()
{   cout<<"\n 期中成绩: "<<mid_exam<<"\n 期末成绩: "<<fin_exam<<"\n 总评成绩:
    "<<(int)(0.3*mid_exam+0.7*fin_exam)<<endl;
}
```

也可以定义如下形式：

```
class Score{
    public:
        void setScore(int m,int f) ;
            //声明成员函数 setScore()为函数
        void showScore();
    private:
        int mid_exam;                      //私有数据成员
        int fin_exam;                      //私有数据成员
};
inline void Score::setScore(int m,int f)   //在类外定义此函数为内联函数
{   mid_exam=m;
    fin_exam=f;
}
inline void Score::showScore()
{   cout<<"\n 期中成绩: "<<mid_exam<<"\n 期末成绩: "<<fin_exam<<"\n 总评成绩:
    "<<(int)(0.3*mid_exam+0.7*fin_exam)<<endl;
}
```

说明：在类中，使用 inline 定义内联函数时，必须将类的声明和内联成员函数的定义都放在同一个文件（或同一个头文件）中，否则编译时无法进行代码置换。

3.3 对象的定义和使用

3.3.1 类与对象的关系

通常把具有共同属性和行为的事物所构成的集合称为类。在 C++中，可以把具有相同数据结构和相同操作集的对象看成属于同一类。

一个类也就是用户声明的一个数据类型，而且是一个抽象数据类型。每一种数据类型（包括基本数据类型和自定义类型）都是对一类数据的抽象，在程序中定义的每一个变量都是其所属数

据类型的一个实例。类的对象可以看成该类类型的一个实例，定义一个对象和定义一个一般变量相似。

3.3.2 对象的定义

对象的定义也称对象的创建，在 C++中可以用以下两种方法定义对象：

（1）在声明类的同时，直接定义对象，即在声明类的右花括号"}"后，直接写出属于该类的对象名表。例如：

```
class Score{
  public:
    void setScore(int m,int f) ;
       //声明成员函数 setScore()为函数
    void showScore();
  private:
    int mid_exam;                    //私有数据成员
    int fin_exam;                    //私有数据成员
} op1,op2;
```

在声明类 Score 的同时，直接定义了对象 op1 和 op2。

（2）声明了类之后，在使用时再定义对象。定义对象的格式与定义基本数据类型变量的格式类似，其一般形式如下：

类名 对象名 1,对象名 2,…;

例如：

```
class  Score {
  …
};
…
int main()
{
  Score  op1,op2;
  …
}
```

在主函数中，为类 Score 定义了 op1 和 op2 的两个对象。

说明：声明了一个类便声明了一种类型，它并不接收和存储具体的值，只作为生成具体对象的一种"样板"，只有定义了对象后，系统才为对象分配存储空间，以存放对象中的成员。

3.3.3 对象中成员的访问

不论是数据成员，还是成员函数，只要是公有的，在类的外部可以通过类的对象进行访问。访问对象中成员的一般形式是：

对象名.数据成员名

或

对象名.成员函数名[(参数表)]

其中，"."称为对象选择符，简称点运算符。

下面的例子定义了 Score 类的两个对象 op1 和 op2，并对这两个对象的成员进行了一些操作。

【例 3.2】使用类 Score 的完整程序。

```
#include <iostream>
using namespace std;
class Score{
   public:
      void setScore(int m,int f)
      {  mid_exam=m;
         fin_exam=f;
      }
      void showScore()
      {  cout<<"\n 期中成绩: "<<mid_exam<<"\n 期末成绩: "<<fin_exam<<"\n";
         cout<<"总评成绩: "<<(int)(0.3*mid_exam+0.7*fin_exam)<<endl;
      }
   private:
      int mid_exam;                      //私有数据成员
      int fin_exam;                      //私有数据成员
};
int main()
{  Score  op1,op2;            //定义对象 op1 和 op2
   op1.setScore(80,88);
            //调用对象 op1 的成员函数 setScore()，给 op1 的数据成员赋值
   op2.setScore(90,92);
            //调用对象 op2 的成员函数 setScore()，给 op2 的数据成员赋值
   op1.showScore();           //调用对象 op1 的成员函数 showScore()
   op2.showScore();           //调用对象 op2 的成员函数 showScore()
   return 0;
}
```

程序运行结果如下：

期中成绩:80
期末成绩:88
总评成绩:85

期中成绩:90
期末成绩:92
总评成绩:91

说明：

（1）在类的内部所有成员之间都可以通过成员函数直接访问，但是类的外部不能访问对象的私有成员。下面就是一个存在错误的程序。

【例 3.3】一个存在错误的程序。

```
#include <iostream>
using namespace std;
class Score{
   public:
      void setScore(int m,int f)
      {  mid_exam=m;
         fin_exam=f;
      }
      void showScore ()
      {  cout<<"\n 期中成绩: "<<mid_exam<<"\n 期末成绩: "<<fin_exam<<"\n" ;
         cout<<"总评成绩: "<<(int)(0.3*mid_exam+0.7*fin_exam)<<endl;
```

```
      }
   private:
      int mid_exam;                    //私有数据成员
      int fin_exam;                    //私有数据成员
};
int main()
{  Score  op1,op2;                     //定义对象op1和op2
   op1.setScore(80,88);
         //调用对象op1的成员函数setScore()，给op1的数据成员赋值
   op2.setScore(90,92);
         //调用对象op2的成员函数setScore()，给op2的数据成员赋值
   cout<<"\n 期中成绩: "<<op1.mid_exam<<"\n 期末成绩"<<op1.fin_exam<<endl;//错误
   op2.showScore ();                   //调用对象op2的成员函数showScore()
   return 0;
}
```

编译这个程序时，编译器将标注出一条错误的语句（斜体表示的语句）。

错误提示是：

`error C2248: "Score::mid_exam": 无法访问 private 成员(在 "Score" 类中声明)。`
因为从类的外部访问对象的私有成员是错误的，可以参照对 op2 的访问来修改程序。

（2）在定义对象时，若定义的是指向此对象的指针变量，则访问此对象的成员时，不能用 "." 操作符，而应该使用 "->" 操作符。例如：

```
int main()
{  Score op1,*ptr;          //定义对象op1和指向类Score的指针变量ptr
   ptr=&op1;                //使ptr指向对象op1
   ptr->setScore(80,88);    //调用对象op1的成员函数setScore
   ptr->showScore();
   return 0;
}
```

3.3.4　类的作用域和类成员的访问属性

所谓类的作用域就是指在类的声明中的一对花括号所形成的作用域。一个类的所有成员都在该类的作用域内。在类的作用域内，一个类的任何成员函数可以不受限制地访问该类中的其他成员。而在类作用域之外，对该类的数据成员和成员函数的访问则要受到一定的限制，有时甚至是不允许的，这主要与类成员的访问属性有关。

下面，我们归纳一下类成员的访问属性。类成员有两种访问属性：公有属性和私有属性（保护属性将在第 5 章介绍）。公有的成员不但可以被类中成员函数访问，还可在类的外部，通过类的对象进行访问。私有的成员只能被类中成员函数访问，不能在类的外部，通过类的对象进行访问。例如，声明了如下一个类：

```
class Sample{
   private:
      int i;
   public:
      int j;
      void set(int i1,int j1)
      {  i=i1;                 //类的成员函数可以访问类的私有成员i
```

```
        j=j1;                   //类的成员函数可以访问类的公有成员 j
    }
};
```

在类的外部，主函数 main()定义如下：

```
int main()
{   Sample a;                //定义类 Sample 的对象 a
    a.set(3,5);              //在类外，类 Sample 的对象 a 可以访问公有成员函数 set()
    cout<<a.i<<endl;         //非法，在类外，类 Sample 的对象 a 不能访问类的私有成员 i
    cout<<a.j<<endl;         //合法，在类外，类 Sample 的对象 a 能够访问类的公有成员 j
    return 0;
}
```

通过上例可以说明，在类的内部，类 Sample 的成员函数可以访问类的私有成员 i 和公有成员 j。但是，在类的外部，类 Sample 的对象 a 可以访问类的公有成员 j，而不能访问类的私有成员 i。

一般来说，公有成员是类的对外接口，而私有成员是类的内部数据和内部实现，不希望外界访问。将类的成员划分为不同的访问级别有两个好处：一是信息隐蔽，即实现封装，将类的内部数据与内部实现和外部接口分开，这样使该类的外部程序不需要了解类的详细实现；二是数据保护，即将类的重要信息保护起来，以免其他程序进行不恰当的修改。

3.3.5　对象赋值语句

如果有两个整型变量 x 和 y，那么用语句 y=x 就可以把 x 的值赋给 y。同类型的对象之间也可以进行赋值，即一个对象的值可以赋给另一个对象。这里所指的对象的值是指对象中所有数据成员的值。例如，A 和 B 是同一类的两个对象，假设 A 已经存在，那么下述对象赋值语句把对象 A 的数据成员的值逐位赋给对象 B：

```
B=A
```

对象之间的赋值也是通过赋值运算符 "=" 进行的。本来，赋值运算符 "=" 只能用来对基本数据类型（如 int、float 等）的数据赋值，C++扩展为两个同类对象之间的赋值，这是通过对赋值运算符的重载实现的（关于运算符的重载将在第 7 章中介绍）。对象赋值的一般形式为：

```
对象名 1=对象名 2;
```

下面看一个使用对象赋值语句的例子。

【例 3.4】用对象赋值语句的例子。

```
#include <iostream>
using namespace std;
class Score{
    public:
        void setScore(int m,int f)
        {   mid_exam=m;
            fin_exam=f;
        }
        void showScore ()
        {   cout<<"\n 期中成绩: "<<mid_exam<<"\n 期末成绩: "<<fin_exam<<"\n";
            cout<<"总评成绩: "<<(int)(0.3*mid_exam+0.7*fin_exam)<<endl;
        }
    private:
        int mid_exam;                        //私有数据成员
```

```
        int fin_exam;                      //私有数据成员
    };
    int main()
    {   Score op1,op2;             //定义对象 op1 和 op2
        op1.setScore(80,88);        //调用对象 op1 的成员函数 setScore
        op2=op1;                   //将对象 op1 数据成员的值赋给对象 op2
        op2.showScore();
        return 0;
    }
```

在该程序中，语句

```
    op2=op1;
```

等价于语句：

```
    op2.mid_exam =op1.mid_exam;
    o2p.fin_exam =op1.fin_exam;
```

因此，运行此程序将显示：

```
    期中成绩:80
    期末成绩:88
    总评成绩:85
```

说明：

（1）在使用对象赋值语句进行对象赋值时，两个对象的类型必须相同，如果对象的类型不同，编译时将出错。

（2）两个对象之间的赋值，仅仅是对其中的数据成员赋值，而不对成员函数赋值。数据成员是占存储空间的，不同对象的数据成员占有不同的存储空间，而不同对象的成员函数是占有同一个函数代码段，无法对它们赋值。

（3）当类中存在指针时，使用默认的赋值运算符函数进行对象赋值，可能会产生错误。这个问题将在 3.4.8 节中分析。

3.4 　 构造函数与析构函数

构造函数和析构函数都是类的成员函数，但它们都是特殊的成员函数，执行特殊的功能，而且这些函数的名字与类的名字有关。

3.4.1 　 构造函数

我们知道，在计算机中不同的数据类型分配的存储空间是不同的。类是一种用户自定义的类型，它可能比较简单，也可能很复杂。当声明一个类对象时，编译程序需要为对象分配存储空间，为数据成员赋初值，即进行必要的初始化。如需要给的类 Score 的 mid_exam 和 fin_exam 赋初值，但类声明体中不能给数据成员直接赋初值，那么怎么办？可以在类 Score 中使用一个 setScore()函数来实现，在每次使用一个新的对象时调用一下该函数，即可对需要的数据成员进行初始化。但是这种方法既不方便也容易忘记，如果用户不小心忘记调用 setScore()来初始化类对象，那么结果就可能出错。C++提供了一个更好的方法：利用类的构造函数来初始化类的成员。

构造函数是一种特殊的成员函数，它主要用于为对象分配空间，进行初始化。构造函数的名字必须与类名相同，而不能由用户任意命名。它可以有任意类型的参数，但不能具有返回值。它不需要用户来调用，而是在建立对象时自动执行。

下面为类 Score 定义一个构造函数。

【例 3.5】为类 Score 定义一个构造函数。

```
class Score{
   public:
      Score(int m,int f);                    //声明构造函数 Score()的原型
      void setScore(int m,int f);
      void showScore();
   private:
      int mid_exam;                          //私有数据成员
      int fin_exam;                          //私有数据成员
};
Score::Score(int m,int f)                    //定义构造函数 Score()
{  cout<<"构造函数使用中..."<<endl;
   mid_exam=m;
   fin_exam=f;
}
```

上面声明的类名为 Score，其构造函数名也是 Score。构造函数的主要功能是给对象分配空间，进行初始化，即对数据成员赋初值，这些数据成员一般为私有成员。在建立对象的同时，采用构造函数给数据成员赋初值，通常有下面两种形式。

形式 1：

类名 对象名[(实参表)];

这里的"类名"与构造函数名相同，"实参表"是为构造函数提供的实际参数。

下面通过创建一个类 Date 的对象 date1，看一下构造函数是如何被调用的。

【例 3.6】建立对象的同时，用构造函数给数据成员赋初值。

```
#include <iostream>
using namespace std;
class Score{
   public:
      Score(int m,int f);                    //声明构造函数 Score()的原型
      void setScore(int m,int f);
      void showScore();
   private:
      int mid_exam;                          //私有数据成员
      int fin_exam;                          //私有数据成员
};
Score::Score(int m,int f)                    //定义构造函数 Score()
{  cout<<"构造函数使用中..."<<endl;
   mid_exam=m;
   fin_exam=f;
}
void Score::setScore(int m,int f)
{   mid_exam=m;
    fin_exam=f;
}
inline void Score ::showScore()
{  cout<<"\n 期中成绩: "<<mid_exam<<"\n 期末成绩: "<<fin_exam<<"\n";
```

```
        cout<<"总评成绩: "<<(int)(0.3*mid_exam+0.7*fin_exam)<<endl;
}
int main()
{   Score score1(80,88);          //定义类 Score 的对象 score1，自动调用构造函数
                                   //给对象 score1 的数据成员赋初值
    cout<<endl<<"成绩输出:";
    score1.showScore();           //调用成员函数 showScore()，显示 score1 的数据
    score1.setScore(90,92);
    cout<<endl<<"成绩输出:";
    score1.showScore();
    return 0;
}
```

程序运行结果如下：

构造函数使用中...

成绩输出
期中成绩:80
期末成绩:88
总评成绩:85

成绩输出
期中成绩:90
期末成绩:92
总评成绩:91

从上面的例子可以看出，在 main()函数中，没有显式调用构造函数 Score()的语句。构造函数是在定义对象时被系统自动调用的。也就是说，在定义对象 score1 的同时，构造函数 Score ()被自动调用执行，分别给数据成员 mid_exam 和 fin_exam 赋初值，并显示信息"构造..."。该条信息的显示并不是必需的，在此只是说明构造函数被调用了，帮助大家理解构造函数的使用方法。

形式 2：

类名 *指针变量名=new 类名[(实参表)];

这是一种使用 new 运算符动态建立对象的方式。例如：

```
pscore=new Score(80,88);
```

这时，编译系统开辟了一段内存空间，并在此空间中存放了一个 Score 类对象，同时调用了该类的构造函数给数据成员赋初值。这个对象没有名字，称为无名对象。但是该对象有地址，这个地址存放在指针变量 pscore 中。访问用 new 动态建立的对象一般是不用对象名的，而是通过指针访问的。例如：

```
pscore->showScore();
```

当用 new 建立的对象使用结束，不再需要它时，可以用 delete 运算符予以释放。例如：

```
delete pscore;
```

下面，将例 3.6 的主函数改成用这种方法来实现，其运行结果与原例题完全相同。

```
int main()
{   Score *pscore;
    pscore=new Score(80,88);
    cout<<endl<<"成绩输出:";
    pscore->showScore();
    pscore->setScore(90,92);
```

```
    cout<<endl<<"成绩输出:";
    pscore->showScore();
    delete pscore;
    return 0;
}
```

说明：

（1）构造函数的名字必须与类名相同，否则编译程序将把它当做一般的成员函数来处理。

（2）构造函数没有返回值，在定义构造函数时，是不能说明它的类型的，甚至说明为 void 类型也不行。

（3）与普通的成员函数一样，构造函数的函数体可写在类体内，也可写在类体外。如例 3.6 中的类 Score 可以声明如下：

```
class Score{
    public:
        Score(int m,int f)              //声明构造函数 Score()的原型
        {  cout<<"构造..."<<endl;
          mid_exam=m;
          fin_exam=f;
         }
        void setScore(int m,int f);
        void showScore ();
     private:
        int mid_exam;                   //私有数据成员
        int fin_exam;                   //私有数据成员
};
```

与普通的成员函数一样，当构造函数直接定义在类内时，系统将构造函数作为内联函数处理。

（4）构造函数一般声明为公有成员，但它不需要也不能像其他成员函数那样被显式地调用，它是在定义对象的同时被自动调用，而且只执行一次。

（5）构造函数可以不带参数。例如：

```
class  A{
    public:
      A();                              //不带参数的构造函数
      …
    private:
      int x;
};
A::A()
{  cout<<"构造函数使用中... \n";
   x=50;
```

此时，类 A 的构造函数就没有带参数，在 main()函数中可以采用如下方法定义对象：

```
    A a;
```

在定义对象 a 的同时，构造函数 A()被系统自动调用执行。执行结果是在屏幕上显示字符串 initialized，并给私有数据成员 x 赋初值 50。

不带参数的构造函数对对象的初始赋值是固定的。如果需要在建立一个对象时，通过传递某些参数对其中的数据成员进行初始化，应该采用前面讲到的带参数的构造函数来解决。

3.4.2　成员初始化列表

在声明类时，对数据成员的初始化工作一般在构造函数中用赋值语句进行。

C++还提供另一种初始化数据成员的方法——用成员初始化列表来实现对数据成员的初始化。这种方法不在函数体内用赋值语句对数据成员初始化，而是在函数首部实现的。例如，可以将上面的例子改写成：

```
class Score{
  public:
    Score(int m,int f);                //声明构造函数 Score() 的原型
    void setScore(int m,int f);
    void showScore ();
  private:
    int mid_exam;                      //私有数据成员
    int fin_exam;                      //私有数据成员
};
Score::Score(int m,int f): mid_exam(m),fin_exam(f)
    //定义构造函数 Score()
{   cout<<"构造函数使用中..."<<endl;

}                                      //使用成员初始化列表对数据成员初始化
```

其中，函数首部末尾冒号后面的"mid_exam(m),fin_exam(f)"就是成员初始化列表。上面的成员初始化列表表示：用形参 m 的值初始化数据成员 mid_exam，用形参 f 的值初始化数据成员 fin_exam。

带有成员初始化列表的构造函数的一般形式如下：

```
类名::构造函数名 ([参数表]) [:(成员初始化列表)]
{
    //构造函数体
}
```

成员初始化列表的一般形式为：

```
数据成员名 1(初始值 1),数据成员名 2(初始值 2),...
```

成员初始化列表写法方便、简练，尤其当需要初始化的数据成员较多时更显其优越性，很多程序人员喜欢用这种方法。

以上两种方法乍一看没有什么不同，对于上面的这种简单例子来说，确实没有太大不同。那为什么要用成员初始化列表，什么时候用成员初始化列表来初始化数据成员呢？在 C++中某些类型的成员是不允许在构造函数中用赋值语句直接赋值的。例如，对于用 const 修饰的数据成员，或是引用类型的数据成员，是不允许用赋值语句直接赋值的。因此，只能用成员初始化列表对其进行初始化。下面用一个例子给予说明。

【例 3.7】用成员初始化列表对数据成员初始化。

```
#include <iostream>
using namespace std;
class A{
  public:
    A(int x1):x(x1),rx(x),pi(3.14)  //用成员初始化列表对引用类型的数据成员
    { }                             //rx和const修饰的数据成员 pi 进行初始化
    void print()
```

```
     { cout<<"x="<<x<<"  "<<"rx="<<rx<<"  "<<"pi="<<pi<<endl; }
   private:
     int x;
     int& rx;                      //rx 是整型变量的引用
     const double pi;              //pi 是用 const 修饰的常量
};
int main()
{ A a(10);
  a.print();
  return 0;
}
```

程序运行结果如下：

```
x=10  rx=10  pi=3.14
```

说明：类成员是按照它们在类里被声明的顺序进行初始化的，与它们在成员初始化列表中列出的顺序无关。例如，下面的例子用成员初始化列表对两个数据成员进行初始化，但运行结果却出乎意料。

【例 3.8】类成员初始化的顺序。

```
#include <iostream>
using namespace std;
class D{
  public:
     D(int i):mem2(i),mem1(mem2+1)
     { cout<<"mem1: "<<mem1<<endl;
        cout<<"mem2: "<<mem2<<endl;
     }
  private:
     int mem1;
     int mem2;
};
int main()
{ D d(15);
  return 0;
}
```

程序运行结果如下：

```
mem1: -858993459
mem2: 15
```

按照构造函数中的成员初始化列表的顺序，它的原意是用 mem2+1 来初始化 mem1。但是按规定，数据成员是按照它们在类中声明的顺序进行初始化的，数据成员 mem1 应在 mem2 之前被初始化。因此，在 mem2 尚未初始化时，mem1 使用 mem2+1 的值来初始化，所得结果是随机值，而不是 16。

3.4.3　带默认参数的构造函数

对于带参数的构造函数，在定义对象时必须给构造函数传递参数，否则构造函数将不被执行。但在实际使用中，有些构造函数的参数值通常是不变的，只有在特殊情况下才需要改变它的参数值，这时可以将其定义成带默认参数的构造函数。

【例3.9】带有默认参数的构造函数。

```cpp
#include <iostream>
using namespace std;
class Score{
    public:
        Score(int m=0,int f=0);              //声明构造函数 Score()的原型
        void setScore(int m,int f);
        void showScore ();
    private:
        int mid_exam;                        //私有数据成员
        int fin_exam;                        //私有数据成员
};
Score::Score(int m,int f): mid_exam(m),fin_exam(f)     //定义构造函数 Score()
{   cout<<"构造函数使用中..."<<endl;
}
void Score::setScore(int m,int f)
{   mid_exam=m;
    fin_exam=f;
}
 inline void Score ::showScore()
{   cout<<"\n 期中成绩: "<<mid_exam<<"\n 期末成绩: "<<fin_exam<<"\n";
    cout<<"总评成绩: "<<(int)(0.3*mid_exam+0.7*fin_exam)<<endl;
}
int main()
{   Score op1(80,88);                 //传递了两个实参
    Score op2(90);                    //只传递了一个实参，第 2 个参数用默认值
    Score op3;                        //没有传递实参，全部用默认值
    op1.showScore();
    op2.showScore();
    op3.showScore();
    return 0;
}
```

程序运行结果如下：

构造函数使用中...
构造函数使用中...
构造函数使用中...

期中成绩:80
期末成绩:88
总评成绩:85

期中成绩:90
期末成绩:0
总评成绩:27

期中成绩:0
期末成绩:0
总评成绩:0

在类 Score 中，构造函数 Score()的两个参数均含有默认参数值 0。因此，在定义对象时可根据

需要使用其默认值。

在上面定义了 3 个对象 op1、op2 和 op3，它们都是合法的对象。由于传递参数的个数不同，使它们的私有数据成员 mid_exam 和 fin_exam 取得不同的值。由于在定义对象 op1 时，传递了两个参数，这两个参数分别传给了 mid_exam 和 fin_exam，因此 mid_exam 取值为 80，fin_exam 取值为 85；在定义对象 op2 时，只传递了一个参数，这个参数传递给了构造函数的第一个形参，而第二个形参取默认值，所以对象 op2 的 mid_exam 取值为 90，而 fin_exam 取值为 0；定义对象 op3 时，没有传递参数，所以 mid_exam 和 fin_exam 均取构造函数的默认值为其赋值，因此 mid_exam 和 fin_exam 均为 0。

3.4.4　析构函数

析构函数也是一种特殊的成员函数。它执行与构造函数相反的操作，通常用于撤销对象时的一些清理任务，如释放分配给对象的内存空间等。析构函数有以下一些特点：

（1）析构函数与构造函数名字相同，但它前面必须加一个波浪号（~）。

（2）析构函数没有参数，也没有返回值，而且不能重载。因此，在一个类中只能有一个析构函数。

（3）当撤销对象时，编译系统会自动调用析构函数。

下面重新说明类 Score，使它既含有构造函数，又含有析构函数。

【例 3.10】含有构造函数和析构函数的 Score 类。

```cpp
#include <iostream>
using namespace std;
class Score{
  public:
    Score(int m,int f);                  //声明构造函数 Score()的原型
    ~Score();                            //声明析构函数
     void setScore(int m,int f);
     void showScore ();
  private:
    int mid_exam;                        //私有数据成员
    int fin_exam;                        //私有数据成员
};
Score::Score(int m,int f)               //定义构造函数 Score()
{   cout<<"构造函数使用中..."<<endl;
    mid_exam=m;
    fin_exam=f;
}
Score::~Score()                         //定义析构函数
{   cout<<endl<<"析构函数使用中..."<<endl;
}

void Score::setScore(int m,int f)
{   mid_exam=m;
    fin_exam=f;
}
inline void Score ::showScore ()
```

```
{   cout<<"\n 期中成绩: "<<mid_exam<<"\n 期末成绩: "<<fin_exam<<"\n";
    cout<<"总评成绩: "<<(int)(0.3*mid_exam+0.7*fin_exam)<<endl;
}
int main()
{   Score score1(80,88);        //定义类 Score 的对象 score1，自动调用构造函数
                                //给对象 score1 的数据成员赋初值
    cout<<endl<<"成绩输出:";
    score1.showScore();         //调用成员函数 showScore()，显示 score1 的数据
    score1.setScore(90,92);
    cout<<endl<<"成绩输出:";
    score1.showScore();
    return 0;
}
```

在类 Score 中定义了构造函数和析构函数。在这两个函数中，都含有一条输出语句，显示相应函数被调用的信息，目的是帮助初学者更好地理解构造函数和析构函数的使用方法。在执行主函数时先建立对象 score1，在建立对象 score1 时调用构造函数，对对象 score1 中的数据成员赋初值，然后调用两次 score1 的成员函数 showScore()，调用一次成员函数 setScore()。在执行 return 语句之后，主函数中的语句已执行完毕，对象 score1 的生命周期结束，在撤销对象 score1 时就要调用析构函数，释放分配给对象 score1 的存储空间，并显示信息"析构..."。这条信息的显示并不是必需的，在此只是说明析构函数被调用了，帮助大家理解析构函数使用方法。

程序运行结果如下：

构造函数使用中...

成绩输出:
期中成绩:80
期末成绩:88
总评成绩:85

成绩输出:
期中成绩:90
期末成绩:92
总评成绩:91

析构函数使用中...

说明：在以下情况中，当对象的生命周期结束时，析构函数会被自动调用：

（1）如果定义了一个全局对象，则在程序流程离开其作用域（如 main()函数结束或调用 exit()函数）时，调用该全局对象的析构函数。

（2）如果一个对象被定义在一个函数体内，则当这个函数被调用结束时，该对象应该释放，析构函数被自动调用。

（3）若一个对象是使用 new 运算符动态创建的，在使用 delete 运算符释放它时，delete 会自动调用析构函数。

下面以学生类为例，对类的声明、对象的定义和使用，以及构造函数和析构函数的使用方法做一个较完整的介绍。

【例3.11】较完整的学生类例子。

```cpp
#include <iostream>
#include <string>
using namespace std;
class Student{
    public:
        Student(char *name1,char *stu_no1,float score1);        //声明构造函数
        ~Student();                              //声明析构函数
        void modify(float score1);               //成员函数，用于修改数据
        void show();                             //成员函数，用于显示数据
    private:
        char *name;                              //学生姓名
        char *stu_no;                            //学生学号
        float score;                             //学生成绩
};
Student::Student(char *name1,char *stu_no1,float score1)    //定义构造函数
{   name=new char[strlen(name1)+1];
    strcpy(name,name1);
    stu_no=new char[strlen(stu_no1)+1];
    strcpy(stu_no,stu_no1);
    score=score1;
}
Student::~Student()                                        //定义析构函数
{   delete []name;
    delete []stu_no;
}
void Student::modify(float score1)
{   score=score1;
}
void Student::show()
{   cout<<"姓名: "<<name<<endl;
    cout<<"学号: "<<stu_no<<endl;
    cout<<"分数: "<<score<<endl;
}
int main()
{   Student stu1("黎明","20150201",90);     //定义类 Student 的对象 stu1
                                            //调用构造函数，初始化对象 stu1
    stu1.show();                 //调用成员函数 show()，显示 stu1 的数据
    stu1.modify(88);             //调用成员函数 modify()，修改 stu1 的数据
    cout<<"修改后:---- "<<endl;
    stu1.show();                 //调用成员函数 show()，显示 stu1 修改后的数据
}
```

程序运行结果如下:

姓名: 黎明
学号: 20150201
分数: 90
修改后:----
姓名: 黎明
学号: 20150201
分数: 88

在本例中，类 Student 中声明了 3 个私有数据成员 name、stu_no 和 score，分别表示学生的姓

名、学号和成绩；声明了一个构造函数和一个析构函数，以及数据修改成员函数 modify()和数据显示成员函数 show()，它们都是公有数据成员。

在本程序中，当执行语句

```
Student stu1("黎明","20150201",90);
```

时，定义了类 Student 的对象 stu1，同时调用了构造函数。也就是说，在定义类对象时就自动调用构造函数进行对象的初始化。当程序结束，对象撤销时，调用了析构函数，释放由运算符 new 分配的内存空间。这是构造函数和析构函数常见的用法，即在构造函数中用运算符 new 为字符串分配存储空间，最后在析构函数中用运算符 delete 释放已分配的存储空间。

3.4.5 默认的构造函数和默认的析构函数

1．默认的构造函数

在实际应用中，通常需要给每个类定义构造函数。如果没有给类定义构造函数，则编译系统自动生成一个默认的构造函数。按照构造函数的规定，默认构造函数名与类名相同。默认构造函数的这种形式也可以显式地定义在类体中。

例如，在类 Score 中没有定义任何构造函数。在主程序中有如下的说明语句：

```
Score score1,score2;
```

这时，编译系统为类 Score 生成下述形式的构造函数：

```
Score:: Score()
{  }
```

并使用这个默认的构造函数对 score 1 和 score 2 进行初始化。

这个默认的构造函数不带任何参数，它只能为对象开辟一个存储空间，而不能给对象中的数据成员赋初值，这时的初始值是随机数，程序运行时可能会造成错误。

【例 3.12】正确对数据成员赋初值。

```
#include <iostream>
using namespace std;
class Myclass{
    public:
        int no;
};
int main()
{   Myclass a;
    a.no=2015;
    cout<<a.no<<endl;
    return 0;
}
```

程序运行结果如下：

2015

如果将程序修改为：

```
#include <iostream>
using namespace std;
class Myclass{
    public:
        int no;
```

```
};
int main()
{   Myclass a;
    cout<<a.no<<endl;
    return 0;
}
```

调试程序时出现错误，如图3-1所示。

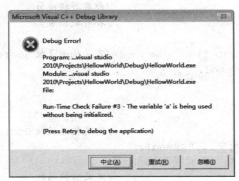

图 3-1 调试错误的提示

说明：

（1）对没有定义构造函数的类，其公有数据成员可以用初始值列表进行初始化。请看以下例子：

【例3.13】用初始值列表初始化公有数据成员。

```
#include <iostream>
using namespace std;
class Myclass{
    public:
        char name[10];
        int no;
};
int main()
{   Myclass a={"chen",25};
    cout<<a.name<<"  "<<a.no<<endl;
    return 0;
}
```

在本例中，main()函数中创建了一个类 myclass 的对象 a，并将初始值列表中的 chen 和 25 别赋给 a.name 和 a.no。

程序运行结果如下：

```
chen  25
```

这种方法对结构体和数组的初始化较适合。

（2）只要一个类定义了一个构造函数（不一定是无参构造函数），系统将不再给它提供默认的构造函数。

【例3.14】分析下列程序的运行结果。

```
#include <iostream>
using namespace std;
```

```
class Score{
  public:
     Score(int m,int f);                 //声明构造函数 Score()的原型
     ~Score();                           //声明析构函数
      void setScore(int m,int f);
      void showScore();
  private:
     int mid_exam;                       //私有数据成员
     int fin_exam;                       //私有数据成员
};
Score::Score(int m,int f)               //定义构造函数 Score()
{  cout<<"构造..."<<endl;
   mid_exam=m;
   fin_exam=f;
}
Score::Score()                          //定义构造函数 Score()
{  cout<<"构造函数使用中..."<<endl;
}
Score::~Score()                         //定义析构函数
{  cout<<endl<<"析构函数使用中..."<<endl;
}

void Score::setScore(int m,int f)
{  mid_exam=m;
   fin_exam=f;
}
inline void Score ::showScore ()
{  cout<<"\n 期中成绩: "<<mid_exam<<"\n 期末成绩: "<<fin_exam<<"\n";
   cout<<"总评成绩: "<<(int)(0.3*mid_exam+0.7*fin_exam)<<endl;
}
int main()
{  Score score1;              //定义类 Score 的对象 score1，自动调用构造函数
   score1.setScore(80,88);   //给对象 score1 的数据成员赋初值
   cout<<endl<<"成绩输出:";
   score1.showScore();        //调用成员函数 showScore()，显示 score1 的数据
   return 0;
}
```

该程序没有通过编译。编译给出的错误提示是：

error C2511: "Score::Score(void)"："Score" 中没有找到重载的成员函数
error C2512: "Score"：没有合适的默认构造函数可用

提示非常明确。

错误的原因是，当类中定义了带有参数的构造函数后，系统将不再给它提供默认的构造函数。因此，当定义类 Score 的对象 score1 时，找不到与之匹配的构造函数。

可以采用以下方法解决这个问题：

① 在类中增加如下一个无参数的构造函数：

```
Score()
{    }
```

② 或将主函数改写成以下形式：

```
int main()
{   Score score1(80,88);
    cout<<endl<<"成绩输出:";
    score1.showScore();           //调用成员函数 showScore()，显示 score1 的数据
    return 0;
}
```

2. 默认的析构函数

每个类必须有一个析构函数。若没有显式地为一个类定义析构函数，编译系统会自动生成一个默认的析构函数。

例如，编译系统为类 Score 生成默认的构造函数如下：

```
Score::~ Score()
{  }
```

对于大多数类而言，默认的析构函数就能满足要求。但是，如果在一个对象完成其操作之前需要做一些内部处理，则应该显式地定义析构函数，以完成所需的操作。例如：

```
class  String_data{
  public:
    String_data(char *)
    {  str=new char[max_len]; }
    ~String_data()
    {  delete []str; }
    void get_info(char *);
    void sent_info(char *);
  private:
    char *str;
    int max_len;
};
```

3.4.6 构造函数的重载

在一个类中可以定义多个构造函数，以便对类对象提供不同的初始化方法，以适应不同的情况。这些构造函数具有相同的名字，而参数的个数或参数的类型有所不同，这称为构造函数的重载。

下面通过一个例子来了解怎样使用构造函数的重载。

【例 3.15】构造函数的重载。

```
#include <iostream>
using namespace std;
class Score{
  public:
    Score(int m,int f);           //声明有参数的构造函数
    Score();                      //声明无参数的构造函数
    ~Score();                     //声明析构函数
    void setScore(int m,int f);
    void showScore ();
  private:
    int mid_exam;                 //私有数据成员
    int fin_exam;                 //私有数据成员
};
Score::Score(int m,int f)         //定义有参数的构造函数 Score()
```

```
{   cout<<"构造..."<<endl;
    mid_exam=m;
    fin_exam=f;
}
Score::Score()                          //定义无参数的构造函数 Score()
{   cout<<"构造函数使用中..."<<endl;
}
Score::~Score()                         //定义析构函数
{   cout<<endl<<"析构函数使用中..."<<endl;
}
void Score::setScore(int m,int f)
{   mid_exam=m;
    fin_exam=f;
}
inline void Score ::showScore()
{   cout<<"\n 期中成绩: "<<mid_exam<<"\n 期末成绩: "<<fin_exam<<"\n";
    cout<<"总评成绩: "<<(int)(0.3*mid_exam+0.7*fin_exam)<<endl;
}
int main()
{   Score score1;               //定义类 Score 的对象 score1，调用无参构造函数
    score1.setScore(80,88);     //给对象 score1 的数据成员赋初值
    cout<<endl<<"成绩输出:";
    score1.showScore();         //调用成员函数 showScore()，显示 score1 的数据
    Score score2(90,92);        //定义类 Score 的对象 score1，调用有参构造函数
    cout<<endl<<"成绩输出:";
    score2.showScore();         //调用成员函数 showScore()，显示 score1 的数据
    return 0;
}
```

在类中定义了两个构造函数：第一个构造函数是没有参数的，是在函数体中对私有数据成员赋值的；第二个构造函数是带有参数的。

注意：使用无参构造函数创建对象时，应该用语句 "Score score1;"，而不能用语句 "Score score1();"。因为语句 "Score score1();" 表示声明一个名为 score1 的普通函数。

下面再举一个计时器的例子。首先定义一个类 Timer，在创建对象时就赋给对象一个初始时间值。本例中，通过重载构造函数使得用户可以用一个整数参数表示初始的秒数；也可用一个数字串参数表示初始的秒数；或用两个整数参数分别表示初始的分钟数和秒数；还可以不带参数，使初始值为 0。

【例 3.16】 计时器的实现。

```
#include <iostream>
using namespace std;
class Timer{
    public:
        Timer()                         //定义无参数构造函数，将 seconds 初始化为 0
        {   seconds=0; }
        Timer(char* t)                  //定义含一个数字串参数的构造函数
        {   seconds=atoi(t); }
        Timer(int t)                    //定义含一个整型参数的构造函数
```

```
    { seconds=t; }
    Timer(int min,int sec)           //定义含两个整型参数的构造函数
    { seconds=min*60+sec; }
    int gettime()
    { return seconds; }
  private:
    int seconds;
};
int main()
{ Timer a,b(10),c("20"),d(1,10);
  cout<<"时间 1="<<a.gettime()<<"秒"<<endl;
  cout<<"时间 2="<<b.gettime()<<"秒"<<endl;
  cout<<"时间 3="<<c.gettime()<<"秒"<<endl;
  cout<<"时间 4="<<d.gettime()<<"秒"<<endl;
  return 0;
}
```

在本例的 main()函数中定义了 4 个对象：对象 a 没有传递参数，所以定义对象 a 时调用无参数的构造函数 Timer()；定义对象 b 时传递了一个整型参数，所以定义对象 b 时调用含一个整型参数的构造函数 Timer()；定义对象 c 时传递了一个数字串参数，所以定义对象 c 时调用含一个数字串参数的构造函数 Timer()；对象 d 在定义时传递了两个整型参数，所以定义对象 d 时调用含两个整型参数的构造函数 Timer()。

程序运行结果如下：

```
时间 1=0 秒
时间 2=10 秒
时间 3=20 秒
时间 4=70 秒
```

说明：在一个类中，当无参数的构造函数和带默认参数的构造函数重载时，有可能产生二义性。例如：

```
class X{
  public:
    X();                             //无参数的构造函数
    X(int i=0);                      //带默认参数的构造函数
};
    …
int main()
{ X one(10);                         //正确，调用带默认参数的构造函数
  X two;                             //存在二义性
  …
}
```

该例定义了两个构造函数 X：其中一个没有参数，另一个带有默认参数。创建对象 two 时，由于没有给出参数，它既可以调用无参数的构造函数，也可以调用带默认参数的构造函数。这时，编译系统无法确定应该调用哪一个构造函数，因此产生了二义性。在实际应用时，一定要注意避免这种情况。

3.4.7　拷贝构造函数

拷贝构造函数是一种特殊的构造函数，其形参是本类对象的引用。拷贝构造函数的作用是在

建立一个新对象时，使用一个已经存在的对象去初始化这个新对象。例如：

```
Point p2(p1);
```

其作用是在建立新对象 p2 时，用已经存在的对象 p1 去初始化新对象 p2，在这个过程中就要调用拷贝构造函数。

拷贝构造函数具有以下特点：

（1）因为拷贝构造函数也是一种构造函数，所以其函数名与类名相同，并且该函数也没有返回值。

（2）拷贝构造函数只有一个参数，并且是同类对象的引用。

（3）每个类都必须有一个拷贝构造函数。可以自定义拷贝构造函数，用于按照需要初始化新对象；如果没有定义类的拷贝构造函数，系统就会自动生成产生一个默认拷贝构造函数，用于复制出与数据成员值完全相同的新对象。

1. 自定义拷贝构造函数

自定义拷贝构造函数的一般形式如下：

```
类名::类名(const 类名 &对象名)
{
    拷贝构造函数的函数体
}
```

假设 score1、score2 为类 Score 的两个对象，且 score1 已经存在，则下述语句可以调用拷贝构造函数初始化 score2：

```
Score score2(score1);
```

下面是使用这个自定义拷贝构造函数的完整程序。

【例 3.17】自定义拷贝构造函数。

```
#include <iostream>
using namespace std;
class Score{
    public:
        Score(int m,int f);                //声明有参数的构造函数
        Score();                           //声明无参数的构造函数
        Score(const Score &p);
        ~Score();                          //声明析构函数
        void setScore(int m,int f);
        void showScore();
    private:
        int mid_exam;                      //私有数据成员
        int fin_exam;                      //私有数据成员
};
Score::Score(int m,int f)                  //定义有参数的构造函数 Score()
{   cout<<"构造函数使用中..."<<endl;
    mid_exam=m;
    fin_exam=f;
}
Score::Score()                             //定义无参数的构造函数 Score()
{
}
```

```
Score::~Score()                     //定义析构函数
{
}
Score::Score(const Score &p)        //自定义的拷贝构造函数
{   mid_exam=p.mid_exam;
    fin_exam=p.fin_exam;
    cout<<"拷贝构造函数使用中...\n";
}

void Score::setScore(int m,int f)
{   mid_exam=m;
    fin_exam=f;
}
inline void Score ::showScore ()
{   cout<<"\n 期中成绩: "<<mid_exam<<"\n 期末成绩: "<<fin_exam<<"\n";
    cout<<"总评成绩: "<<(int)(0.3*mid_exam+0.7*fin_exam)<<endl;
}
int main()
{
    Score score1(90,92);        //定义类 Score 的对象 score1，调用有参构造函数
    Score score2(score1);       //拷贝构造函数
    cout<<endl<<"成绩输出:";
    score1.showScore();         //调用成员函数 showScore()，显示 score1 的数据
    return 0;
}
```

本例的 "Score score2(score1);" 语句调用了自定义拷贝构造函数。程序运行结果如下：

```
构造函数使用中...
拷贝构造函数使用中...

成绩输出:
期中成绩: 90
期末成绩: 92
总评成绩: 91
```

从运行结果可以看出，该程序中调用过一次普通的构造函数，用来初始化对象 score1。程序中又调用了一次拷贝构造函数，用对象 score1 去初始化对象 score2。

在程序中，用一个对象去初始化另一个对象时，或者说，用一个对象去复制另一个对象时，可以有选择、有变化地复制，类似于用复印机复制文件一样，可大可小，也可以复印其中的一部分。

调用拷贝构造函数的一般形式为：

类名　对象2(对象1);

例如，上例中的

Score score2(score1);

这种调用拷贝构造函数的方法称为"代入法"。除了用代入法调用拷贝构造函数外，还可以采用"赋值法"调用拷贝构造函数。这种调用方法的一般形式为：

类名　对象2=对象1;

例如，将例 3.17 主函数 main()改成如下形式：

int main()

```
{   Score score1(90,92);        //定义类 Score 的对象 score1，调用有参构造函数
    Score score2=score1;        //拷贝构造函数
    cout<<endl<<"成绩输出:";
    score2.showScore();         //调用成员函数 showScore()，显示 score2 的数据
    return 0;
}
```

在执行语句"Score score2=score1"时，虽然从形式上看是将对象 score1 赋值给了对象 score2，但实际上调用的是拷贝构造函数，运行结果没有发生变化。

2. 默认的拷贝构造函数

若把例 3.17 中的自定义拷贝构造函数去掉，则改变为例 3.18，将调用默认的拷贝构造函数。

【例 3.18】默认拷贝构造函数的调用。

```
#include <iostream>
using namespace std;
class Score{
    public:
        Score(int m,int f);               //声明有参数的构造函数
        void showScore();
    private:
        int mid_exam;                     //私有数据成员
        int fin_exam;                     //私有数据成员
};
Score::Score(int m,int f)                 //定义有参数的构造函数 Score()
{   cout<<"构造函数使用中…";
    mid_exam=m;
    fin_exam=f;
}
 void Score ::showScore()
{   cout<<"\n 期中成绩: "<<mid_exam<<"\n 期末成绩: "<<fin_exam<<"\n";
    cout<<"总评成绩: "<<(int)(0.3*mid_exam+0.7*fin_exam)<<endl;
}

int main()
{   Score p1(80,88); //定义对象 p1，调用了普通构造函数初始化对象 p1
    Score p2(p1);          //以代入法调用默认的拷贝构造函数，用对象 p1 初始化对象 p2
    Score p3=p1;           //以赋值法调用默认的拷贝构造函数，用对象 p1 初始化对象 p3
    p1.showScore();
    p2.showScore();
    p3.showScore();
    return 0;
}
```

程序运行结果如下：

构造函数使用中…

期中成绩: 80
期末成绩: 88
总评成绩: 85

期中成绩: 80

```
期末成绩：88
总评成绩：85

期中成绩：80
期末成绩：88
总评成绩：85
```

由于上例没有用户自定义的拷贝构造函数，因此在定义对象 p2 时，采用了 "Score p2(p1)；" 的形式后，用代入法调用了系统默认的拷贝构造函数。默认的拷贝构造函数将对象 p1 的各个域的值都复制给了对象 p2 相应的域，因此 p2 对象的数据成员的值与 p1 对象的完全相同。在定义对象 p3 时，采用了 "Score p3=p1；" 的形式后，用赋值法调用了系统默认的拷贝构造函数，p1 的值逐一复制给对象 p3。

3. 调用拷贝构造函数的 3 种情况

普通的构造函数是在对象创建时被调用，而拷贝构造函数在以下 3 种情况下都会被调用：

（1）当用类的一个对象去初始化该类的另一个对象时。如例 3.18 主函数 main() 中的下述语句：

```
Score p2(p1);      //以代入法调用默认的拷贝构造函数，用对象 p1 初始化对象 p2
Score p3=p1;       //以赋值法调用默认的拷贝构造函数，用对象 p1 初始化对象 p3
```

便是属于这一种情况，这时需要调用拷贝构造函数。

（2）当函数的形参是类的对象，调用函数进行形参和实参结合时。例如：

```
fun1(Score p)         //形参是类 Score 的对象 p
{ p.disp();
}
int main()
{ Score p1(80,88);
  fun1(p1);           //调用函数 fun1() 时，实参 p1 是类 Score 的对象，
                      //将调用拷贝构造函数，初始化形参对象 p
  return 0;
}
```

在 main() 函数内，执行语句 "fun1(p1);" 便是这种情况。在调用这个函数时，对象 p1 是实参，用它来初始化被调用函数的形参 p 时，需要调用拷贝构造函数。

（3）当函数的返回值是对象，函数执行完成返回调用者时。例如：

```
Score fun2()
{ Score p1(10,30);
  return p1;            //函数的返回值是对象
}
int main()
{ Score p2;
  p2=fun2();            //函数执行完成，返回调用者时，调用拷贝构造函数
  return 0;
}
```

在函数 fun2() 内，执行语句 "return p1;" 时，将会调用拷贝构造函数将 p1 的值复制到一个无名对象中，这个无名对象是编译系统在主程序中临时创建的。函数运行结束时对象 p1 消失，但临时对象会存在于语句 "p2=fun2()" 中。执行完这个语句后，临时无名对象的使命也就完成了，该临时对象便自动消失了。

【例 3.19】调用拷贝构造函数的 3 种情况。

```
#include <iostream>
using namespace std;
using namespace std;
class Score{
    public:
        Score(int m,int f);                    //声明有参数的构造函数
        Score::Score(const Score &p) ;
        void showScore();
    private:
        int mid_exam;                          //私有数据成员
        int fin_exam;                          //私有数据成员
};
Score::Score(int m,int f)                      //定义有参数的构造函数 Score()
{   cout<<"构造函数使用中...";
    mid_exam=m;
    fin_exam=f;
}
Score::Score(const Score &p)                   //自定义的拷贝构造函数
{   mid_exam=p.mid_exam;
    fin_exam=p.fin_exam;
    cout<<"拷贝构造函数使用中...\n";
}

 void Score ::showScore()
{   cout<<"\n 期中成绩: "<<mid_exam<<"\n 期末成绩: "<<fin_exam<<"\n";
    cout<<"总评成绩: "<<(int)(0.3*mid_exam+0.7*fin_exam)<<endl;
}
void fun1(Score p)                             //形参是类对象的函数
{   p.showScore();
}
 Score fun2()                                  //返回值是对象的函数
{   Score p4(80,88);
    return p4;
}
int main()
{   Score p1(80,88); //定义对象p1，第 1 次调用普通的构造函数
    p1.showScore();
    Score p2(p1);      //第 1 次调用拷贝构造函数，用对象 p1 初始化对象 p2(情况 1)
    p2.showScore();
    Score p3=p1;       //第 2 次调用拷贝构造函数，用对象 p1 初始化对象 p3(情况 1)
    p3.showScore();
    fun1(p1);          //对象 p1 作为函数 fun1()的实参，
                       //第 3 次调用拷贝构造函数(情况 2)
    p2=fun2();         //在函数 fun2()内部定义对象时，第 2 次调用普通的构造函数，
                       //函数的返回值是对象，第 4 次调用拷贝构造函数(情况 3)
    p2.showScore();
    return 0;
}
```

程序运行结果如下：

构造函数使用中...

期中成绩: 80
期末成绩: 88
总评成绩: 85
使用拷贝构造函数

期中成绩: 80
期末成绩: 88
总评成绩: 85
拷贝构造函数使用中…

期中成绩: 80
期末成绩: 88
总评成绩: 85
拷贝构造函数使用中…

期中成绩: 80
期末成绩: 88
总评成绩: 85
构造函数使用中…拷贝构造函数使用中…

期中成绩: 80
期末成绩: 88
总评成绩: 85

从程序的运行结果可以看出：

（1）普通构造函数共被调用了 2 次：第 1 次是在执行语句"Score p1(80,88);"，初始化对象 p1 时；第 2 次是在执行函数 fun()中的语句"p2=fun2();" 初始化对象 p2 时。

（2）拷贝构造函数共被调用了 4 次；第 1 次是在执行语句"Score p2(p1);"用对象 p1 初始化对象 p2 时；第 2 次调用拷贝构造函数，用对象 p1 初始化对象 p3；第 3 次是在调用函数 fun()，"fun1(p1);"；第 4 次是在执行函数 fun()中的返回语句"return p4;"时。

【例 3.20】分析下列程序的运行结果。

```cpp
#include <iostream>
using namespace std;
class Coord {
    public:
        Coord(int a=0,int b=0);          //声明构造函数
        Coord(const Coord &p);           //声明拷贝构造函数
        ~Coord()                         //定义析构函数
        { cout<<"析构函数使用中…\n"; }
        void print()
        { cout<<x<<"  "<<y<<endl; }
        int getX()
        {  return x; }
        int getY()
        {  return y; }
    private:
        int x,y;
};
```

```
Coord::Coord(int a,int b)              //定义构造函数
{  x=a;
   y=b;
   cout<<"构造函数使用中...\n";
}
Coord::Coord(const Coord &p)           //定义拷贝构造函数
{  x=p.x;
   y=p.y;
   cout<<"拷贝构造函数使用中...\n";
}
Coord fun(Coord p)                     //函数 fun()的形参是对象
{  cout<<"函数使用中...\n";
   int a,b;
   a=p.getX()+10;
   b=p.getY()+20;
   Coord r(a,b);
   return r;                           //函数 fun()的返回值是对象
}

int main()
{  Coord p1(30,40);
   Coord p2;
   Coord p3(p1);
   p2=fun(p3);
   p2.print();
   return 0;
}
```

程序运行结果如下：

构造函数使用中…
构造函数使用中…
拷贝构造函数使用中…
拷贝构造函数使用中…
函数使用中…
构造函数使用中…
拷贝构造函数使用中…
析构函数使用中…
析构函数使用中…
析构函数使用中…
40 60
析构函数使用中…
析构函数使用中…
析构函数使用中…

*3.4.8 浅拷贝和深拷贝

所谓浅拷贝，就是由默认的拷贝构造函数所实现的数据成员逐一赋值。通常默认的拷贝构造函数是能够胜任此工作的，但若类中含有指针类型的数据，则这种按数据成员逐一赋值的方法将会产生错误。下面的程序就说明了这个问题。

【例 3.21】有关浅拷贝的例子。

```
#include <iostream>
#include <string>
using namespace std;
class Student{
  public:
    Student(char *name1,float score1);
    ~Student();
  private:
    char *name;                //学生姓名
    float score;               //学生成绩
};
Student::Student(char *name1,float score1)
{  cout<<"构造函数使用中…"<<name1<<endl;
name=new char[strlen(name1)+1];
if(name!=0)
{  strcpy(name,name1);
    score=score1;
}
}
Student::~Student()
{  cout<<"析构函数使用中…"<<name<<endl;
  name[0]='\0';
  delete []name;
}
int main()
{  Student stu1("黎明",90);   //定义类 Student 的对象 stu1，调用默认的拷贝构造函数
  Student stu2=stu1;
  return 0;
}
```

程序运行结果如下：

构造函数使用中…黎明

析构函数使用中…黎明

析构函数使用中…茸茸茸茸茸

调试程序时出现错误，如图 3-2 所示。

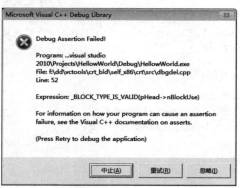

图 3-2　浅拷贝出错界面

程序开始运行，创建对象 stu1 时，调用构造函数，用运算符 new 从内存中动态分配一块空间，

字符指针 name 指向这个内存块，如图 3-3（a）所示，这时产生第 1 行输出"构造函数使用中…黎明"。执行语句"Student stu2=stu1;"时，因为没有定义拷贝构造函数，于是就调用默认的拷贝构造函数，把对象 stu1 的数据成员（字符指针 name 和浮点数 score）逐个复制到 stu2 的对应数据成员中，使得 stu2 与 stu1 完全一样，但并没有新分配内存空间给 stu2，如图 3-3（b）所示。主程序结束时，对象逐个被撤销，先撤销对象 stu2，第 1 次调用析构函数，用运算符 delete 释放动态分配的内存空间，并同时得到第 2 行输出"析构函数使用中…黎明"，如图 3-3（c）所示；撤销对象 stu1 时，第 2 次调用析构函数，因为这时指针 name 所指的空间已被释放，所以第 3 行输出显示"析构函数使用中... 茸茸茸茸茸"，字符串"黎明"被随机字符取代；当执行析构函数中的语句"delete []name;"时，企图释放同一空间，从而导致了对同一内存空间的两次释放，这当然是不允许的，必然引起运行错误。

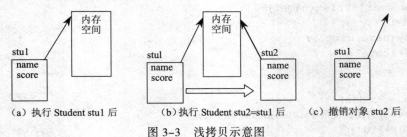

（a）执行 Student stu1 后　　（b）执行 Student stu2=stu1 后　　（c）撤销对象 stu2 后

图 3-3　浅拷贝示意图

为了解决浅拷贝出现的错误，必须显式地定义一个自定义的拷贝构造函数，使之不但复制数据成员，而且为对象 stu1 和 stu2 分配各自的内存空间，这就是所谓的深拷贝。

下面的例子是在例 3.21 的基础上，增加了一个类的拷贝构造函数。

【例 3.22】关于深拷贝的例子。

```cpp
#include <iostream>
#include <string>
using namespace std;
class Student{
    private:
        char *name;                          //学生姓名
        float score;                         //学生成绩
    public:
        Student(char *name1,float score1);   //声明拷贝构造函数
        Student(Student& stu);
        ~Student();
};
Student::Student(char *name1,float score1)
{   cout<<"构造函数使用中..."<<name1<<endl;
    name=new char[strlen(name1)+1];
    if(name!=0)
    {   strcpy(name,name1);
        score=score1;
    }
}
Student::Student(Student& stu)               //定义拷贝构造函数
{   cout<<"拷贝构造函数使用中..."<<stu.name<<endl;
```

```
    name=new char[strlen(stu.name)+1];
    if(name!=0)
    {   strcpy(name,stu.name);
        score=stu.score;
    }
}
Student::~Student()
{   cout<<"析构函数使用中..."<<name<<endl;
    name[0]='\0';
    delete []name;
}
int main()
{   Student stu1("黎明",90);          //定义类 Student 的对象 stu1,
    Student stu2=stu1;                //调用自定义的拷贝构造函数
    return 0;
}
```

程序运行结果如下：

构造函数使用中...黎明
拷贝构造函数使用中...黎明
析构函数使用中...黎明
析构函数使用中...黎明

程序开始运行，创建对象 stu1 时，调用构造函数，用运算符 new 从内存中动态分配一块空间，字符指针 name 指向这个内存块，如图 3-4（a）所示，这时产生第 1 行输出"构造函数使用中...黎明"。执行语句"Student stu2=stu1；"时，由于程序中定义了拷贝构造函数，于是就调用自定义的拷贝构造函数，不但把对象 stu1 的数据成员逐个复制到 stu2 的对应数据成员中，而且新分配内存空间给 stu2，如图 3-4（b）所示，这时产生第 2 行输出"拷贝构造函数使用中...黎明"。主程序结束时，对象被逐个撤销，先撤销对象 stu2，第 1 次调用析构函数，用运算符 delete 释放动态分配给 stu1 的内存空间，并同时得到第 3 行输出"析构函数使用中...黎明"；撤销对象 stu1 时，第 2 次调用析构函数，释放了分配给对象 stu2 的内存空间，所以第 4 行输出显示"析构函数使用中...黎明"。可见，增加了自定义拷贝构造函数后，程序中执行了深拷贝，运行结果正确。

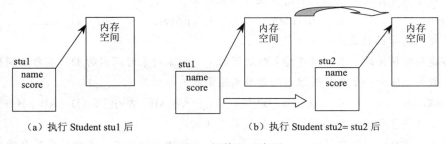

（a）执行 Student stu1 后   （b）执行 Student stu2= stu2 后

图 3-4　深拷贝示意图

本 章 小 结

（1）C 结构体中的数据是很不安全的，C 结构体无法对数据进行保护和权限控制。C 结构体中的数据与对这些数据进行的操作是分离的，维护数据和处理数据要花费很多精力，使传统程序难以重用。

在 C++ 中，引入了类的概念，类将数据和与之相关的函数封装在一起，形成一个整体，具有良好的外部接口。

（2）按访问权限划分，数据成员和成员函数可分为 3 种，分别是公有数据成员与成员函数、保护数据成员与成员函数，以及私有数据成员与成员函数。

一般情况下，一个类的数据成员应该声明为私有成员（或保护成员），这可使数据得到有效的保护；成员函数声明为公有成员，是类与外界的接口。

（3）类是用户声明的一种抽象的数据类型。对象是类的一个实例。在 C++ 中可以用两种方法定义对象：① 在声明类的同时，直接定义对象，即在声明类的右花括号 "}" 后，直接写出属于该类的对象名表；② 声明了类之后，在使用时再定义对象。建议使用第②种方法定义对象。

（4）构造函数是一种特殊的成员函数，它主要用于为对象分配空间，进行初始化。构造函数不能像其他成员函数那样被显式地调用，它是在定义对象的同时被调用的。在实际应用中，如果没有给类定义构造函数，则编译系统自动生成一个默认的构造函数。

在 C++ 中有多种构造函数，如默认参数的构造函数、默认的构造函数、拷贝构造函数等，它们有不同的特点和用途。

（5）所谓浅拷贝，就是由默认的拷贝构造函数所实现的对数据成员逐一赋值。若类中含有指针类型的数据，这种方法将会产生错误。为了解决浅拷贝出现的错误，必须显式地定义一个自己的拷贝构造函数，使之不但复制数据成员，而且为对象分配各自的内存空间，这就是所谓的深拷贝。

习　　题

【3.1】类声明的一般格式是什么？

【3.2】假设 AB 为一个类，则执行 "AB x;" 语句时将自动调用该类的（　　　）。

A. 无参构造函数　　　B. 有参构造函数　　　C. 拷贝构造函数　　　D. 赋值重载函数

【3.3】对于类中定义的成员，其隐含的访问权限为（　　　）。

A. public　　　　　　B. protected　　　　　C. private　　　　　　D. static

【3.4】类的析构函数是（　　　）。

A. 创建类时调用的　　B. 创建对象时调用的　C. 删除对象时调用的　D. 不自动调用的

【3.5】假定 AB 为一个类，则该类的拷贝构造函数的原型为（　　　）。

A. AB&(AB x);　　　B. AB(AB x);　　　　C. AB(AB &x);　　　D. AB(AB *x);

【3.6】下列关于构造函数的描述中，错误的是（　　　）。

A. 构造函数可以设置默认参数　　　　　　B. 构造函数在定义类的对象时自动执行

C. 构造函数可以是内联函数　　　　　　　D. 构造函数不可以重载

【3.7】假设 BC 为一个类，在下面构造函数的原型声明中存在语法错误的是（　　　）。

A. BC(int a,int);　　B. int BC(int,int);　　C. BC(int,int);　　　D. BC(int,int y);

【3.8】类成员的访问权限不包括（　　　）。

A. private　　　　　　B. protected　　　　　C. public　　　　　　D. friend

【3.9】下列关于类和对象的描述中，错误的是（　　　　）。

A. 一个对象只能属于一个类

B. 对象是类的一个实例

C. 一个类只能有一个对象

D. 类和对象的关系与数据类型和变量的关系类似

【3.10】若有如下类声明：

```
class A { int a; };
```

则 A 类的成员 a 是（　　　　）。

A. 公有数据成员　　　B. 私有数据成员　　　C. 公有成员函数　　　D. 私有成员函数

【3.11】在类外定义成员函数时，需要在函数名前加上（　　　　）。

A. 对象名　　　　　　　　　　　　B. 类名

C. 类名和作用域运算符　　　　　　D. 作用域运算符

【3.12】下列关于析构函数的描述中，错误的是（　　　　）。

A. 析构函数有且只有一个

B. 析构函数可以有参数

C. 析构函数没有函数类型

D. 析构函数的作用是在对象被撤销时收回其内存空间

【3.13】下列关于构造函数的描述中正确的是（　　　　）。

A. 构造函数可以带有返回值　　　　B. 构造函数的名字与类名完全相同

C. 构造函数必须带有参数　　　　　D. 构造函数必须定义，不能默认

【3.14】在声明类时，下面说法正确的是（　　　　）。

A. 可以在类的声明中给数据成员赋初值

B. 数据成员的数据类型可以是 register

C. private、public、protected 可以按任意顺序出现

D. 没有用 private、public、protected 定义的数据成员是公有成员

【3.15】下列关于析构函数特征的描述中正确的是（　　　　）。

A. 一个类中可以定义多个析构函数　　B. 析构函数名与类名完全相同

C. 析构函数不能指定返回类型　　　　D. 析构函数可以有一个或多个参数

【3.16】构造函数是在（　　　　）时被执行的。

A. 程序编译　　　　B. 创建对象　　　　C. 创建类　　　　D. 程序装入内存

【3.17】假设在程序中已经声明了类 point，并建立了其对象 p1 和 p4。请回答，以下几个语句有什么区别？

（1）point p2,p3;

（2）point p2=p1;

（3）point p2(p1);

（4）p4=p1;

【3.18】写出下面程序的运行结果。

```
#include <iostream>
```

```
using namespace std;
class test
{ public:
      test() ;
      ~test(){ };
   private:
      int i;
};
test::test()
{   i=25;
    for(int ctr=0;ctr<10;ctr++)
    {  cout<<"Counting at "<<ctr<<"\n"; }
}
test anObject;
int main()
{  return 0;
}
```

【3.19】写出下面程序的运行结果。

```
#include <iostream>
using namespace std;
class Test{
   private:
      int val;
   public:
      Test()
      {  cout<<"default."<<endl; }
      Test(int n)
      {  val=n;
          cout<<"Con."<<endl;
      }
      Test(const Test& t)
      {  val=t.val;
          cout<<"Copy con."<<endl;
      }
};
int main()
{  Test t1(6);
   Test t2=t1;
   Test t3;
   t3=t1;
   return 0;
}
```

【3.20】指出下列程序中的错误，并说明原因。

```
#include <iostream>
using namespace std;
   class Student{
      public:
         void printStu();
      private:
         char name[10];
```

```
        int age;
        float aver;
};
int main()
{  Student p1,p2,p3;
   p1.age=30;
   …
   return 0;
}
```

【3.21】指出下列程序中的错误，并说明原因。

```
#include <iostream>
using namespace std;
    class Student{
        int sno;
        int age;
        void printStu();
        void setSno(int d);
};
void printStu()
{  cout<<"\nSno is "<<sno<<", ";
   cout<<"age is "<<age<<"."<<endl;
}
void setSno(int s)
{  sno=s;  }
void setAge(int A.
{  age=a;  }
int main()
{  Student lin;
   lin.setSno(20021);
   lin.setAge(20);
   lin.printStu();
}
```

【3.22】指出下列程序中的错误，并说明原因。

```
#include <iostream>
using namespace std;
class Point{
   public:
       int x,y;
   private:
       Point()
       {  x=1;y=2;  }
};
int main()
{  Point cpoint;
   cpoint.x=2;
   return 0;
}
```

【3.23】下面是一个计算器类的定义，请完成该类成员函数的实现。

```
class counter{
```

```cpp
  public:
    counter(int number);
    void increment();            //给原值加1
    void decrement();            //给原值减1
    int getvalue();              //取得计数器值
    int print();                 //显示计数
  private:
    int value;
};
```

【3.24】根据注释语句的提示，实现类 Date 的成员函数。

```cpp
#include <iostream>
using namespace std;
class Date{
  public:
    void printDate();            //显示日期
    void setDay(int d);          //设置日的值
    void setMonth(int m);        //设置月的值
    void setYear(int y);         //设置年的值
  private:
    int day,month,year;
};
int main()
{  Date testDay;
   testDay.setDay(5);
   testDay.setMonth(10);
   testDay.setYear(2003);
   testDay.printDate();
   return 0;
}
```

【3.25】建立类 cylinder，类 cylinder 的构造函数被传递了两个 double 值，分别表示圆柱体的半径和高度。用类 cylinder 计算圆柱体的体积，并存储在一个 double 变量中。在类 cylinder 中包含一个成员函数 vol()，用来显示每个 cylinder 对象的体积。

【3.26】构建一个类 Stock，含字符串 stockcode 及整型数据成员 quantity、双精度型数据成员 price。构造函数含 3 个参数，当定义 Stock 的类对象时，将对象的第 1 个字符串参数赋给数据成员 stockcode，第 2 和第 3 个参数分别赋给 quantity 和 price。未设置第 2 和第 3 个参数时，quantity 的值为 1 000、price 的值为 8.98。成员函数 print() 没有形参，需使用 this 指针，显示对象数据成员的内容。假设类 Stock 第 1 个对象的 3 个参数分别为"600001"、3 000 和 5.67；第 2 个对象的第 1 个数据成员的值为"600001"，第 2 和第 3 个数据成员的值取默认值。编写程序分别显示这两个对象数据成员的值。

第 *4* 章 │ 类和对象（二）

第 3 章介绍了类和对象的基本概念和使用方法。本章进一步对类和对象其他方面的内容进行讨论。这些内容包括自引用指针 this、对象数组与对象指针、向函数传递对象的方法、静态成员和友元以及类的组合和共享数据的保护方法。此外，对程序的多文件也做了介绍。本章将通过一些例子进一步熟悉类和对象在编程中的应用，从而进一步理解类和对象的作用。

4.1　自引用指针 this

当定义了一个类的若干对象后，系统会为每一个对象分配存储空间。如果一个类包含了数据成员和成员函数，就要分别为数据和函数的代码分配存储空间。按照通常的思路，如果一个类定义了 3 个对象，那么就应该分别为这 3 个对象的数据和函数代码分配存储空间。

事实上，给对象赋值就是给对象的数据成员赋值，不同对象的存储单元中存放的数据值通常是不相同的，而不同对象的函数代码是相同的，不论调用哪一个对象的成员函数，其实调用的都是相同内容的代码。C++的编译系统只用了一段空间来存放这个共同的函数代码段，在调用各对象的成员函数时，都去调用这个公用的函数代码。因此，每个对象的存储空间都只是该对象数据成员所占用的存储空间，而不包括成员函数代码所占用的空间，函数代码是存储在对象空间之外的。

每个对象都有属于自己的数据成员，但是所有对象的成员函数代码却合用一份。那么成员函数是如何辨别出当前调用自己的是哪个对象，从而对该对象的数据成员而不是对其他对象的数据成员进行处理呢？下面看一个简单的例子。

首先，通过显示 this 的值，了解指针 this 的功能和原理。

【例 4.1】显示 this 指针的值。

```cpp
#include <iostream>
using namespace std;
class Score{
  public:
    Score(int m,int f);              //声明构造函数 Score()的原型
    void showScore();
  private:
    int mid_exam;                    //私有数据成员
    int fin_exam;                    //私有数据成员
};
```

```
Score::Score(int m,int f)              //定义构造函数 Score()
{
   mid_exam=m;
   fin_exam=f;
}
void Score ::showScore()
{  cout<<"this 指针值: "<<this<<"  期末成绩 "<<this->fin_exam<<endl;

}
int main()
{  Score score1(80,88),score2(90,92),score3(70,80);
 //定义类 Score 的对象自动调用构造函数

   score1.showScore();                 //调用成员函数 showScore()显示 score1 的数据
   score2.showScore();
   score3.showScore();
   return 0;
}
```

程序运行结果如下：

```
this 指针值 003EF8A4    期末成绩 88
this 指针值 003EF894    期末成绩 92
this 指针值 003EF884    期末成绩 80
```

C++为成员函数提供了一个名字为 this 的指针，这个指针称为自引用指针。每当创建一个对象时，系统就把 this 指针初始化为指向该对象，即 this 指针的值是当前调用成员函数的对象的起始地址。每当调用一个成员函数时，系统就自动把 this 指针作为一个隐含的参数传给该函数。

"cout<<"this 指针值: "<<this<<" 期末成绩"<<this->fin_exam<<endl;"

该句显示了 this 指针的值，还通过该指针引用了数据，即 "this->fin_exam"。

本例使用了显式的 this 指针方式操作数据，还可以使用隐式 this 指针方式。

【例 4.2】隐式 this 指针的案例。

```
#include <iostream>
using namespace std;
class Score{
   public:
      Score(int m,int f);              //声明构造函数 Score()的原型
      void showScore();
   private:
      int mid_exam;                    //私有数据成员
      int fin_exam;                    //私有数据成员
};
Score::Score(int m,int f)              //定义构造函数 Score()
{
   mid_exam=m;
   fin_exam=f;
}
void Score ::showScore ()
{   cout<<"this 指针值: "<<this<<"  期末成绩 "<<fin_exam<<endl;

}
```

```
int main()
{   Score score1(80,88),score2(90,92),score3(70,80);
    //定义类 Score 的对象自动调用构造函数
    score1.showScore();                    //调用成员函数 showScore()显示 score1 的数据
    score2.showScore();
    score3.showScore();
    return 0;
}
```

程序运行结果如下：

```
this 指针值 0022FC64    期末成绩 88
this 指针值 0022FC54    期末成绩 92
this 指针值 0022FC44    期末成绩 80
```

除了指针值，程序的运行结果与前例相同。

由于不同的对象调用同一个成员函数时，C++编译器将根据成员函数的 this 指针所指向的对象来确定应该引用哪一个对象的数据成员。因此，被存取的必然是指定对象的数据成员，绝不会搞错。

【例 4.3】分析下列程序的运行结果。

```
#include <iostream>
using namespace std;
class Sample{
   public:
     Sample(int i=0,int j=0)
     {   x=i;  y=j; }
     void copy(Sample& xy);
     void print()
     {   cout<<x<<","<<y<<endl;  }
   private:
     int x,y;
};
void Sample::copy(Sample& xy)
{   if(this==&xy) return;
     *this=xy;
}
int main()
{   Sample p1,p2(5,6);
    p1.copy(p2);
    p1.print();
    return 0;
}
```

程序运行结果如下：

```
5,6
```

该程序中，在类 Sample 的成员函数 copy()内，出现了两次 this 指针。其中，this 指针是调用该成员函数的对象的地址，*this 指针是调用该成员函数的对象。执行语句"p1.copy(p2);"时，"*this=xy;"表示将形参 xy 获得的对象 p2 的值赋给调用该成员函数的对象 p1。

4.2　对象数组与对象指针

4.2.1　对象数组

所谓对象数组是指每一个数组元素都是对象的数组，也就是说，若一个类有若干个对象，则把这一系列的对象用一个数组来存放。对象数组的元素是对象，不仅具有数据成员，而且还有函数成员。

定义一个一维对象数组的格式如下：

类名　数组名[下标表达式]；

假设针对我们一直描述的分数类，有 5 个学生的分数需要描述，就可以定义 Score 的对象数组，每一个数组元素是 Score 类的一个对象，如

Score rec[5];　　//定义类 Score 的对象数组 rec，含有 5 对象数组元素

在建立数组时，同样要调用构造函数。有几个数组元素就要调用几次构造函数。例如，有 5 个数组元素，就要调用 5 次构造函数。类 Score 的构造函数有两个参数，在介绍类 Score 对象数组的初始化之前，先看一个只有一个参数的构造函数的例子。如果构造函数只有一个参数，在定义对象数组时可以直接在等号后面的花括号内提供实参。

【例 4.4】 用只有一个参数的构造函数给对象数组赋值。

```
#include <iostream>
using namespace std;
class exam{
  public:
    exam(int n)                    //只有一个参数的构造函数
    { x=n; }
    int get_x()
    { return x;}
  private:
    int x;
};
int main()
{ exam ob1[4]={11,22,33,44};     //用只有一个参数的构造函数给对象数组赋值
  for(int i=0;i<4;i++)
    cout<<ob1[i].get_x()<<" ";
  cout<<endl;
  return 0;
}
```

本例在执行语句 "exam ob1[4]={11,22,33,44};" 时，定义了类 exam 的一个对象数组，其含有 4 个对象数组元素，定义时共 4 次调用带参数的构造函数，分别用实参 11、22、33 和 44 初始化对象数组元素 ob1[0]、ob1[1]、ob1[2]和 ob1[3]的数据成员 x。

与基本数据类型的数组一样，在使用对象数组时也只能访问单个数组元素，其一般形式是：

数组名[下标].成员名

本例在执行语句：

```
for(int i=0;i<4;i++)
  cout<<ob1[i].get_x()<<" ";
```

时，相当于执行了以下 4 条语句：

```
cout<<ob1[0].get_x()<<"  ";
cout<<ob1[1].get_x()<<"  ";
cout<<ob1[2].get_x()<<"  ";
cout<<ob1[3].get_x()<<"  ";
```

程序运行结果如下：

```
11  22  33  44
```

在设计类的构造函数时，就要充分考虑到对象数组元素初始化的需要。当各个元素的初始值为相同的值时，可以在类中定义不带参数的构造函数或带有默认参数值的构造函数；当各元素对象的初值要求为不同的值时，需要定义带参数（无默认值）的构造函数。请看下面的例子。

【例 4.5】用不带参数和带一个参数的构造函数给对象数组赋值。

```cpp
#include <iostream>
using namespace std;
class exam{
  public:
    exam()                      //不带参数的构造函数
    {  x=123; }
    exam(int n)                 //带一个参数的构造函数
    {  x=n; }
    int get_x()
    {  return x; }
  private:
    int x;
};
int main()
{
    exam ob1[4]={11,22,33,44};
    exam ob2[4]={55,66};
    for(int i=0;i<4;i++)
      cout<<ob1[i].get_x()<<"  ";;
    cout<<endl;
    for(int i=0;i<4;i++)
      cout<<ob2[i].get_x()<<"  ";;
    return 0;
}
```

程序运行结果如下：

```
11 22 33 44
55 66 123 123
```

说明：本例在执行语句 "exam ob1[4]={11,22,33,44};" 时，先后 4 次调用带一个参数的构造函数，分别初始化 ob1[0]、ob1[1]、ob1[2] 和 ob1[3]。如果没有指定初始值，就调用不带参数的构造函数，例如：

```
exam ob2[4]={55,66};
```

在执行时，首先调用带一个参数的构造函数，初始化 ob2[0] 和 ob2[1]，然后调用不带参数的构造函数，初始化 ob2[2] 和 ob2[3]。

由于在本例中，编译系统只为对象数组元素的构造函数传递一个实参，所以在定义数组时提供的实参个数不能超过数组元素个数，如

```
exam ob1[4]={11,22,33,44,55};    //编译出错，实参个数超过对象数组元素个数
```
在上面例子中构造函数只有一个参数，如果构造函数有多个参数，在定义对象数组应当怎样实现初始化呢？只需在花括号中分别写出构造函数并指定实参即可。例如，类 Score 的构造函数有两个参数，则可以这样定义对象数组：
```
Score rec[3]=
{                              //定义对象数组 rec
    Score(80,88),             //调用构造函数，为第 1 个对象数组元素提供实参 80 和 88
    Score(90,92),             //调用构造函数，为第 2 个对象数组元素提供实参 90 和 92
    Score(70,80)              //调用构造函数，为第 3 个对象数组元素提供实参 70 和 80
};
```
由于这个对象数组有 3 个对象数组元素，因此在建立对象数组时，3 次调用构造函数，对每一个对象数组元素初始化。每一个元素的实参分别用括号包起来，对应构造函数的一组形参，不会产生混淆。

【例 4.6】用带有多个参数的构造函数给对象数组赋值。

```
#include <iostream>
using namespace std;
class Score{
  public:
    Score(int m,int f);                //声明构造函数 Score() 的原型
    void showScore();
  private:
    int mid_exam;                      //私有数据成员
    int fin_exam;                      //私有数据成员
};
Score::Score(int m,int f)              //定义构造函数 Score()
{
  mid_exam=m;
  fin_exam=f;
}
void Score ::showScore()
{ cout<<"\n 期中成绩: "<<mid_exam<<"\n 期末成绩: "<<fin_exam<<"\n";
  cout<<"总评成绩:  "<<(int)(0.3*mid_exam+0.7*fin_exam)<<endl;
}
int main()
{ Score rec[3]={              //定义对象数组
    Score(80,88),             //调用构造函数，为第 1 个元素 rec[0]提供实参 80 和 88
    Score(90,92),             //调用构造函数，为第 2 个元素 rec[1]提供实参 90 和 92
    Score(70,80)              //调用构造函数，为第 3 个元素 rec[2]提供实参 70 和 80
  };
  for(int i=0;i<3;i++)
    rec[i].showScore();
                             //调用 rec[i]的 showScore()函数
  return 0;
}
```
程序运行结果如下：

期中成绩: 80

期末成绩: 88

总评成绩: 85

期中成绩: 90
期末成绩: 92
总评成绩: 91

期中成绩: 70
期末成绩: 80
总评成绩: 77

4.2.2　对象指针

每一个对象在初始化后都会在内存中占有一定的空间。因此，既可以通过对象名访问对象，也可以通过对象地址来访问对象。对象指针就是用于存放对象地址的变量。声明对象指针的一般语法形式为：

类名* 对象指针名;

1. 用对象指针访问单个对象成员

说明对象指针的语法与说明其他数据类型指针的语法相同。使用对象指针时，首先要把它指向一个已创建的对象，然后才能访问该对象的公有成员。

在一般情况下，用点运算符"•"来访问对象的成员，当用指向对象的指针来访问对象成员时，就要用"–>"操作符。下例说明了对象指针的使用。

【例 4.7】对象指针的使用。

```
#include <iostream>
using namespace std;
class Score{
  public:
    void setScore(int m,int f);        //声明函数 setScore 的原型
    void showScore();
  private:
    int mid_exam;                      //私有数据成员
    int fin_exam;                      //私有数据成员
};
void Score::setScore(int m,int f)                  //定义 setScore()
{
  mid_exam=m;
  fin_exam=f;
}
void Score ::showScore()
{ cout<<"\n 期中成绩: "<<mid_exam<<"\n 期末成绩: "<<fin_exam<<"\n";
  cout<<"总评成绩: "<<(int)(0.3*mid_exam+0.7*fin_exam)<<endl;
}
int main()
{
  Score score ;            //定义类 Score 的对象 score
  Score *pd;               //定义 pd 为指向类 Score 的对象指针变量
  pd=&score;               //将对象 score 的起始地址赋给 pd
  pd->setScore(80,88);     //调用 pd 所指向的对象 score 中的函数 setScore()
  pd->showScore();         //调用 pd 所指向的对象 score 中的函数 showScore()
```

```
        return 0;
    }
```

在这个例子中，声明了一个类 Score，score 是类 Score 的一个对象，pd 是指向类 Score 的对象指针变量，对象 score 的地址是用地址操作符"&"获得并赋给对象指针变量 pd 的。语句"pd->setScore(80,88);"表示调用 pd 所指向的对象 Score 中的函数 setScore，即等价于语句"score.setScore(80,88);"。语句"pd->showScore();"表示调用 pd 所指向的对象 score 中的函数 showScore，即等价于语句"score. showScore();"。

程序运行结果如下：

期中成绩: 80
期末成绩: 88
总评成绩: 85

2. 用对象指针访问对象数组

对象指针不仅能访问单个对象，也能访问对象数组。下面的语句声明了一个对象指针和一个有两个元素的对象数组。

```
Score *pd;                    //定义指向类 Score 的对象指针变量 pd
Score score[2]                //定义类 Score 的对象数组 score[2]
```

若只有数组名，则该数组名代表第 1 个数组元素的地址，所以执行语句：

```
pd=score;
```

就把对象数组 score 的第 1 个元素 score[0] 的地址赋给对象指针 pd。例如，将例 4.7 的主函数 main() 改写为：

```
int main()
{   Score score[2] ;              //定义类 Score 的对象 score
    Score *pd;                    //定义 pd 为指向类 Score 的对象指针变量
    score[0].setScore(80,88);     //调用元素 score[0]的成员函数 setScore()
    score[1].setScore(90,92);     //调用元素 score[1]的成员函数 setScore()
    pd=score;                     //将对象 score 的起始地址赋给 pd
    pd->showScore();              //调用 pd 所指向的对象 score 中的函数 showScore()
                                  //即 score[0].showScore()
    pd++;                         //对象指针变量 pd 加 1，
                                  //即指向下一个元素 score[1]的地址
    pd->showScore();              //调用 pd 所指向的对象 score 中的函数 showScore()
                                  //即 score[1].showScore()
    return 0;
}
```

程序运行结果如下：

期中成绩: 80
期末成绩: 88
总评成绩: 85

期中成绩: 90
期末成绩: 92
总评成绩: 91

一般而言，当指针加 1 或减 1 时，它总是指向其基本类型中相邻的一个元素，对象指针也是如此。本例中对象指针 pd 加 1 时，指向下一个对象数组元素。

【例 4.8】 以相反的顺序显示对象数组的内容。

```cpp
#include <iostream>
using namespace std;
class Example{
  public:
    Example(int n,int m)
    {   x=n; y=m; }
    int get_x()
    {   return x;}
    int get_y()
    {   return y;}
  private:
    int x,y;
};
int main()
{  Example op[4]={
      Example(1,2),
      Example(3,4),
      Example(5,6),
      Example(7,8)
   };
   int i;
   Example *p;
   p=&op[3];                     //将最后一个数组元素的地址赋给对象指针变量 p
   for(i=0;i<4;i++)
   {  cout<<p->get_x()<<" ";     //显示对象数组元素的 x 值
      cout<<p->get_y()<<endl;    //显示对象数组元素的 y 值
      p--;                       //将对象指针变量 p 指向前一个数组元素
   }
   cout<<"\n";
   return 0;
}
```

程序运行结果如下：

```
7  8
5  6
3  4
1  2
```

4.2.3 string 类

C++支持两种类型的字符串，第一种是 C 语言中介绍过的、包括一个结束符'\0'（即以 NULL 结束）的字符数组，标准库函数提供了一组对其进行操作的函数，可以完成许多常用的字符串操作，如字符串复制函数 strcpy()、字符串连接函数 strcat()和求字符串长度函数 strlen()等。C++中仍保留了这种格式字符串。使用数组来存放字符串，调用标准库函数来处理字符串，使用起来不太方便，而且数据与处理数据的函数分离也不符合面向对象方法的要求。为此，在 C++的标准库中声明了一种更方便的字符串类型，即字符串类 string，类 string 提供了对字符串进行处理所需要的操作。

使用 string 类必须在程序的开始包括头文件 string，即要有如下语句：

```
#include <string>
```

string 类的字符串对象的使用方法与其他对象一样，也必须先定义才可以使用。其定义格式如下：

```
string 对象1,对象2,…;
```

例如：

```
string str1,str2;                //定义 string 类对象 str1 和 str2
string str3("China");            //定义 string 类对象 str3 同时对其初始化
```

字符串对象初始化方式也可写成：

```
string str4="China";             //定义 string 类对象 str4 同时对其初始化
```

同时，C++还为 string 类的对象定义了许多应用于字符串的运算符，常用的字符串运算符如表 4-1 所示（假设表中的 s1 和 s2 均已定义为 string 类对象）。

表 4-1　常用的 string 类运算符

运 算 符	示　　　例	注　　　释
=	s1=s2	用 s2 给 s1 赋值
+	s1+s2	用 s1 和 s2 连接成一个新串
+=	s1+=s2	等价于 s1=s1+s2
==	s1==s2	判断 s1 是 s2 否相等
!=	s1!=s2	判断 s1 是 s2 否不等
<	s1<s2	判断 s1 是否小于 s2
<=	s1<=s2	判断 s1 是否小于或等于 s2
>	s1>s2	判断 s1 是否大于 s2
>=	s1>=s2	判断 s1 是否大于或等于 s2
[]	s1[i]	访问串对象 s1 中下标为 i 的字符
>>	cin>>s1	从键盘输入一个字符串给串对象 s1
<<	cout<<s1	将串对象 s1 输出

这些运算符允许在一般的表达式中使用 string 类对象，而不再需要调用诸如 strcpy()或 strcat()之类的函数。同时，也可以在表达式中把 string 类对象和以'\0'结束的字符串混在一起使用，例如可以把一个以'\0'结束的字符串赋给一个 string 类对象。

C++的 string 类使得字符串的处理比使用字符串函数更直观、方便。下面举例说明这些操作。

【例 4.9】string 类运算符的操作。

```
#include <iostream>
#include <string>
using namespace std;
int main()
{  string  str1="ABC";              //定义 string 类对象 str1 并进行初始化
   string  str2="DEF";              //定义 string 类对象 str2 并进行初始化
   string  str3("GHI");             //定义 string 类对象 str3 并进行初始化
   string  str4,str5;               //定义 string 类对象 str4 和 str5
   str4=str1;                       //字符串赋值
   cout<<"str4 is "<<str4<<endl;    //字符串输出
```

```
    str5=str1+str2;                    //字符串连接
    cout<<"str1+str2 is "<<str5<<endl;
    str5=str1+"123";                   //字符串连接
    cout<<"str1+\"123\" is "<<str5<<endl;
    if(str3>str1)                      //字符串比较
      cout<<"str3>str1 "<<endl;
    else  cout<<"str3<str1 "<<endl;
    if(str4==str1)                     //字符串比较
      cout<<"str4==str1 "<<endl;
    else  cout<<"str4<>str1 "<<endl;
    cout<<"请输入一个字符串给 str5: ";
    cin>>str5;                         //从键盘输入一个字符串给 str5
    cout<<"str5 is "<<str5<<endl;
    return 0;
}
```

程序运行结果如下：

```
str4 is ABC
str1+str2 is ABCDEF
str1+"123" is ABC123
str3>str1
str4==str1
请输入一个字符串给 str5: Diana↙
str5 is Diana
```

从这个程序可以看出，使用 string 类后，字符串运算变得非常简单、直观。

4.3　向函数传递对象

4.3.1　使用对象作为函数参数

对象可以作为参数传递给函数，其方法与传递其他类型的数据相同。在向函数传递对象时，是通过"传值调用"的方法传递给函数的。因此，函数中对对象的任何修改均不影响调用该函数的对象（实参）本身。下例说明了这一点。

【例 4.10】使用对象作为函数参数。

```
#include <iostream>
using namespace std;
class aClass{
  public:
    aClass(int n)
    {  i=n; }
    void set(int n)
    {  i=n; }
    int get()
    {  return i; }
  private:
    int i;
};
```

```
void sqr(aClass ob)                  //对象 ob 作为函数 sqr() 的形参
{  ob.set(ob.get()*ob.get());
   cout<<"sqr()函数中对象的值是：";
   cout<<ob.get()<<'\n';
}
int main()
{  aClass obj(10);
   sqr(obj);                         //调用函数 sqr()，实参为对象 obj
   cout<<"主函数中对象的值是：";
   cout<<obj.get();
   return 0;
}
```

程序运行结果如下：

```
sqr()函数中对象的值是：100
主函数中对象的值是：10
```

从运行结果可以看出，本例函数 sqr() 中对对象的任何修改均不影响调用该函数的对象本身。也可以将对象的地址传递给函数，此时在函数中对形参对象的修改将影响调用该函数的实参对象本身。下面介绍有关的方法。

4.3.2　使用对象指针作为函数参数

对象指针可以作为函数的参数，使用对象指针作为函数参数可以实现传址调用，即在函数调用时使实参对象和形参对象指针变量指向同一内存地址，在函数调用过程中，形参对象指针所指对象值的改变也同样影响着实参对象的值。

当函数的形参是对象指针时，调用函数的对应实参应该是某个对象的地址值。下面我们对例 4.10 稍做修改，以说明对象指针作为函数参数这个问题。

【例 4.11】使用对象指针作为函数参数。

```
#include <iostream>
using namespace std;
class aClass{
  public:
    aClass(int n)
    {  i=n; }
    void set(int n)
    {  i=n; }
    int get()
    {  return i;}
  private:
    int i;
};
void sqr(aClass *ob)            //对象指针作为函数 sqr() 的形参
{  ob->set(ob->get()*ob->get());
   cout<<"sqr()函数中对象的值是：";
   cout<<ob->get()<<endl;;
}

int main()
```

```
{ aClass obj(10);
  sqr(&obj);                          //调用函数 sqr()，实参为对象 obj 的地址
  cout<<"主函数中对象的值是: ";
  cout<<obj.get()<<endl;
  return 0;
}
```

程序运行结果如下：

```
sqr()函数中对象的值是: 100
主函数中对象的值是: 100
```

不难看出，调用函数前实参对象 obj.i 的值是 10，函数调用中形参对象 ob.i 的值修改为 100，函数调用后实参对象 obj.i 的值也变为 100。可见，形参指针所指对象的值的改变也同样影响着实参对象的值。

4.3.3　使用对象引用作为函数参数

在实际中，使用对象引用作为函数参数非常普遍，大部分程序员喜欢用对象引用取代对象指针作为函数参数。因为使用对象引用作为函数参数不但具有用对象指针作函数参数的优点，而且用对象引用作函数参数将更简单、更直接。下面对例 4.11 稍做修改，说明对象引用作为函数参数这个问题。

【例 4.12】使用对象引用作为函数参数。

```
#include <iostream>
using namespace std;
class aClass{
  public:
    aClass(int n)
    { i=n; }
    void set(int n)
    { i=n; }
    int get()
    { return i;}
  private:
    int i;
};
void sqr(aClass& ob)                    //对象引用作为函数 sqr()的形参
{ ob.set(ob.get()*ob.get());
  cout<<"sqr()函数中对象的值是:  ";
  cout<<ob.get()<<'\n';
}
int main()
{ aClass obj(10);
  sqr(obj);                            //调用函数 sqr()，实参为对象 obj
  cout<<"主函数中对象的值是: :";
  cout<<obj.get()<<'\n';
  return 0;
}
```

程序运行结果如下：

```
sqr()函数中对象的值是: 100
```

主函数中对象的值是: 100

说明：本例和例 4.11 的主要区别在于，例 4.11 使用对象指针作为函数参数，而本例使用对象引用作为函数参数，两个例子的输出结果是完全相同的。请读者比较一下这两种函数参数在使用上的区别。

4.4 静 态 成 员

前面已经介绍过，如果一个类有多个对象，那么每一个对象都分别有自己的数据成员，不同对象的数据成员有各自的值，相互独立、互不相干。但是，有时人们希望有某一个或几个数据成员为所有的对象所共有，实现一个类的多个对象之间的数据共享，C++提出了静态成员的概念。静态成员包括静态数据成员和静态成员函数。下面分别对它们进行讨论。

4.4.1 静态数据成员

首先提出一个问题。在学生成绩的案例中如何增加计算累加成绩和平均成绩的程序呢？

首先给出正确程序如下：

【例 4.13】使用静态数据成员计算两个学生期末成绩的总成绩和平均成绩。

```cpp
#include <iostream>
using namespace std;
class Score{
  public:
    Score(int m,int f);                    //声明有参数的构造函数
    Score();                               //声明无参数的构造函数
    ~Score();                              //声明析构函数
    void showScore ();
    void Score::show_count_sum_ave();
  private:
    int mid_exam;                          //私有数据成员
    int fin_exam;                          //私有数据成员
    static int count;                      //静态数据成员，用于统计学生人数
    static float sum;                      //静态数据成员，用于统计期末累加成绩
    static float ave;                      //静态数据成员，用于统计期末平均成绩
};
Score::Score(int m,int f)                   //定义有参数的构造函数 Score()
{
  mid_exam=m;
  fin_exam=f;
  ++count;                                 //累加学生人数
  sum=sum+fin_exam;                        //累加期末成绩
  ave=sum/count;                           //计算平均成绩
}
Score::~Score()                            //定义析构函数
{
}
void Score ::showScore ()
{   cout<<"\n 期中成绩: "<<mid_exam<<"\n 期末成绩: "<<fin_exam<<"\n 总评成绩: "\
    <<(int)(0.3*mid_exam+0.7*fin_exam)<<endl;
```

```
}
void Score::show_count_sum_ave()
{   cout<<"\n学生人数: "<<count;                //输出静态数据成员 count
    cout<<"\n期末平均成绩: "<<ave;              //输出静态数据成员 ave
    cout<<endl;
}
int Score::count=0;                            //静态数员 count 初始化
float Score::sum=0.0;                          //静态数员 sum 初始化
float Score::ave=0.0;                          //静态数员 ave 初始化
int main()
{   Score score1(80,88);      //定义类 Score 的对象 score1，调用有参构造函数

    score1.showScore();          //调用成员函数 showScore()，显示 score1 的数据
    score1.show_count_sum_ave();
    Score score2(90,97);         //定义类 Score 的对象 score2，调用有参构造函数
    score2.showScore();          //调用成员函数 showScore()，显示 score2 的数据
    score2.show_count_sum_ave();
    return 0;
}
```

程序运行结果如下：

期中成绩: 80
期末成绩: 88
总评成绩: 85

学生人数: 1
期末平均成绩: 88

期中成绩: 90
期末成绩: 97
总评成绩: 94

学生人数: 2
期末平均成绩: 92.5

对象是类的一个实例，每个对象具有自己的数据成员。例如，Score 类的每个对象有自己的期中和期末成绩等。在实际使用时，常常还需要一些其他的数据项，如学生人数、总成绩和平均成绩等。要想统计学生人数、总成绩和平均成绩，count、sum 和 ave 不能够定义为类的普通数据成员，必须使它们为所有的学生对象共享。那么，怎样才能使 count、sum 和 ave 被多个对象共享呢？

一个方法是，将 count、sum 和 ave 说明为全局变量，这样可以达到多个对象数据共享的目的。但是，使用全局变量会带来不安全性，并且破坏了面向对象程序设计的信息隐蔽技术，与面向对象的封装性特点是矛盾的。为了实现同一个类的多个对象之间的数据共享，C++提出了静态数据成员的概念。

在一个类中，若将一个数据成员说明为 static，则这种成员被称为静态数据成员。与一般的数据成员不同，无论建立多少个类的对象，都只有一个静态数据成员的拷贝。从而实现了同一个类的不同对象之间的数据共享。

定义静态数据成员的格式如下：

static 数据类型 数据成员名;

说明：

（1）静态数据成员的定义与普通数据成员相似，但前面要加上 static 关键字。例如：

```
static int count;                       //静态数据成员，用于统计学生人数
static float sum;                       //静态数据成员，用于统计累加成绩
static float ave;                       //静态数据成员，用于统计平均成绩
```

（2）静态数据成员的初始化与普通数据成员不同。静态数据成员初始化应在类外单独进行，而且应在定义对象之前进行。一般在 main()函数之前、类声明之后的特殊地带为它提供定义和初始化。初始化的格式如下：

　　数据类型 类名::静态数据成员名=初始值;

例如，上面的静态数据成员，在定义对象之前就应该先进行如下的初始化：

```
int Score::count=0;                     //静态数员 count 初始化
float Score::sum=0.0;                   //静态数员 sum 初始化
float Score::ave=0.0;                   //静态数员 ave 初始化
```

如果未对静态数据成员赋值，如

```
int Score::count;
```

则编译系统会自动赋予初值 0，等价于

```
int Score::count =0;
```

（3）静态数据成员属于类（准确地说，是属于类中对象的集合），而不像普通数据成员那样属于某一对象，因此，可以使用"类名::"访问静态的数据成员。用类名访问静态数据成员的格式如下：

　　类名::静态数据成员名

例如，上面例子中的 int Score::count 和 Score::sum 等。

（4）静态数据成员与静态变量一样，是在编译时创建并初始化。它在该类的任何对象被建立之前就存在。因此，公有的静态数据成员可以在对象定义之前被访问。对象定义后，公有的静态数据成员也可以通过对象进行访问。用对象访问静态数据成员的格式如下：

　　对象名.静态数据成员名;
　　对象指针->静态数据成员名;

【例 4.14】使用静态数据成员计算 3 个学生期末成绩的总成绩和平均成绩，使用对象数组存储数据。

```
#include <iostream>
using namespace std;
class Score{
    public:
        Score(int m,int f);                 //声明有参数的构造函数
        ~Score();                           //声明析构函数
        void Score::show_count_sum_ave();
    private:
        int mid_exam;                       //私有数据成员
        int fin_exam;                       //私有数据成员
        static int count;                   //静态数据成员，用于统计学生人数
        static float sum;                   //静态数据成员，用于统计期末累加成绩
        static float ave;                   //静态数据成员，用于统计期末平均成绩
};
Score::Score(int m,int f)                   //定义有参数的构造函数 Score()
{
```

```
    mid_exam=m;
    fin_exam=f;
    ++count;                              //累加学生人数
    sum=sum+fin_exam;                     //累加期末成绩
    ave=sum/count;                        //计算平均成绩
}
Score::~Score()                          //定义析构函数
{
}
void Score::show_count_sum_ave()
{   cout<<"\n 学生人数:   "<<count;        //输出静态数据成员 count
    cout<<"\n 期末平均成绩: "<<ave;         //输出静态数据成员 ave
    cout<<endl;
}
int Score::count=0;                       //静态成员 count 初始化
float Score::sum=0.0;                     //静态成员 sum 初始化
float Score::ave=0.0;                     //静态成员 ave 初始化
int main()
{
    Score rec[3]={          //定义对象数组
      Score(80,88),         //调用构造函数，为第 1 个元素 rec[0]提供实参 80 和 88
      Score(90,92),         //调用构造函数，为第 2 个元素 rec[1]提供实参 90 和 92
      Score(70,80)          //调用构造函数，为第 3 个元素 rec[2]提供实参 70 和 80
    };
    rec[3].show_count_sum_ave();         //输出学生人数和平均成绩
    return 0;
}
```

程序运行结果如下：

学生人数: 3
期末平均成绩: 86.6667

【例 4.15】公有静态数据成员的访问。

```
#include <iostream>
using namespace std;
class myclass{
  public:
    static int i;
};
int myclass::i=0;                        //静态数据成员初始化,不必在前面加 static
int main()                               //公有静态数据成员可以在对象定义之前被访问
{   myclass::i=200;
    myclass ob1,*p;
    p=&ob1;
    cout<<"ob1.i:      "<<ob1.i<<endl;           //通过对象访问公有静态数据成员 i
    cout<<"myclass::i: "<<myclass::i<<endl;      //通过类名访问公有静态数据成员 i
    cout<<"p->i:       "<<p->i<<endl;            //通过对象指针公有静态数据成员 i
    return 0;
}
```

程序运行结果如下：

ob1.i: 200

```
myclass::i:  200
p->i:        200
```

（5）在类外，私有静态数据成员不能被直接访问，必须通过公有的成员函数访问。

（6）C++支持静态数据成员的一个主要原因是可以不必使用全局变量。依赖于全局变量的类几乎都是违反面向对象程序设计的封装特性的。静态数据成员的主要用途是定义类的所有对象公用的数据，如统计总数、平均数等。

4.4.2 静态成员函数

在类定义中，前面有 static 说明的成员函数称为静态成员函数。静态成员函数属于整个类，是该类所有对象共享的成员函数，而不属于类中的某个对象。静态成员函数的作用不是为了对象之间的沟通，而是为了处理静态数据成员。定义静态成员函数的格式如下：

static 返回类型 静态成员函数名 (参数表)；

与静态数据成员类似，调用公有静态成员函数的一般格式有如下几种：

类名::静态成员函数名 (实参表)
对象. 静态成员函数名 (实参表)
对象指针->静态成员函数名 (实参表)

下面将例 4.14 稍加改动，使用静态成员函数来访问静态数据成员。

【例 4.16】静态成员函数访问静态数据成员。

```
#include <iostream>
using namespace std;
class Score{
  public:
    Score(int m,int f);                    //声明有参数的构造函数
    ~Score();                              //声明析构函数
    static void show_count_sum_ave();       //静态成员函数,
                                           //输出学生人数和累加成绩和平均成绩
  private:
    int mid_exam;                          //私有数据成员
    int fin_exam;                          //私有数据成员
    static int count;                      //静态数据成员，用于统计学生人数
    static float sum;                      //静态数据成员，用于统计期末累加成绩
    static float ave;                      //静态数据成员，用于统计期末平均成绩
};
Score::Score(int m,int f)                  //定义有参数的构造函数 Score()
{
  mid_exam=m;
  fin_exam=f;
  ++count;                                 //累加学生人数
  sum=sum+fin_exam;                        //累加期末成绩
  ave=sum/count;                           //计算平均成绩
}
Score::~Score()                            //定义析构函数
{
}
int Score::count=0;                        //静态数员 count 初始化
float Score::sum=0.0;                      //静态数员 sum 初始化
```

```
float Score::ave=0.0;                      //静态数员 ave 初始化
void Score::show_count_sum_ave()           //静态成员函数
{  cout<<"学生人数: "<<count<<endl;         //输出静态数据成员 count
   cout<<"累加成绩: "<<sum<<endl;           //输出静态数据成员 sum
   cout<<"期末平均成绩: "<<ave<<endl;       //输出静态数据成员 ave
}
int main()
{
   Score rec[3]={            //定义对象数组
     Score(80,88),           //调用构造函数，为第 1 个元素 rec[0]提供实参 80 和 88
     Score(90,92),           //调用构造函数，为第 2 个元素 rec[1]提供实参 90 和 92
     Score(70,80)            //调用构造函数，为第 3 个元素 rec[2]提供实参 70 和 80
   };
   rec[3].show_count_sum_ave();          //输出学生人数和平均成绩，用对象名访问
   Score::show_count_sum_ave();          //输出学生人数和平均成绩，用类名访问
   return 0;
}
```

本例中定义了静态成员函数 show_count_sum_ave()，对静态数据成员 count、sum 和 ave 进行操作。本例采用了用类名和对象名两种方法访问静态成员函数。

程序运行结果如下：

学生人数: 3
累加成绩: 260
期末平均成绩: 86.6667
学生人数: 3
累加成绩: 260
期末平均成绩: 86.6667

一般而言，静态成员函数不访问类中的非静态成员。若确实需要，静态成员函数只能通过对象名（或对象指针、对象引用）访问该对象的非静态成员。

下面的例子给出了静态成员函数访问非静态数据成员的方法。

【例 4.17】静态成员函数访问非静态数据成员。

```
#include <iostream>
using namespace std;
class Score{
   public:
     Score::Score(int m,int f);           //定义有参数的构造函数 Score()
     static void display(Score & s)        //静态成员函数，显示每位同学的期末成绩
     {   cout<<"期末成绩是:"<<s.fin_exam<<endl;  }
     static void show_count_sum_ave()      //静态成员函数
     {  cout<<"学生人数: "<<count<<endl;    //输出静态数据成员 count
        cout<<"累加成绩: "<<sum<<endl;      //输出静态数据成员 sum
        cout<<"期末平均成绩: "<<ave<<endl;  //输出静态数据成员 ave
     }
   private:
     int mid_exam;                         //私有数据成员
     int fin_exam;                         //私有数据成员
     static int count;                     //静态数据成员，用于统计学生人数
     static float sum;                     //静态数据成员，用于统计期末累加成绩
     static float ave;                     //静态数据成员，用于统计期末平均成绩
```

```
};
Score::Score(int m,int f)              //定义有参数的构造函数 Score()
{
    mid_exam=m;
    fin_exam=f;
    ++count;                           //累加学生人数
    sum=sum+fin_exam;                  //累加期末成绩
    ave=sum/count;                     //计算平均成绩
}
int Score::count=0;                    //静态数员 count 初始化
float Score::sum=0.0;                  //静态数员 sum 初始化
float Score::ave=0.0;                  //静态数员 ave 初始化
int main()
{
    Score rec[3]={                     //定义对象数组
        Score(80,88),                  //调用构造函数，为第 1 个元素 rec[0]提供实参80和88
        Score(90,92),                  //调用构造函数，为第 2 个元素 rec[1]提供实参90和92
        Score(70,80)                   //调用构造函数，为第 3 个元素 rec[2]提供实参70和80
    };
    Score::display(rec[0]);
    Score::display(rec[1]);
    Score::display(rec[2]);
    Score::show_count_sum_ave();       //输出学生人数和平均成绩
    return 0;
}
```

上面的程序在类中还定义了一个静态成员函数 display，用于访问非静态数据成员，显示一位同学的期末成绩，这个静态成员函数将对象的引用作为参数；在类中还定义了一个静态成员函数 show_count_sum_ave ()，学生人数、累加成绩和期末平均成绩。每当定义了一个 Score 对象时，就通过调用构造函数计算学生人数、计算累加成绩和期末平均成绩。静态成员函数与非静态成员函数的重要区别是：非静态成员函数有 this 指针，而静态成员函数没有 this 指针。静态成员函数可以直接访问本类中的静态数据成员，因为静态数据成员同样是属于类的，可以直接访问。一般而言，静态成员函数不访问类中的非静态成员。假如在一个静态成员函数中有以下语句：

```
cout<<"期末成绩是:"<<fin_exam<<endl;              //不合法，fin_exam 是非静态数据成员
```

若确实需要访问非静态数据成员，静态成员函数只能通过对象名（或对象指针、对象引用）访问该对象的非静态成员。如本例 display()函数被定义为静态成员函数，这时可将对象的引用作为函数参数，将它定义为：

```
static  void display(Score & s) //静态成员函数，显示每位同学的期末成绩
{    cout<<"期末成绩是:"<<s.fin_exam<<endl;  }
```

程序运行结果如下：

```
期末成绩是: 88
期末成绩是: 92
期末成绩是: 80
学生人数: 3
累加成绩: 260
期末平均成绩: 86.6667
```

下面对静态成员函数的使用再做几点说明：

（1）一般情况下，静态函数成员主要用来访问静态数据成员。当它与静态数据成员一起使用时，达到了对同一个类中对象之间共享数据的目的。

（2）私有静态成员函数不能被类外部的函数和对象访问。

（3）使用静态成员函数的一个原因是，可以用它在建立任何对象之前调用静态成员函数，以处理静态数据成员，这是普通成员函数不能实现的功能。例如：

```
int main()
{   Score::show_count_sum_ave();
              //可以用它在建立任何对象之前调用静态成员函数
    Score rec[3]={              //定义对象数组
        Score(80,88),          //调用构造函数，为第 1 个元素 rec[0]提供实参 80 和 88
        Score(90,92),          //调用构造函数，为第 2 个元素 rec[1]提供实参 90 和 92
        Score(70,80)           //调用构造函数，为第 3 个元素 rec[2]提供实参 70 和 80
    };
    Score::display(rec[0]);
    Score::display(rec[1]);
    Score::display(rec[2]);
    Score::show_count_sum_ave();      //输出学生人数和平均成绩
    return 0;
}
```

（4）编译系统将静态成员函数限定为内部连接，也就是说，与现行文件相连接的其他文件中的同名函数不会与该函数发生冲突，维护了该函数使用的安全性，这是使用静态成员函数的另一个原因。

（5）静态成员函数是类的一部分，而不是对象的一部分。如果要在类外调用公有的静态成员函数，使用如下格式较好：

类名::静态成员函数名()

如上例中的

```
Score::show_count_sum_ave();
```

当然，如果已经定义了这个类的对象（如 s1），使用以下语句也是正确的：

```
s1. show_count_sum_ave();
```

4.5　友　　元

类的主要特点之一是数据隐藏和封装，即类的私有成员（或保护成员）只能在类定义的范围内使用，也就是说私有成员只能通过它的成员函数来访问。但是，有时为了访问类的私有成员而需要在程序中多次调用成员函数，这样会因为频繁调用带来较大的时间和空间开销，从而降低程序的运行效率。

为此，C++提供了一种访问私有成员的途径，在不放弃私有成员数据安全性的情况下，使得一个普通函数或者类的成员函数可以访问到封装于某一类中的信息（包括公有、私有、保护成员），在 C++中用友元作为实现这个要求的辅助手段。C++中的友元为数据隐藏这堵不透明的墙开了一个小孔，外界可以通过这个小孔窥视类内部的秘密，友元是一扇通向私有成员的后门。

友元包括友元函数和友元类，下面分别予以介绍。

4.5.1　友元函数

友元函数既可以是不属于任何类的非成员函数，也可以是另一个类的成员函数。友元函数不是当前类的成员函数，但它可以访问该类所有的成员，包括私有成员、保护成员和公有成员。

在类中声明友元函数时，需在其函数名前加上关键字 friend。此声明可以放在公有部分，也可以放在保护部分和私有部分。友元函数可以定义在类内部，也可以定义在类外部。

1．将非成员函数声明为友元函数

下面是一个将非成员函数声明为友元函数的例子。

【例 4.18】将非成员函数声明为友元函数。

```cpp
#include <iostream>
using namespace std;
class Score{
  public:
     Score(int m,int f);                  //声明构造函数 Score()的原型
     void showScore();
     friend int Score_get(Score &);
  private:
     int mid_exam;                        //私有数据成员
     int fin_exam;                        //私有数据成员
};
Score::Score(int m,int f)                 //定义构造函数 Score()
{
  mid_exam=m;
  fin_exam=f;
}
int Score_get(Score &ob)
{  return (int)(0.3*ob.mid_exam+0.7*ob.fin_exam);
}
int main()
{  Score rec[3]={              //定义对象数组
     Score(80,88),            //调用构造函数，为第 1 个元素 rec[0]提供实参 80 和 88
     Score(90,92),            //调用构造函数，为第 2 个元素 rec[1]提供实参 90 和 92
     Score(70,80)             //调用构造函数，为第 3 个元素 rec[2]提供实参 70 和 80
   };
   cout<<"三个期末成绩是: "<<endl;
   for(int i=0;i<3;i++)
     cout<<Score_get(rec[i])<<endl;
                     //调用 ob_get()友元函数
   return 0;
}
```

程序运行结果如下：

三个期末成绩是：

85

91

77

注意：Score_get ()是一个在类外定义的非成员函数，它是一个友元函数，它不属于任何类。

从上面的例子可以看出，友元函数可以访问类对象的各个私有数据。若在类 Score 的声明中将友元函数 friend **去掉**，那么函数 Score_get () 对类对象的私有数据的访问将变为非法的。

编译将提示：

```
error C2248: "Score::mid_exam": 无法访问 private 成员 (在 "Score" 类中声明)
error C2248: "Score::fin_exam": 无法访问 private 成员 (在 "Score" 类中声明)
```

说明：

（1）友元函数虽然可以访问类对象的私有成员，但它毕竟不是成员函数。因此，在类的外部定义友元函数时，不必像成员函数那样，在函数名前加上"类名::"。

（2）因为友元函数不是类的成员，所以它不能直接访问对象的数据成员，也不能通过 this 指针访问对象的数据成员，它必须通过作为入口参数传递进来的对象名（或对象指针、对象引用）来访问该对象的数据成员。例如，上面例子中友元函数 void showScore(Score &ob) 的形参 ob 是 Score 类的对象的引用，此时函数体应写成：

```
return (int)(0.3*ob.mid_exam+0.7*ob.fin_exam);
```

（3）由于函数 showScore() 是 Score 类的友元函数，所以 showScore() 函数可以访问 Score 中的私有数据成员 mid_exam 和 fin_exam。但在访问时，必须加上对象名 ob，不能写成

```
return (int)(0.3*mid_exam+0.7*fin_exam);
```

（4）友元提供了不同类的成员函数之间、类的成员函数与一般函数之间进行数据共享的机制。尤其当一个函数需要访问多个类时，友元函数非常有用，普通的成员函数只能访问其所属的类，但是多个类的友元函数能够访问相关的所有类的数据。

例如，有 Score 和 Student 两个类，现要求同时打印出 Student 的对象和 Score 的对象，只需一个独立的函数 showScore_Student() 就能够完成，但它必须同时定义为这两个类的友元函数。例 4.19 给出了这样的一个程序。

【例 4.19】 一个函数同时定义为两个类的友元函数。

```
#include <iostream>
#include <string>
using namespace std;
class Score;                    //对类 Score 的提前引用声明
class Student{                  //声明类 Student
    public:
    Student(string na,int num)      //定义构造函数，给 name 和 number 赋初值
    {   name=na;
        number=num;
    }
    friend void showScore_Student(Score& sc,Student& st);
                    //声明函数 showScore_Student() 为类 Student 的友元函数
    private:
    string  name;
    int number;

};
class Score{
    public:
    Score(int m,int f)              //声明构造函数 Score() 的原型
    {   mid_exam=m;
```

```
              fin_exam=f;
          }
      friend void showScore_Student(Score& sc,Student& st);
              //声明函数 showScore_Student()为类 Score 的友元函数
    private:
      int mid_exam;                  //私有数据成员
      int fin_exam;                  //私有数据成员
};
void showScore_Student(Score& sc,Student& st)
      //定义函数 showScore_Student()为类 Student 和
      //类 Score 的友元函数，形参为 sc 和 st 分别是类 Score 和类 Student 的对象的引用

{
    cout<<"姓名:"<<st.name<<endl<<"学号:"<<st.number<<endl;
    cout<<"期中成绩:"<<sc.mid_exam<<endl<<"期末成绩:"<<sc.fin_exam<<endl;
}
int main()
{  Score score1(90,92);         //定义 Score 类对象 score1
    Student stu1("DianaLin",80204);          //定义 Student 类对象 stu1
    showScore_Student(score1,stu1);           //调用友元函数 showScore_Student(),
                          //实参是类 Score 对象 score1 和类 Student 的对象 stu1
    return 0;
}
```

程序运行结果如下：

```
姓名：DianaLin
学号：80204
期中成绩:90
期末成绩:92
```

程序开始的"class Score;"是对类 Score 的提前引用声明，因为"friend void showScore_Studen(Score& sc,Student& st);"而要求的。因为友元函数带了两个不同的类的对象，其中一个是类 Score 的对象，而类 Score 要在后面才被声明。为了避免编译时出现错误，编程时必须通过向前引用（forward reference）告诉 C++类 Score 将在后面定义。在向前引用类声明之前，可以使用该类声明参数。

由于函数 showScore_Studen ()被定义成类 Score 和类 Student 的友元函数，所以它能够访问这两个类中的所有数据（包括私有数据）。

应该指出的是，引入友元提高了程序运行效率、实现了类之间的数据共享并方便了编程。但是，声明友元函数相当于在实现封装的黑盒子上开洞，如果一个类声明了许多友元，则相当于在黑盒子上开了很多洞，显然这将破坏数据的隐蔽性和类的封装性，降低了程序的可维护性，这与面向对象程序设计思想是背道而驰的，因此使用友元函数应谨慎。

2. 将成员函数声明为友元函数

除了非成员函数可以作为某个类的友元外，一个类的成员函数也可以作为另一个类的友元，它是友元函数中的一种，称为友元成员函数。友元成员函数不仅可以访问自己所在类对象中的私有成员和公有成员，还可以访问 friend 声明语句所在类对象中的所有成员，这样能使两个类相互合作、协调工作，完成某一任务。

在例 4.20 所示的程序中，声明了函数 showScore_Student()为类 Student 的成员函数，且 showScore_Student()为类 Score 的友元函数。

【例 4.20】一个类的成员函数作为另一个类的友元。

```cpp
#include <iostream>
#include <string>
using namespace std;
class Score;                         //对类 Score 的提前引用声明
class Student{                       //声明类 Student
  public:
    Student(string na,int num)       //定义构造函数，给 name 和 number 赋初值
    { name=na;
      number=num;
    }
    void showScore_Student(Score& sc);
                    //声明函数 showScore_Studen()为类 Student 的成员函数
  private:
    string  name;
    int number;

};
class Score{
  public:
    Score(int m,int f)               //声明构造函数 Score()的原型
    { mid_exam=m;
      fin_exam=f;
    }
    friend void Student::showScore_Student(Score& sc);
     //声明类 Student 的成员函数
     //showScore_Studen()为类 Score 的友元函数
  private:
    int mid_exam;                    //私有数据成员
    int fin_exam;                    //私有数据成员
};
void Student::showScore_Student(Score& sc)
//定义函数 showScore_Studen()为
//类 Score 的友元函数，形参为 sc 和是类 Score 对象的引用
{
    cout<<"姓名:"<<name<<endl<<"学号:"<<number<<endl;
          //作为 Student 类的成员函数，可以访问 Student 类对象中的私有数据
    cout<<"期中成绩:"<<sc.mid_exam<<endl<<"期末成绩:"<<sc.fin_exam<<endl;
          //作为 Score 类的友元函数，可以访问 Score 类对象中的私有数据
}
int main()
{ Score score1(90,92);               //定义 Score 类对象 score1
  Student stu1("DianaLin",80204);   //定义 Student 类对象 stu1
  stu1.showScore_Student(score1);   //调用 Student 类对象 stu1 的成员函数和 Score
          //类的友元函数 showScore_Student()实参是 Score 类对象 score1

  return 0;
```

```
}
```
程序运行结果如下：

姓名：DianaLin
学号：80204
期中成绩:90
期末成绩:92

说明：

（1）一个类的成员函数作为另一个类的友元函数时，必须先定义这个类。如在例 4.20 中，类 Student 的成员函数为类 Score 的友元函数，必须先定义类 Student。并且在声明友元函数时，要加上成员函数所在类的类名，如

```
friend void Student::showScore_Student(Score& sc);
```
（2）程序中第 4 行语句 "class Score;" 为 Score 类的提前引用声明，因为函数.showScore_Student() 中将 "Score &" 作为参数，而 Score 要在晚一些时候才被定义。

4.5.2　友元类

不仅可以将一个函数声明为一个类的友元函数，而且可以将一个类（如 Y 类）声明为另一个类（如 X 类）的友元，这时，Y 类就是 X 类的友元类。友元类的说明方法是在另一个类声明中加入语句 "friend　类名;"，此语句可以放在公有部分也可以放在私有部分或保护部分。声明友元类的一般形式为：

```
friend 类名;
```
例如：

```
class Y{
    …
};
class X{
    …
    friend  Y;          //声明类 Y 为类 X 的友元类
    …
};
```
当一个类被说明为另一个类的友元类时，它所有的成员函数都成为另一个类的友元函数，这就意味着作为友元的类中的所有成员函数都可以访问另一个类中的所有成员（包括私有成员）。

下面的例子中，声明了两个类 Date 和 Time，类 Time 声明为类 Date 的友元，因此，类 Time 的成员函数都成为类 Date 的友元函数，它们都可以访问类 Date 的私有成员。

【例 4.21】一个类作为另一个类的友元。

```
#include <iostream>
#include <string>
using namespace std;
class Score;                    //对类 Score 的提前引用声明
class Student{                  //声明类 Student
    public:
        Student(string na,int num)    //定义构造函数，给 name 和 number 赋初值
        { name=na;
          number=num;
        }
```

```
      void showScore_Student(Score& sc);
                    //声明函数 showScore_Studen() 为类 Student 的成员函数
   private:
      string name;
      int number;

};
class Score{
   public:
      Score(int m,int f)              //声明构造函数 Score() 的原型
      { mid_exam=m;
        fin_exam=f;
      }
      friend Student;
              //声明类 Student 为类 Score 的友元类,
              //则类 Student 中的所有成员函数为类 Score 的友元函数
   private:
      int mid_exam;                   //私有数据成员
      int fin_exam;                   //私有数据成员
};
void Student::showScore_Student(Score& sc)
//定义函数 showScore_Studen() 为
//类 Score 的友元函数, 形参为 sc 和是类 Score 对象的引用
{
      cout<<"姓名:"<<name<<endl<<"学号:"<<number<<endl;
              //作为 Student 类的成员函数, 可以访问 Student 类对象中的私有数据
      cout<<"期中成绩:"<<sc.mid_exam<<endl<<"期末成绩:"<<sc.fin_exam<<endl;
              //作为 Score 类的友元函数, 可以访问 Score 类对象中的私有数据
}
int main()
{ Score score1(90,92);              //定义 Score 类对象 score1
  Student stu1("DianaLin",80204);   //定义 Student 类对象 stu1
  stu1.showScore_Student(score1);    //调用 Student 类对象 stu1 的成员函数和 Score
              //类的友元函数 showScore_Student 实参是 Score 类对象 score1

  return 0;
}
```

程序运行结果如下:

姓名: DianaLin
学号: 80204
期中成绩:90
期末成绩:92

说明:

（1）友元关系是单向的，不具有交换性。若声明了类 X 是类 Y 的友元（即在类 Y 定义中声明 X 为 friend 类），不等于类 Y 一定是 X 的友元，这要看在类 X 中是否有相应的声明。

（2）友元关系也不具有传递性，若类 X 是类 Y 的友元，类 Y 是类 Z 的友元，不一定类 X 是类 Z 的友元。如果想让类 X 是类 Z 的友元类，应在类 Z 中做出声明。

4.6　类 的 组 合

前面已经讲过，复杂的对象可以由比较简单的对象以某种方式组合而成，复杂对象和组成它的简单对象之间的关系是组合关系。例如，计算机可构成计算机类，计算机类的数据成员有型号、CPU 参数、内存参数、硬盘参数、厂家等。其中的数据成员"厂家"又是计算机公司类的对象。这样，计算机类的数据成员中就有计算机公司类的对象，或者反过来说，计算机公司类的对象又是计算机类的一个数据成员。这样，当生成一个计算机类对象时，其中就嵌套着一个计算机公司对象。

在一个类中内嵌另一个类的对象作为数据成员，称为类的组合。该内嵌对象称为对象成员，又称子对象。例如：

```
class Y{
  …
};
class X{
  Y y;     // 类 Y 的对象 y 为类 X 的对象成员
  …
};
```

使用对象成员着重要注意的问题是对象成员的初始化，即类 X 的构造函数如何定义的问题。当创建类的对象时，如果这个类具有内嵌的对象成员，那么内嵌对象成员也将被自动创建。因此，在创建对象时既要对本类的基本数据成员初始化，又要对内嵌的对象成员进行初始化。含有对象成员的类的构造函数和不含对象成员的构造函数有所不同。例如，有以下的类 X：

```
class  X{
  类名 1 对象成员名 1;
  …
  类名 i 对象成员名 i;
  …
  类名 n 对象成员名 n;
};
```

一般来说，类 X 的构造函数的定义形式如下：

X::X(形参表 0):对象成员名 1(形参表 1),…,对象成员名 i(形参表 i),…,对象成员名 n(形参表 n)
{
    类 X 的构造函数体
}

冒号后面的部分是对象成员的初始化列表，各对象成员的初始化列表用逗号分隔，形参表 i（i 为 1 ~ n）给出了初始化对象成员所需要的数据，它们一般来自形参表 0。

当调用构造函数 X::X()时，首先，按各对象成员在类声明中的顺序依次调用它们的构造函数，对这些对象初始化。最后，再执行 X::X()的构造函数体初始化类中的其他成员。析构函数的调用顺序与构造函数的调用顺序相反。

【例 4.22】对象成员的初始化。

```
#include <iostream>
using namespace std;
class X{                                    //声明类 X
  public:
```

```
        X(int a1,double b1)
          { a=a1;b=b1; }
        void disp()
          { cout<<"a="<<a<<endl;
            cout<<"b="<<b<<endl;
          }
    private:
        int a;
        double b;
};
class Y{                                    //声明类 Y
    public:
        Y(int a1,double b1,int c1):xx(a1,b1) //类 Y 的构造函数，含有初始化列表，
                                             //用于对对象成员 xx 进行初始化
          { c=c1;
          }
        void disp()
          { xx.disp();
            cout<<"c="<<c<<endl;
          }
    private:
        X xx;                                //类 X 的对象 xx 为类 Y 的对象成员
        int c;
};
int main()
{ Y b(123,456,789);
    b.disp();
    return 0;
}
```

本例构造函数的调用过程是：定义类 Y 的对象 b 时，自动调用类 Y 的构造函数

```
Y(int a1,double b1,int c1):xx(a1,b1)
{ c=c1; }
```

由该构造函数先自动通过"xx(a1,b1)"调用类 X 的构造函数，给对象成员的数据成员 a 和 b 赋值，然后再执行类 Y 的构造函数体，给数据成员 c 赋值。

程序运行结果如下：

```
a=123
b=456
z=789
```

下面再看一个应用对象成员的例子。

【例 4.23】学生类中嵌套着一个日期类对象。要求显示学生的姓名和出生日期。

```
#include <iostream>
#include <string>
using namespace std;
#include <iostream>
using namespace std;
class Date{
    public:
        Date(int y,int m,int d);              //声明构造函数的原型，
```

```
                                              //构造函数的名字必须与类名相同
        void showDate();
      private:
        int year;
        int month;
        int day;
    };
    Date::Date(int y,int m,int d)           //定义构造函数 Date()
    {  year=y;
       month=m;
       day=d;
    }
    void Date::showDate()
    {  cout<<year<<"."<<month<<"."<<day<<endl;  }
    class Student{                          //声明类 Student
      public:
        Student(string name1,int y1,int m1,int d1);
                                    //声明构造函数 Student()
        void show();                //声明输出数据函数 show()
      private:
        string name;                //学生姓名
        Date birthday;              //类 Date 的对象 birthday 是类 Student 的对象成员
    };
    Student::Student(string name1,int y1,int m1,int d1)
      :birthday(y1,m1,d1)           //定义构造函数 Student()，缀上对象成员的初始化列表
    {  name=name1;
    }
    void Student::show()            //定义输出数据函数 show()
    {  cout<<"姓名: "<<name<<endl;
       cout<<"出生日期:" ;
       birthday.showDate();
    }
    int main()
    {  Student stu1("黎明",1988,7,2);
                //定义类 Student 的对象 stu1，调用 stu1 的构造函数，初始化对象 stu1
       stu1.show();                 //调用 stu1 的 show()函数，显示 stu1 的数据
       return 0;
    }
```

本例构造函数的调用过程是：定义类 Student 的对象 stu1 时，自动调用类 Date 的构造函数

```
Student::Student(string name1,int y1,int m1,int d1)
  :birthday(y1,m1,d1)
```

由该构造函数先自动通过"birthday(y1,m1,d1)"调用类 Date 的构造函数，给对象成员的数据成员 year、month 和 day 赋值，然后再执行类 Student 的构造函数体，给数据成员 name 赋值。

程序运行结果如下：

```
姓名: 黎明
出生日期: 1988.7.2
```

从上面的程序可以看出，类 Student 的 show()函数中对于对象成员 birthday 的处理就是通过调用类 Date 的 show()函数实现的。

说明:

（1）声明一个含有对象成员的类，首先要创建各成员对象。本例在声明类 Student 中，定义了对象成员 birthday:

```
Date birthday;
```

（2）Student 类对象在调用构造函数进行初始化的同时，也要对对象成员进行初始化，因为它也是属于此类的成员。因此，在写类 Student 的构造函数时，也加上了对对象成员的初始化:

```
Student::Student(string name1,int y1,int m1,int d1)
  :birthday(y1,m1,d1)              //定义构造函数 Student(),缀上对象成员的初始化列表
{  name=name1;
}
```

这时，构造函数的调用顺序是：先调用对象成员 birthday 的构造函数，随后再执行类 Student 构造函数的函数体。

这里需要注意的是：在定义类 Student 的构造函数时，必须加上其对象成员的名字 birthday，而不能加上类名，若写成

```
Student::Student(string name1,int y1,int m1,int d1)
:Date(y1,m1,d1)                 //定义构造函数 Student(),缀上对象成员的初始化列表
{  }
```

是不允许的。因为，在类 Student 中是类 Date 的对象 birthday 作为成员，而不是类 Date 作为其成员。

*4.7 共享数据的保护

虽然 C++ 采取了不少措施（如设 private 数据等）以增加数据的安全性，但是有些数据却往往是共享的，人们可以在不同场合通过不同的途径访问同一个数据对象。程序中各种形式的数据共享，在不同程度上破坏了数据的安全性。常类型的引入就是为了既保证数据共享又防止数据被改动。常类型是指使用类型修饰符 const 说明的类型，常类型的变量或对象成员的值在程序运行期间是不可改变的。

4.7.1 常引用

如果在说明引用时用 const 修饰，则被说明的引用为常引用。常引用所引用的对象不能被更新。如果用常引用做形参，便不会产生对实参的不希望的更改。常引用的说明形式如下:

```
const 类型& 引用名
```

例如:

```
int a=5;
const int& b=a;
```

其中，b 是一个常引用，它所引用的对象不允许被更改。如果出现

```
b=12;
```

则是非法的。

在实际应用中，常引用往往用来作函数的形参，这样的参数称为常参数。

【例 4.24】常引用作函数形参。

```
#include <iostream>
```

```
using namespace std;
int add(const int& ,const int& );
int main()
{  int a=20;
   int b=30;
   cout<<a<<"+"<<b<<"="<<add(a,b)<<endl;
   return 0;
}
int add(const int& i,const int & j)          //函数 add()的形参是常引用
{  return i+j;
}
```

由于 add()函数的两个参数都定义为常引用，程序运行结果如下：

20+30=50

函数中不能改变 i 和 j 的值，如果改变它们的值，将在编译时出现错误。

例如，下面函数中对常引用的变量进行修改，将会引起错误。

```
int add(const int& i,const int & j)
{  i++;
   j++;
   return i+j;
}
```

错误提示是：

error C3892: "i" : 不能给常量赋值

4.7.2 常对象

如果在说明对象时用 const 修饰，则被说明的对象为常对象。常对象中的数据成员为常量且必须要有初值。例如：

const Sample a(10,20);   //a 是常对象，而不是普通对象

这样，常对象 a 中的数据成员值在对象的整个生存期内不能被改变。所谓对象的生存期是指对象从创建到被释放的时间间隔，也就是对象在程序中的作用域。常对象的说明形式如下：

类名 const 对象名[(参数表)];

或

const 类名 对象名[(参数表)];

在定义对象时必须进行初始化，而且不能被更新。

【例 4.25】非常对象和常对象的比较。

```
#include <iostream>
using namespace std;
class Date{
   public:
     Date(int y,int m,int d);          //声明构造函数的原型，
                                       //构造函数的名字必须与类名相同
     void setDate(int y,int m,int d);
     void showDate();
   private:
     int year;
     int month;
     int day;
```

```
};
Date::Date(int y,int m,int d)          //定义构造函数 Date()
{  year=y;
   month=m;
   day=d;
}
void Date::setDate(int y,int m,int d)
{  year=y;
   month=m;
   day=d;
}
void Date::showDate()
{  cout<<year<<"."<<month<<"."<<day<<endl; }
int main()
{  Date date1(2016,4,28);              //定义类 Date 的对象 date1(),自动调用构造函数
                                       //给对象 date1 的数据成员赋初值
   date1.showDate();                   //调用成员函数 showDate(),显示 date1 的数据
   date1.setDate(2016,12,15);          //调用成员函数 setDate(),更改 date1 的数据成员
   date1.showDate();                   //调用成员函数 showDate(),显示 date1 的数据
   return 0;
}
```

在这个例子中,对象 a 是一个普通的对象,而不是常对象。程序运行结果如下:

```
2016.4.28
2016.12.15
```

若将上述程序中的对象 date1 定义为常对象,主函数修改如下:

```
int main()
{  const Date date1(2016,4,28); //定义类 Date 的对象 date1,自动调用构造函数
                                //给对象 date1 的数据成员赋初值
   date1.showDate();            //语句②,显示 date1 的数据
   date1.setDate(2016,12,15);   //语句③,更改 date1 的数据成员
   date1.showDate();            //语句④,显示 date1 的数据
   return 0;
}
```

编译这个程序时,将出现 3 个错误。语句③的错误指出,C++不允许更改常对象的数据成员。语句②和④的错误指出,C++不允许常对象调用普通的成员函数。在 4.7.3 节中将会介绍常对象只能调用它的常成员函数。

4.7.3　常对象成员

C++可以在声明类时将其中的成员声明为 const,即声明为常数据成员和常成员函数。

1. 常数据成员

类的数据成员可以是常量或常引用,使用 const 说明的数据成员称为常数据成员。如果在一个类中说明了常数据成员,那么构造函数就只能通过初始化列表对该数据成员进行初始化,而任何其他函数都不能对该成员赋值。

【例 4.26】常数据成员举例。

```
#include <iostream>
```

```
using namespace std;
class Date{
  public:
    Date(int y,int m,int d);
    void showDate();
  private:
    const int year;                    //常数据成员
    const int month;                   //常数据成员
    const int day;                     //常数据成员
};
Date::Date(int y,int m,int d):year(y),month(m),day(d)
{  }                     //采用成员初始化列表，对常数据成员赋初值
void Date::showDate()
{  cout<<year<<"."<<month<<"."<<day<<endl; }
int main()
{  Date date1(2016,10,15);
   date1.showDate();
   return 0;
}
```

程序运行结果如下：

2016.10.15

该程序中定义了如下 3 个常数据成员：

```
const int year;
const int month;
const int day;
```

其中，year、month、day 是 int 类型的常数据成员。需要注意的是构造函数的格式如下：

```
Date::Date(int y,int m,int d):year(y),month(m),day(d)
{  }
```

其中，冒号后面是一个成员初始化列表，它包含 3 个初始化项。这是由于 year、month 和 day 都是常数据成员，C++规定只能通过构造函数的成员初始化列表对常数据成员进行初始化。在函数体中采用赋值语句对常数据成员直接赋初值是非法的，如以下形式的构造函数是错误的：

```
Date::Date(int y,int m,int d)
{  year=y;                             //非法
   month=m;                            //非法
   day=d;                              //非法
}
```

一旦对某对象的常数据成员初始化后，该数据成员的值是不能改变的，但不同对象中的该数据成员的值可以是不同的（在定义对象时给出）。

2. 常成员函数

在类中使用关键字 const 说明的函数为常成员函数，常成员函数的说明格式如下：

类型 函数名(参数表) const;

const 是函数类型的一个组成部分，因此在声明函数和定义函数时都要有关键字 const。在调用时不必加 const。

【例 4.27】常成员函数的使用。

```
#include <iostream>
```

```
using namespace std;
class Date{
  public:
    Date(int y,int m,int d);
    void showDate();                  //声明普通成员函数 showDate()
    void showDate() const;            //声明常成员函数 showDate()
  private:
    int year;
    int month;
    int day;
};
Date::Date(int y,int m,int d):year(y),month(m),day(d)
{ }
void Date::showDate()                 //定义普通成员函数 showDate()
{ cout<<"调用普通成员函数显示的日期:"<<endl;
  cout<<year<<"."<<month<<"."<<day<<endl;
}
void Date::showDate() const           //定义常成员函数 showDate()
{ cout<<"调用常成员函数显示的日期:"<<endl;
  cout<<year<<"."<<month<<"."<<day<<endl;
}
int main()
{ Date date1(2016,4,28);              //定义普通对象 date1
  date1.showDate();                   //调用普通成员函数 showDate()
  const Date date2(2016,11,14);       //定义常对象 date2
  date2.showDate();                   //调用常成员函数 showDate()
  return 0;
}
```

程序运行结果如下：

调用普通成员函数显示的日期：

2016.4.28

调用常成员函数显示的日期：

2016.11.14

在本程序中，类 Date 中说明了两个同名成员函数 showDate()，一个是普通的成员函数，另一个是常成员函数，它们是重载的。可见，关键字 const 可以被用于对重载函数进行区分。在主函数中说明了两个对象 date1 和 date2，其中对象 date2 是常对象。通过对象 date1 调用的是没有用 const 修饰的普通成员函数，而通过对象 date2 调用的是用 const 修饰的常成员函数。

说明：

（1）常成员函数可以访问常数据成员，也可以访问普通数据成员。常数据成员可以被常成员函数访问，也可以被普通成员函数访问。具体情况如表 4-2 所示。

表 4-2　普通成员函数和常成员函数的访问特性比较

函 数 类 型	普通数据成员	常数据成员	常对象的数据成员
普通成员函数	可以访问，也可以改变值	可以访问，但不可以改变值	不允许访问和改变值
常成员函数	可以访问，但不可以改变值	可以访问，但不可以改变值	可以访问，但不可以改变值

（2）如果将一个对象说明为常对象，则通过该对象只能调用它的常成员函数，而不能调用普

通成员函数。常成员函数是常对象唯一的对外接口，这是 C++从语法机制上对常对象的保护。

（3）常成员函数不能更新对象的数据成员，也不能调用该类中的普通成员函数，这就保证了在常成员函数中绝对不会更新数据成员的值。

*4.8　C++程序的多文件组成

我们已经学习到了很多完整的 C++源程序实例，分析它们的结构，基本上都是由 3 个部分构成：类的声明部分、类的实现部分和类的使用部分。因为前面所举的例子都比较小，所以这 3 个部分都写在同一个文件中。

在实际程序设计中，一个源程序按照结构可以划分为 3 个文件：类声明文件（*.h 文件）、类实现文件（*.cpp）和类使用文件（*.cpp，主函数文件）。将类的声明部分放在类声明文件（头文件）中，这就形成了类的 public 接口，向用户提供调用类成员函数所需的函数原型。将类成员函数的定义放在类实现文件中，这就形成了类的实现方法。将类的使用部分（通常是主程序）放在类使用文件中，这样可以清晰地表示出本程序所要完成的工作。下面的例 4.28 将按照这样的原则，划分为 3 个文件：student.h（类声明文件）、student.cpp（类实现文件）和 studentmain.cpp（类使用文件）。

【例 4.28】一个源程序按照结构划分为 3 个文件。

```
//文件1 student.h （类的声明部分）
```

由于类的声明和实现放在两个不同的文件 student.h 和 student.cpp 中，在类的实现文件中就必须包含类的声明文件 student.h。把类的声明和实现放在不同的文件之中，主要有以下几点考虑：

（1）类的实现文件通常较大，将两者混在一起不便于阅读、管理和维护。良好的软件工程的一个基本原则是将接口与实现方法分离，这样可以更容易地修改程序。对类的用户而言，类的实现方法的改变并不影响用户，只要接口不变即可。

（2）将类中成员函数的实现放在其声明文件（如 student.h）中与放在实现文件（如 student.cpp）中，在编译时的含义是不一样的。若将成员函数的实现直接放在类的声明中，则类的成员函数将作为内联函数处理。显然，将所有的成员函数都作为内联函数处理是不合适的。

（3）对于软件开发商来说，他们可以向用户提供一些程序模块，这些程序模块往往只向用户公开类的声明，即接口，而不公开程序的源代码。而类的用户使用类时不需要访问类的源代码，但需要连接类的目标码。类的声明和实现分开管理可以很好地解决这个问题。

（4）便于团体式的大型软件开发。

采用这样的组织结构可以对各个文件进行单独编辑、编译，最后再连接和运行。同时，可以充分利用类的封装特性，在程序的调试、修改时只对其中某一个文件进行操作，而其余部分根本不用改动。例如，我们只修改了类的成员函数的实现部分，只需重新编译类实现文件并连接即可。如果是一个语句很多、规模很大的程序，效率会得到显著的提高。

由多个文件组成的程序的编辑、编译、连接和执行方法请参阅本书配套教材中的有关介绍。

在此需要说明的是，由于本教材大部分程序较小，为了节省篇幅，就不分成 3 部分编写了，对部分较大的程序将采用这种结构编写。

4.9 程 序 举 例

【例 4.29】利用类表示一个堆栈（stack），并为此堆栈建立向堆栈压入数据的函数 push()、从堆中弹出数据的函数 pop()及显示堆栈数据的函数 showstack()等。

整个程序分为 3 个独立文件：类声明头文件 Stack.h、类实现文件 Stack.cpp、类使用文件 Stackmain.cpp。

```cpp
//类声明头文件 Stack.h
#include <iostream>
using namespace std;
const int SIZE=10;
class Stack{
  int stck[SIZE];              //数组，用于存放栈中数据
  int tos;                     //栈顶位置（数组下标）
  public:
   Stack();
   void push(int ch);          //声明向堆栈压入数据函数
   int pop();                  //声明从堆找中弹出数据函数
   void ShowStack();           //声明显示堆栈数据函数
};
//类实现文件 Stack.cpp
#include "Stack.h"
Stack::Stack()                 //构造函数，初始化栈的实现
{ tos=0; }
void Stack::push(int ch)       //向堆栈压入数据函数的实现
{ if(tos==SIZE)
  { cout<<"Stack is full";
    return;
  }
  stck[tos]=ch;
  tos++;
  cout<<"You have pushed a data into the stack!\n";
}
int Stack::pop()               //从堆找中弹出数据函数的实现
{ if(tos==0)
  { cout<<"Stack is empty";
    return 0;
  }
  tos--;
  return stck[tos];
}
void Stack::ShowStack()        //显示堆栈数据的函数
{ cout<<"The content of stack: \n" ;
  if(tos==0)
  { cout<<"The stack has no data!\n";
    return;
  }
  for(int i=tos-1;i>=0;i--)
   cout<<stck[i]<<"  ";
```

```
    cout<<"\n";
}
//类使用文件 Stackmain.cpp
#include "Stack.h"
int main()
{ cout<<endl;
  Stack ss;
  int x;
  char ch;
  cout<<" <I> ------ Push data to stack\n";
  cout<<" <O> ------ Pop data from stack\n";
  cout<<" <S> ------ Show the content of stack\n";
  cout<<" <Q> ------ Quit... \n";
  while(1)
  { cout<<"Please select an item: ";
    cin>>ch;
    ch=toupper(ch);
    switch(ch)
    { case 'I':
          cout<<"Enter the value that "<<"you want to push: ";
          cin >>x;
          ss.push(x);
          break;
       case 'O':
          x=ss.pop();
          cout<<"Pop "<<x<<" from stack.\n";
          break;
       case 'S':
          ss.ShowStack();
          break;
       case 'Q':
          return 0;
       default:
          cout<<"You have inputted a wrong item! Please try again!\n";
          continue;
    }
  }
}
```

本程序的一次运行结果如下：

```
<I> ------ Push data to stack
<O> ------ Pop data from stack
<S> ------ Show the content of stack
<Q> ------ Quit...
Please select an item: I
Enter the value that you want to push: 10
You have pushed a data into the stack!
Please select an item: D
You have inputted a wrong item! Please try again!
Please select an item: I
Enter the value that you want to push: 20
```

```
You have pushed a data into the stack!
Please select an item: I
Enter the value that you want to push: 30
You have pushed a data into the stack!
Please select an item: S
The content of stack:
30  20  10
Please select an item: O
Pop 30 from stack.
Please select an item: O
Pop 20 from stack.
Please select an item: O
Pop 10 from stack.
Please select an item: S
The content of stack:
The stack has no data!
Please select an item: Q
```

　　说明：在本程序中声明了一个堆栈类 Stack，类中定义了数据成员 tos 和数组 stck。类中 SIZE 表示堆栈的最大存储空间；tos 表示栈顶；数组 stck[]用来存放堆栈数据。类中还定义了成员函数 push()用来向堆栈压入数据，pop 用来从堆栈中弹出数据，函数 ShowStack()从栈顶到栈底显示堆栈的内容。在主程序 main()中通过按不同的键，调用不同的成员函数，以实现不同的功能。

本 章 小 结

　　（1）this 指针总是指向当前对象，每当调用一个成员函数时，系统就自动把 this 指针作为一个隐含的参数传给该函数。C++编译器将根据 this 指针所指向的对象来确定应该引用哪一个对象的数据成员。

　　（2）所谓对象数组是指每一数组元素都是对象的数组，与基本数据类型的数组一样，在使用对象数组时也只能访问单个数组元素。对象指针就是用于存放对象地址的变量。C++可以使对象指针直接指向对象的成员，进而可以通过这些指针访问对象的成员。

　　（3）在 C++的标准库中，声明了一种使用方便的字符串类型，即字符串类 string，类 string 提供了对字符串进行处理所需要的操作。

　　（4）对象可以作为参数传递给函数，其方法与传递其他类型的数据相同。在向函数传递对象时，是通过传值调用传递给函数的。对象指针也可以作为函数的参数，使用对象指针作为函数参数可以实现传址调用。在实际中，大部分程序员喜欢用对象引用取代对象指针作为函数参数。因为，使用对象引用作为函数参数不但具有用对象指针作函数参数的优点，而且用对象引用作函数参数更简单、更直接。

　　（5）静态成员包括静态数据成员和静态函数成员。不管创建多少对象，静态成员只有一个拷贝，一个类的所有对象共享这个静态成员。静态数据成员的主要用途是定义类的各个对象所公用的数据，如统计总数、平均数等。

　　（6）友元有两种形式：友元函数（含友元成员函数）和友元类。友元可以访问对象的所有数据（含私有数据）。使类既有封装性，又具灵活性。友元提供了不同类的成员函数之间、类的成员函数与一般函数之间进行数据共享的机制。尤其当一个函数需要访问多个类时，友元函数非常有用。引入友元机制的另一个原因是方便编程，在某些情况下，如运算符被重载时，需要用到友元函数。

（7）类的数据成员可以用 const 说明为常量或常引用，成员函数可以说明为常成员函数，对象可以说明为常对象。常类型是软件开发中常用的方法，它可以提高程序的正确性和可维护性。

（8）类的声明、实现和应用可放在一个文件中，但在实际程序设计中，通常可以划分为 3 个文件：类声明文件、类实现文件和类使用文件。

习 题

【4.1】什么是对象数组？

【4.2】假定 C 为一个类，则执行"C a1(20), a2[5] ;"语句时，自动调用该类构造函数的次数为（　　　）。

A. 25　　　　　　　　B. 6　　　　　　　　C. 2　　　　　　　　D. 21

【4.3】下列关于成员函数特征的描述中，错误的是（　　　）。

A. 成员函数可以设置参数的默认值　　　　B. 成员函数可以重载

C. 成员函数一定是内联函数　　　　　　　D. 成员函数可以是静态的

【4.4】下列关于静态数据成员的描述中，正确的是（　　　）。

A. 类的不同对象有不同的静态数据成员值

B. 类的每个对象都有自己的静态数据成员

C. 静态数据成员是类的所有对象共享的数据

D. 静态数据成员不能通过类的对象调用

【4.5】下列关于静态成员函数的描述中，正确的是（　　　）。

A. 在静态成员函数中可以使用 this 指针

B. 在建立对象前，就可以为静态数据成员赋值

C. 静态成员函数在类外定义时，要加 static 前缀

D. 静态成员函数只能在类外定义

【4.6】一个类的友元函数或友元类只能够访问该类的（　　　）。

A. 公用成员　　　　　　　　　　　　　　B. 保护成员

C. 私有成员　　　　　　　　　　　　　　D. 公用成员、保护成员和私有成员

【4.7】下面关于友元的描述中，错误的是（　　　）。

A. 类与类之间的友元关系可以继承

B. 一个类的友元类中的成员函数都是这个类的友元函数

C. 友元可以提高程序的运行效率

D. 友元函数可以访问该类的私有数据成员

【4.8】下面有关友元函数的描述中，正确的是（　　　）。

A. 友元函数是独立于当前类的外部函数

B. 一个友元函数不能同时定义为两个类的友元函数

C.　友元函数必须在类的外部定义

D.　在外部定义友元函数时，必须加关键字 friend

【4.9】友元的作用之一是（　　　）。

A.　提高程序的运行效率　　　　　　　　　B.　加强类的封装性

C.　实现数据的隐藏性　　　　　　　　　　D.　增加成员函数的种类

【4.10】下列的各类函数中，不能作为类的成员函数的是（　　　）。

A.　友元函数　　　　　B.　析构函数　　　　C.　构造函数　　　　D.　拷贝构造函数

【4.11】对于常成员函数，下面描述正确的是（　　　）。

A.　常成员函数不能修改任何数据成员　　　B.　常成员函数只能修改一般数据成员

C.　常成员函数只能修改常数据成员　　　　D.　常成员函数只能修改常对象的数据成员

【4.12】以下程序的运行结果是（　　　）。

```cpp
#include <iostream>
using namespace std;
class B{
  public:
    B(){}
    B(int i,int j)
    { x=i; y=j; }
    void printb()
    { cout<<x<<","<<y<<endl; }
  private:
    int x,y;
};
class A{
  public:
    A()
    { }
    A(int I,int j);
    void printa();
  private:
    B c;
};
A::A(int i,int j):c(i,j)
{ }
void A::printa()
{ c.printb(); }
int main()
{ A a(7,8);
  a.printa();
  return 0;
}
```

A.　8,9　　　　　　　　B.　7,8　　　　　　　C.　5,6　　　　　　　D.　9,10

【4.13】以下程序的运行结果是（　　　）。

```cpp
#include <iostream>
using namespace std;
class A{
```

```cpp
  public:
    void set(int i,int j)
    { x=i;y=j; }
    int get_y()
    { return y; }
  private:
    nt x,y;
};
class box{
  public:
    void set(int l,int w,int s,int p)
    { length=l;
      width=w;
      label.set(s,p);
    }
    int get_area()
    { return length*width; }
  private:
    int length,width;
    A label;
};
int main()
{ box b;
  b.set(4,6,1,20);
  cout<<b.get_area()<<endl;
  return 0;
}
```

A. 24   B. 4   C. 20   D. 6

【4.14】以下程序的运行结果是（   ）。

```cpp
#include <iostream>
using namespace std;
class Sample{
  public:
    Sample(int i,int j)
    { x=i;y=j; }
    void disp()
    { cout<<"disp1"<<endl; }
    void disp() const
    { cout<<"disp2"<<endl; }
  private:
    int x,y;
};
int main()
{ const Sample a(1,2);
  a.disp();
  return 0;
}
```

A. disp1   B. disp2   C. disp1 disp2   D. 程序编译出错

【4.15】以下程序的运行结果是（   ）。

```cpp
#include <iostream>
using namespace std;
class R{
  public:
    R(int r1,int r2)
    {  R1=r1;
       R2=r2;
    }
    void print();
    void print()  const;
  private:
    int R1,R2;
};
void R::print()
{  cout<<R1<<","<<R2<<endl; }
void R::print() const
{  cout<<R1<<","<<R2<<endl; }
int main()
{  R a(6,8);
   const R b(56,88);
   b.print();
   return 0;
}
```

A. 6,8   B. 56,88   C. 0,0   D. 8,6

【4.16】指出下面程序中的错误，并说明原因。

```cpp
#include <iostream>
using namespace std;
class Student{
  public:
    Student()
    {  ++x;
       cout<<"\nplease input student No.";
       cin>>Sno;
    }
    static int get_x()
    {  return x; }
    int get_Sno()
    {  return Sno; }
  private:
    static int x;
    int Sno;
};
int Student::x=0;
int main()
{  cout<<Student::get_x()<<" Student exist\n";
   Student stu1;
   Student *pstu=new Student;
   cout<<Student::get_x()<<" Student exist,y="<<get_Sno()<<"\n";
   cout<<Student::get_x()<<" Student exist,y="<<get_Sno()<<"\n";
   return 0;
```

```
}
```

【4.17】指出下面程序中的错误，并说明原因。

```cpp
#include <iostream>
using namespace std;
class CTest{
  public:
    const int y2;
    CTest (int i1,int i2):y1(i1),y2(i2)
    { y1=10;
      x=y1;
    }
    int readme() const;
    //…
  private:
    int x;
    const int y1;
};
int CTest::readme() const
{ int i;
  i=x;
  x++;
  return x;
}
int main()
{ CTest c(2,8);
  int i=c.y2;
  c.y2=i;
  i=c.y1;
  return 0;
}
```

【4.18】指出下面程序中的错误，并说明原因。

```cpp
#include <iostream>
using namespace std;
class CTest{
  public:
    CTest ()
    { x=20; }
    void use_friend();
  private:
    int x;
    friend void friend_f(CTest fri);
};
void friend_f(CTest fri)
{ fri.x=55; }
void CTest::use_friend()
{ CTest fri;
  this->friend_f(fri);
  ::friend_f(fri);
}
int main()
```

```
{ CTest fri,fri1;
  fri.friend_f(fri);
  friend_f(fri1);
  return 0;
}
```

【4.19】指出下面程序中的错误，并说明原因。

```
#include <iostream>
using namespace std;
class CTest{
  public:
    CTest()
    {  x=20;  }
    void use_this();
  private:
    int x;
};
void CTest::use_this()
{  CTest y,*pointer;
   this=&y;
   *this.x=10;
   pointer=this;
   pointer=&y;
}
int main()
{  CTest y;
   this->x=235;
   return 0;
}
```

【4.20】写出下面程序的运行结果。

```
#include <iostream>
using namespace std;
class toy{
  public:
    toy(int q,int p)
    {  quantity=q;
       price=p;
    }
    int get_quantity()
    {  return quantity ;  }
    int get_price()
    {  return price;  }
  private:
    int quantity,price;
};
int main()
{  toy op[3][2]={
     toy(10,20),toy(30,48),
     toy(50,68),toy(70,80),
     toy(90,16),toy(11,120),
   };
```

```
      for(int i=0;i<3;i++)
      {  cout<<op[i][0].get_quantity ()<<",";
         cout<<op[i][0].get_price()<<"\n";
         cout<<op[i][1].get_quantity ()<<",";
         cout<<op[i][1].get_price()<<"\n";
      }
      cout<<endl;
      return 0;
}
```

【4.21】写出下面程序的运行结果。

```
#include <iostream>
using namespace std;
class example{
   public:
     example(int n)
     {  i=n;
        cout<<"Constructing\n ";
     }
     ~example()
     {  cout<<"Destructing\n"; }
     int get_i()
     {  return i; }
   private:
     int i;
};
int sqr_it(example o)
{  return o.get_i()* o.get_i(); }
int main()
{  example x(10);
   cout<<x.get_i()<<endl;
   cout<<sqr_it(x)<<endl;
   return 0;
}
```

【4.22】写出下面程序的运行结果。

```
#include <iostream>
using namespace std;
class aClass
{  public:
     aClass()
     {  total++;}
     ~aClass()
     {  total--;}
     int gettotal()
     {  return total;}
   private:
     static int total;
};
int aClass::total=0;
int main()
{  aClass o1,o2,o3;
```

```
cout<<o1.gettotal()<<" objects in existence\n";
aClass *p;
p=new aClass;
if(!p)
{ cout<<"Allocation error\n";
  return 1;
}
cout<<o1.gettotal();
cout<<" objects in existence after allocation\n";
delete p;
cout<<o1.gettotal();
cout<<" objects in existence after deletion\n";
return 0;
}
```

【4.23】写出下面程序的运行结果。

```
#include<iostream>
using namespace std;
class test
{
    public:
       test()  ;
       ~test(){  };
    private:
       int i;
};
test::test()
{  i=25;
   cout<<"Here's the program output. \n";
   cout<<"Let's generate some stuff...\n";
   for(int ctr=0;ctr<10;ctr++)
   {  cout<<"Counting at "<<ctr<<"\n";
   }
}
test anObject;
int main()
{  return 0;
}
```

【4.24】构建一个类 book，其中含有两个私有数据成员 qu 和 price，建立一个有 5 个元素的数组对象，将 qu 初始化为 1~5，将 price 初始化为 qu 的 10 倍。显示每个对象的 qu*price。

【4.25】修改上题，通过对象指针访问对象数组，使程序以相反的顺序显示对象数组的 qu*price。

【4.26】使用 C++ 的类建立一个简单的卖玩具程序。类内必须具有玩具单价、售出数量以及每种玩具售出的总金额等数据，并为该类建立一些必要的函数，并在主程序中使用对象数组建立若干带有单价和售出数量的对象，显示每种玩具售出的总金额。

【4.27】构建一个类 Stock，含字符数组 stockcode[] 及整型数据成员 quan、双精度型数据成员 price。构造函数含 3 个参数：字符数组 na[] 及 q、p。当定义 Stock 的类对象时，将对象的第 1 个字符串参数赋给数据成员 stockcode，第 2 和第 3 个参数分别赋给 quantity、price。未设置第 2 和第 3 个参数时，quantity 的值为 1000，price 的值为 8.98。成员函数 print() 使用 this 指针，显示对

象内容。

【4.28】编写一个有关股票的程序，其中有两个类：一个是深圳类 shen_stock，另一个是上海类 shang_stock。类中有三项私有数据成员：普通股票个数 general、ST 股票个数 st 和 PT 股票个数 pt，每一个类分别有自己的友元函数来计算并显示深圳或上海的股票总数（三项的和）。两个类还共用一个 count()，用来计算深圳和上海总共有多少股票并输出。

【4.29】编写一个程序，已有若干图书的数据，包括书名、作者、出版社、书号和定价。要求输出这些书的数据，并计算出书的数量和总价格（用静态数据成员表示）。

【4.30】编写一个程序，输入若干用户的用户名和密码，密码输入时不能显示输入结果，记录用户个数，最后将输入信息输出。（用静态数据成员表示用户的个数）

第 5 章 | 继承与派生

继承是面向对象程序设计的一个重要特性。可以说，如果没有掌握继承，就等于没有掌握类和对象的精华，就是没有掌握面向对象程序设计的真谛。继承可以在已有类的基础上创建新的类，新类可以从一个或多个已有类中继承成员函数和数据成员，而且可以重新定义或加进新的数据和函数，从而引成类的层次或等级。其中，已有类称为基类或父类，在它基础上建立的新类称为派生类或子类。

5.1 继承与派生的概念

5.1.1 使用继承的原因

继承性是一个非常自然的概念，现实世界中的许多事物是具有继承性的。人们一般用层次分类的方法来描述它们的关系。图 5-1 是一个简单的汽车分类图。

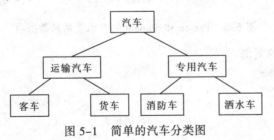

图 5-1 简单的汽车分类图

在这个分类图中建立了一个层次结构，最高层是最普遍、最一般的，每一层都比它的前一层更具体，低层含有高层的特性，同时也与高层有细微的不同，它们之间是基类和派生类的关系。例如，确定某一辆车是客车以后，没有必要指出它是进行运输的，因为客车本身就是从运输汽车类派生出来的，它继承了这一特性，同样也不必指出它会自行驱动，因为凡是汽车都会自行驱动。客车是从运输汽车类中派生而来，而运输汽车类又是从汽车类派生而来，因此客车也可以继承汽车类的一般特性。

所谓继承，就是从先辈处得到属性和行为特征。类的继承就是新的类从已有类那里得到已有的特性。从另一个角度来看这个问题，从已有类产生新类的过程就是类的派生。类的继承和派生机制使程序员无须修改已有类，只需在已有类的基础上，通过增加少量代码或修改少量代码的方法得到新的类，从而较好地解决了代码重用的问题。由已有类产生新类时，新类便包含了已有类的特征，同时也可以加入自己的新特性。已有类称为基类或父类，产生的新类称为派生类或子类。派生类同样也可以作为基类派生出新的类，这样就形成了类的层次结构。

关于基类和派生类的关系，可以表述为：派生类是基类的具体化，而基类则是派生类的抽象。大学生首先是社会的一员，其次才是学生。作为社会的一员，需要有身份证来证实身份，因此描述一个人可以用姓名和身份证号来描述，而大学生需要获得一定的学分才能毕业，也就是说描述大学生除了用姓名和身份证号，至少还需要学分等信息。大学生是人类的具体化，他们是在人类的共性基础上加上某些特点形成的子类。而人类则是学生共性的综合，是对各类具体学生特点的抽象。基类综合了派生类的公共特征，派生类则在基类的基础上增加某些特性，把抽象类变成具体、实用的类型。

具体一点说，描述一个人需要的数据项是姓名、身份证号，而描述一个大学生需要的数据项是姓名、身份证号和学分。如何使用面向对象的思想编程呢？

下面的程序中，基类是 Person，数据成员有 name（姓名）、id_number（身份证号）和 age（年龄），派生类是 Student，数据成员有 name（姓名）、id_number（身份证号）、age（年龄）和 credit（学分），注意，为了避免代码重复，不需要再派生类中再次声明 name（姓名）、id_number（身份证号）和 age（年龄），只需要继承。Person 和 Student 的继承关系和数据项如图 5-2 所示。

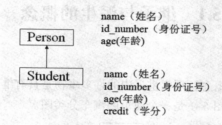

图 5-2　Person 和 Student 的继承关系和数据项

【例 5.1】使用继承的案例。

```cpp
#include <iostream>
#include <string>
using namespace std;
class Person{                    //声明基类 Person
  public:
    Person(string name1,string id_number1,int age1);
    ~Person();
    void show();                 //在基类中定义了成员函数 show()
  private:
    string name;                 //姓名
    string id_number;            //身份证号
    int age;                     //年龄
};
Person::Person(string name1,string id_number1,int age1)
{ name=name1;
  id_number=id_number1;
  age=age1;
```

```
}
Person::~Person()
{
}
void Person::show()
{  cout<<"\n 姓名: "<<name;
   cout<<"\n 身份证号: "<<id_number;
   cout<<"\n 年龄: "<<age;
}
class Student:public Person{      //声明公有派生类 Student
   public:
      Student(string name1,string id_number1,int age1,int  credit1);
      ~Student();
      void show();                //在派生类中，重新定义了成员函数 show()
   private:
      int  credit;                //学分
};
Student::Student(string name1,string id_number1,int age1,int  credit1)
      :Person(name1,id_number1,age1)
                                  //定义派生类构造函数时,缀上基类的构造函数
{  credit=credit1;
}
Student::~Student()
{  }
void Student::show()
{  Person::show();                //调用基类 Person 的成员函数 show()
   cout<<"\n 学分: "<<credit<<endl;
}
int main()
{  Student stu1("黎明","110105**********63",19,166);
   stu1.show();                   //调用的是派生类中的成员函数 show()
   return 0;
}
```

程序运行结果如下：

```
姓名：黎明
身份证号: 110105**********63
年龄:19
学分:166
```

5.1.2 派生类的声明

为了理解一个类如何继承另一个类，我们看一下 Student 类是如何继承 Person 类的。

```
class Person{                     //声明基类 Person
   public:
      Person(string name1,string id_number1,int age1);
      ~Person();
      void show();                //在基类中定义了成员函数 show()
   private:
      string name;                //姓名
      string id_number;           //身份证号
```

```
        int age;                    //年龄
};
class Student:public Person{       //声明公有派生类 Student
    public:
        Student(string name1,string id_number1,int age1,int  credit1);
        ~Student();
        void show();               //在派生类中，重新定义了成员函数 show()
    private:
        int  credit;               //学分
};
```

在 "class Student:" 之后，跟着关键字 public 与类名 Person，这就意味着类 Student 继承了类 Person。其中，类 Person 是基类，类 Student 是派生类。关键字 public 指出基类 Person 中的成员在派生类 Student 中的继承方式。基类名前面有 public 的继承称为公有继承。

声明一个派生类的一般格式为：

```
class 派生类名:[继承方式] 基类名{
    派生类新增的数据成员和成员函数
};
```

这里，"基类名" 是一个已经声明的类的名称，"派生类名" 是继承原有类的特性而生成的新类的名称。"继承方式" 规定了如何访问从基类继承的成员，它可以是关键字 private、protected 或 public，分别表示私有继承、保护继承和公有继承。如果不显式地给出继承方式关键字，系统默认为私有继承（private）。类的继承方式指定了派生类成员以及类外对象对于从基类继承来的成员的访问权限。

派生类除了可以从基类继承成员外，还可以增加自己的数据成员和成员函数。这些新增的成员正是派生类不同于基类的关键所在，是派生类对基类的发展。

从已有类派生出新类时，可以在派生类内完成以下几种功能：

（1）可以增加新的数据成员。

（2）可以增加新的成员函数。

（3）可以对基类的成员进行重定义。

（4）可以改变基类成员在派生类中的访问属性。

这些内容将在下面章节中详细介绍。

5.1.3　基类成员在派生类中的访问属性

派生类可以继承基类中除了构造函数与析构函数之外的成员，但是这些成员的访问属性在派生过程中是可以调整的。从基类继承来的成员在派生类中的访问属性是由继承方式控制的。

类的继承方式有 public（公有继承）、protected（保护继承）和 private（私有继承）3 种，不同的继承方式导致不同访问属性的基类成员在派生类中的访问属性也有所不同。

在派生类中，从基类继承来的成员可以按访问属性划分为 4 种：不可直接访问、公有（public）、保护（protected）和私有（private）。表 5-1 列出了基类成员在派生类中的访问属性。

从表 5-1 中不难归纳出以下几点：

（1）基类中的私有成员。无论哪种继承方式，基类中的私有成员都不允许派生类继承，即在派生类中是不可直接访问的。

（2）基类中的公有成员。

公有继承时，基类中的所有公有成员在派生类中仍是以公有成员的身份出现的。

私有继承时，基类中的所有公有成员在派生类中都是以私有成员的身份出现的。

保护继承时，基类中的所有公有成员在派生类中都是以保护成员的身份出现的。

表 5-1　基类成员在派生类中的访问属性

基类中的成员	继承方式	基类成员在派生类中的访问属性
私有成员（private）	公有继承（public）	不可直接访问
私有成员（private）	私有继承（private）	不可直接访问
私有成员（private）	保护继承（protected）	不可直接访问
公有成员（public）	公有继承（public）	公有（public）
公有成员（public）	私有继承（private）	私有（private）
公有成员（public）	保护继承（protected）	保护（protected）
保护成员（protected）	公有继承（public）	保护（protected）
保护成员（protected）	私有继承（private）	私有（private）
保护成员（protected）	保护继承（protected）	保护（protected）

（3）基类中的保护成员。

公有继承时，基类中的所有保护成员在派生类中仍是以保护成员的身份出现的。

私有继承时，基类中的所有保护成员在派生类中都是以私有成员的身份出现的。

保护继承时，基类中的所有保护成员在派生类中仍是以保护成员的身份出现的。

5.1.4　派生类对基类成员的访问规则

基类的成员可以有 public（公有）、protected（保护）和 private（私有）3 种访问属性，基类的成员函数可以访问基类中其他成员，但是在类外通过基类的对象，就只能访问该基类的公有成员。同样，派生类的成员也可以有 public（公有）、protected（保护）和 private（私有）3 种访问属性，派生类的成员函数可以访问派生类中自己增加的成员，但是在派生类外通过派生类的对象，就只能访问该派生类的公有成员。

通过 5.1.3 节分析，我们知道类的继承方式有 public（公有继承）、protected（保护继承）和 private（私有继承）3 种，不同的继承方式导致原来具有不同访问属性的基类成员在派生类中的访问属性有所不同。本节将介绍派生类对基类成员的访问规则。派生类对基类成员的访问形式主要有以下两种：

（1）内部访问。由派生类中新增的成员函数对基类继承来的成员的访问。

（2）对象访问。在派生类外部，通过派生类的对象对从基类继承来的成员的访问。

下面具体讨论在 3 种继承方式下，派生类对基类成员的访问规则。

1. 私有继承的访问规则

通过表 5-1 可以看出，当类的继承方式为私有继承时，基类的公有成员和保护成员被继承后作为派生类的私有成员，派生类的成员函数可以直接访问它们，但是在类外部通过派生类的对象无法访问。基类的私有成员不允许派生类继承，因此在私有派生类中是不可直接访问的，所以无论是派生类成员函数还是通过派生类的对象，都无法直接访问从基类继承来的私有成员。表 5-2

总结了私有继承的访问规则。

表 5-2　私有继承的访问规则

基类中的成员		私 有 成 员	公 有 成 员	保 护 成 员
访问方式	内部访问	不可访问	可访问	可访问
	对象访问	不可访问	不可访问	不可访问

下面是一个私有继承的例子。

【例 5.2】一个私有继承的例子。

首先写一个正确的程序：

```cpp
#include <iostream>
#include <string>
using namespace std;
class Person{                    //声明基类 Person
  public:
    Person(int age1)
    {   age=age1;}
    void setage(int age1)
    {   age=age1; }
    void show();                 //在基类中定义了成员函数 show()
  private:
    int age;                     //年龄
};
void Person::show()
{
    cout<<"年龄: "<<age<<endl;
}
class Student:private Person{    //声明私有派生类 Student
  public:
    Student(int age1,int  credit1);
    void setage_cre(int a1,int c1)
    { setage(a1);
        //基类的 setage() 函数在派生类中为私有成员，派生类成员函数可以访问
      credit=c1;
        //正确，成员函数 setage_cre() 可以访问本类的私有成员 credit
    }
    void show();                 //在派生类中，重新定义了成员函数 show()
  private:
    int  credit;                 //学分
};
Student::Student(int age1,int  credit1):Person(age1)
                                 //定义派生类构造函数时,缀上基类的构造函数
{ credit=credit1;
}
void Student::show()
{
    Person::show();              //调用基类的 show() 函数显示年龄
    cout<<"学分: "<<credit<<endl;
}
```

```
int main()
{   Student stu1(19,166);
    stu1.setage_cre(20,168);
    //正确, setage_cre 在类 Student 为公有成员, 派生类对象能访问
    stu1.show();        //调用的是派生类中的成员函数公有成员 show()派生类对象能访问
    return 0;
}
```

程序运行结果如下:

年龄: 20
学分: 168

setage_cre 在类 Student 中为公有成员, 派生类对象能访问; 而 "stu1.show()" 调用的是派生类中的公有成员函数 show(), 派生类对象也能访问。

下面的程序有错误:

```
#include <iostream>
#include <string>
using namespace std;
class Person{                  //声明基类 Person
   public:
      Person(int age1)
      {   age=age1; }
      void setage(int age1)
      {   age=age1; }
       void show();              //在基类中定义了成员函数 show()
    private:
      int age;                   //年龄
};
void Person::show()
{
   cout<<"年龄: "<<age<<endl;
}
class Student:private Person{    //声明私有派生类 Student
   public:
     Student(int age1,int  credit1);
     void setage_cre(int a1,int c1)
     {   setage(a1);
                  //基类的 setage()函数在派生类中为私有成员, 派生类成员函数可以访问
       credit=c1;       //正确, 成员函数 setage_cre()可以访问本类的私有成员 credit
     }
     void show();                  //在基类中定义了成员函数 show()
   private:
     int  credit;                  //学分
};
Student::Student(int age1,int  credit1):Person(age1)
                  //定义派生类构造函数时,缀上基类的构造函数
{  credit=credit1;
}
void Student::show()
{
   cout<<"年龄: "<<age<<endl;
```

```
                  //错误，派生类成员函数不能直接访问基类的私有成员 age
                  // error C2248: "Person::age": 无法访问 private 成员（在 "Person" 类中声明）
       cout<<"学分: "<<credit<<endl;
    }
    int main()
    {  Student stu1(19,166);

       stu1.setage(20);   //私有派生的对象不能访问基类的公有成员
                  //error C2247: "Person::setage" 不可访问，因为 "Student" 使用 "private"
                  //从 "Person" 继承
       return 0;
    }
```

本例中首先定义了一个类 Person，它有一个私有数据成员 age 和两个公有成员函数 setage()和 show()。将类 Person 作为基类，派生出一个类 Student。派生类 Student 除继承了基类的成员外，还有只属于自己的成员：私有数据成员 credit、公有函数成员 setage_cre ()和 show ()。继承方式关键字是 private，所以这是一个私有继承。

由于是私有继承，所以基类 Person 的公有成员函数 setage ()和 show ()被派生类 Student 私有继承后，成为派生类 Student 的私有成员，只能被 Student 的成员函数访问，不能被派生类的对象访问。所以在 main()函数中，**stu1.setage(20)**是非法的，该函数在派生类 Student 中已成为私有成员。

需要注意的是：无论函数 setage()和 show()如何被一些派生类继承，它们仍然是 Person 的公有成员。因此，在 main()函数中以下的调用是合法的：

```
    stu1.setage_cre(20,168);
    stu1.show();
```

虽然派生类 Student 私有继承了基类 Person，但它的成员函数并不能直接访问 Person 的私有数据 age，只能访问两个公有成员函数。所以在类 Student 的成员函数 show()中访问 Person 的公有成员函数 show ()是合法的，但在成员函数 show ()中直接访问 Person 的私有成员 age 是非法的。

下面的程序说明基类中的保护成员以私有方式被继承后的访问属性。

【例 5.3】基类中的保护成员以私有方式被继承后的访问属性。

```
    #include <iostream>
    #include <string>
    using namespace std;
    class Person{                        //声明基类 Person
      public:
        Person(int age1)
        {   age=age1;}
        void setage(int age1)
        {   age=age1; }
        void show();                     //在基类中定义了成员函数 show()
      protected:
        int age;                         //年龄
    };
    void Person::show()
    {
      cout<<"年龄: "<<age<<endl;
    }
    class Student:private Person{        //声明私有派生类 Student
```

```
    public:
        Student(int age1,int  credit1);
        void setage_cre(int a1,int c1)
        { setage(a1);
            //基类的setage()函数在派生类中为私有成员，派生类成员函数可以访问
            credit=c1;
            //正确，成员函数setage_cre()可以访问本类的私有成员credit
        }
        void show();                      //在派生类中，重新定义了成员函数show()
    protected:
        int  credit;                      //学分
};
Student::Student(int age1,int  credit1):Person(age1)
                        //定义派生类构造函数时，缀上基类的构造函数
{ credit=credit1;
}
void Student::show()
{
    cout<<"年龄: "<<age<<endl;
    cout<<"学分: "<<credit<<endl;
}
class PostGraduate:private Student {//声明私有派生类PostGraduate
    public:
        PostGraduate(int age1,int  credit1,float
subsidy1):Student(age1,credit1)
                        //定义派生类构造函数时，缀上基类的构造函数
        { subsidy=subsidy1;
        }
        void setall(int age1,int  credit1,float subsidy1)
        { setage_cre(age1,credit1);
            subsidy=subsidy1;
        }
        void show()
        { Student::show();
            //cout<<"年龄: "<<age<<endl;
            //cout<<"学分: "<<credit<<endl;
            cout<<"补助: "<<subsidy<<endl;
        }

    private:
        float subsidy;                    //补助
};
int main()
{ PostGraduate PG1(24,29,3000.00);
    PG1.show();
    PG1.setall(24,29,3500.00);
    PG1.show();
    return 0;
}
```

上面的例子中，age是基类Person中的保护成员，在派生类Student中以私有方式被继承而成

为私有成员，所以不能被 Student 的派生类 PostGraduate 中的成员函数 show()直接访问，只能通过
"Student::show();" 的方式来访问。

2．公有继承的访问规则

当类的继承方式为公有继承时，基类的公有成员和保护成员被继承到派生类中仍作为派生类
的公有成员和保护成员，派生类的其他成员可以直接访问它们。但是，在类的外部只能通过派生
类的对象访问继承来的公有成员，而不能访问继承来的保护成员。基类的私有成员在私有派生类
中是不可直接访问的，所以无论是派生类成员函数，还是通过派生类的对象，都无法直接访问从
基类继承来的私有成员，但是可以通过基类提供的公有成员函数间接访问它们。表 5-3 总结了公
有继承的访问规则。

表 5-3　公有继承的访问规则

基 类 成 员	私 有 成 员	公 有 成 员	保 护 成 员
内部访问	不可访问	可访问	可访问
对象访问	不可访问	可访问	不可访问

表中总结的很清楚，请读者参照例 5.2 编写案例并上机调试。

3．保护继承的访问规则

当类的继承方式为保护继承时，基类的公有成员和保护成员被继承到派生类中都作为派生类
的保护成员，派生类的其他成员可以直接访问它们，但是在类的外部，不能通过派生类的对象来
访问它们。基类的私有成员在私有派生类中是不可被直接访问的，所以无论是派生类成员还是通
过派生类的对象，都无法直接访问基类的私有成员。表 5-4 总结了保护继承的访问规则。

表 5-4　保护继承的访问规则

基 类 成 员	私 有 成 员	公 有 成 员	保 护 成 员
内部访问	不可访问	可访问	可访问
对象访问	不可访问	不可访问	不可访问

5.2　派生类的构造函数和析构函数

构造函数的主要作用是对数据进行初始化。在派生类中，如果对派生类新增的成员进行初始
化，就需要加入派生类的构造函数。与此同时，对所有从基类继承下来的成员的初始化工作，还
是由基类的构造函数完成，但是基类的构造函数和析构函数不能被继承，因此必须在派生类的构
造函数中对基类的构造函数所需要的参数进行设置。同样，对撤销派生类对象时的扫尾、清理工
作也需要加入新的析构函数来完成。这些都是本节所要讨论的问题。

5.2.1　派生类构造函数和析构函数的调用顺序

通常情况下，当创建派生类对象时，首先调用基类的构造函数，随后再调用派生类的构造函
数；当撤销派生类对象时，则先调用派生类的析构函数，随后再调用基类的析构函数。

下列程序的运行结果，反映了基类和派生类的构造函数及析构函数的调用顺序。

【例 5.4】 基类和派生类的构造函数及析构函数的调用顺序。

```cpp
#include <iostream>
using namespace std;
class B{                              //声明基类 B
   public:
      B()                             //基类的构造函数
      {   cout<<"B类对象构造中"<<endl; }
         ~B()                          //基类的析构函数
      {   cout<<"析构 B 类对象"<<endl;  }
};
class D:public B{                     //基类 B 的公有派生类 D
   public:
      D()                             //派生类的构造函数
      {   cout<<"D 类对象构造中"<<endl;}
         ~D()                          //派生类的析构函数
      {   cout<<"析构 D 类对象"<< endl;  }
};
int main()
{   D op;
    return 0;
}
```

程序运行结果如下：

```
B 类对象构造中
D 类对象构造中
析构 D 类对象
析构 B 类对象
```

从程序运行结果可以看出：构造函数的调用严格地按照先调用基类的构造函数，后调用派生类的构造函数的顺序执行。析构函数的调用顺序与构造函数的调用顺序正好相反，先调用派生类的析构函数，后调用基类的析构函数。

5.2.2　派生类构造函数和析构函数的构造规则

1. 简单的派生类的构造函数和析构函数

简单的派生类只有一个基类，而且只有一级派生（只有直接派生类，没有间接派生类），在派生类的数据成员中不包含基类的对象（即子对象）。下面先介绍在简单的派生类中怎样定义构造函数。

当基类的构造函数没有参数，或没有显式定义构造函数时，派生类可以不向基类传递参数，甚至可以不定义构造函数。例 5.4 的程序就是由于基类的构造函数没有参数，所以派生类没有向基类传递参数。

派生类不能继承基类中的构造函数和析构函数。当基类含有带参数的构造函数时，派生类必须定义构造函数，以提供把参数传递给基类构造函数的途径。

在 C++中，派生类构造函数的一般格式为：

派生类名 (参数总表):基类名 (参数表)

{

　　派生类新增数据成员的初始化语句

```
}
```
　　其中，基类构造函数的参数通常来源于派生类构造函数的参数总表，也可以用常数值。

　　在派生类中可以根据需要定义自己的析构函数,用来对派生类中所增加的成员进行清理工作。基类的清理工作仍然由基类的析构函数负责。由于析构函数是不带参数的，在派生类中是否要自定义析构函数与它所属基类的析构函数无关。在执行派生类的析构函数时，系统会自动调用基类的析构函数，对基类的对象进行清理。

　　下面的程序说明如何传递一个参数给派生类的构造函数和传递一个参数给基类的构造函数，以及派生类析构函数的定义方法。

【例 5.5】当基类含有带参数的构造函数时，派生类构造函数和析构函数的构造方法。

```cpp
#include <iostream>
using namespace std;
class B{                          //声明基类 B
  public:
    B(int n)                      //基类的构造函数
    { cout<<"B 类对象构造中"<<endl;
      i=n;
    }
    ~B()                          //基类的析构函数
    { cout<<"析构 B 类对象"<<endl; }
    void dispi()
    { cout<<i<<endl; }
  private:
    int i;
};
class D:public B{                 //声明基类 B 的公有派生类 D
  public:
    D(int n,int m):B(m)           //定义派生类构造函数时,
    {                             //缀上要调用的基类构造函数及其参数
      cout<<" D 类对象构造中"<<endl;
      j=n;
    }
    ~D()                          //派生类的析构函数
    { cout<<"析构 D 类对象"<<endl; }
    void dispj()
    { cout<<j<<endl; }
  private:
    int j;
};
int main()
{ D obj(50,60);
  obj.dispi();
  obj.dispj();
  return 0;
}
```

程序运行结果如下：

B 类对象构造中
D 类对象构造中

```
60
50
```
析构 D 类对象
析构 B 类对象

2. 含有子对象的派生类的构造函数

前面介绍过的派生类,其数据成员都是标准类型(如 int、char)或系统提供的类型(如 string)。实际上,派生类的数据成员中还可以是基类的对象,称为子对象,即对象中的对象。

当派生类中含有子对象时,其构造函数的一般形式为:

派生类名(参数总表):基类名(参数表 0),子对象名 1(参数表 1),…,子对象名 n(参数表 n)
{
　　派生类新增成员的初始化语句
}

在定义派生类对象时,构造函数的调用顺序如下:

调用基类的构造函数,对基类数据成员初始化。

调用子对象的构造函数,对子对象的数据成员初始化。

调用派生类的构造函数体,对派生类数据成员初始化。

撤销对象时,析构函数的调用顺序与构造函数的调用顺序正好相反。首先调用派生类的析构函数,然后调用子对象的析构函数,最后调用基类的析构函数。

下面这个程序说明派生类中内嵌子对象时派生类构造函数和析构函数的调用顺序。

【例 5.6】内嵌子对象时派生类构造函数和析构函数的调用顺序。

```cpp
#include <iostream>
using namespace std;
class Base{                             //声明基类 Base
  public:
    Base(int i)                         //基类的构造函数
    { x=i;
      cout<<"Constructing base class"<< endl;  }
    ~Base()                             //基类的析构函数
    { cout<<"Destructing base class"<< endl; }
    void show()
    { cout<<" x=" <<x<<endl; }
  private:
    int x;
};
class Derived:public Base{              //声明公有派生类 Derived
  public:
    Derived(int i):Base(i),d(i)         //派生类的构造函数,
    {                                   //级上要调用的基类构造函数和子对象构造函数
      cout<<"Constructing derived class"<< endl;  }
    ~Derived()                          //派生类的析构函数
    { cout<<"Destructing derived class"<< endl; }
  private:
    Base d;                             //定义子对象 d
};
int main()
{ Derived obj(123);
```

```
        obj.show();
        return 0;
}
```

程序运行结果如下：

```
Constructing base class
Constructing base class
Constructing derived class
x=123
Destructing derived class
Destructing base class
Destructing base class
```

上面程序中有两个类，基类 Base 和派生类 Derived。基类中含有一个需要传递参数的构造函数，用它初始化私有成员 x，并显示出一句信息。派生类 Derived 中含有子对象 d。从程序执行的结果分析，构造函数和析构函数的调用顺序与规定的顺序是完全一致的。

说明：

（1）当基类构造函数不带参数时，派生类不一定需要定义构造函数；然而当基类的构造函数哪怕只带有一个参数，它所有的派生类都必须定义构造函数，甚至所定义的派生类构造函数的函数体可能为空，它仅仅起参数的传递作用。例如，在下面的程序段中，派生类 Derived 就不使用参数 n，n 只是被传递给了要调用的基类构造函数 Base。

```
class Base{
    int i;
  public:
    Base(int n)
    { cout<<"Constructing Base class"<< endl;
      i=n;
    }
    void showi()
    { cout<<i<<<< endl; }
};
class Derived:public Base{
    int j;
  public:
    Derived(int n):Base(n)
    { cout<<"constructing Derived class"<< endl;
      j=0;
    }
    void showj()
    { cout<<j<<"\n"; }
};
```

（2）若基类使用默认构造函数或不带参数的构造函数，则在派生类中定义构造函数时可略去":基类构造函数名(参数表)"，此时若派生类也不需要构造函数，则可不定义构造函数。

（3）如果派生类的基类也是一个派生类，每个派生类只需负责其直接基类数据成员的初始化，依次上溯。

下面再通过一个例子，说明派生类构造函数和析构函数的构造规则。

【例 5.7】派生类构造函数和析构函数的构造规则。

```cpp
#include <iostream>
#include <string>
using namespace std;
class Person{                          //声明基类 Person
    public:
        Person();
        Person(string name1,string id_number1,int age1);
        ~Person();
        void show();                   //在基类中定义了成员函数 show()
    private:
        string name;                   //姓名
        string id_number;              //身份证号
        int age;                       //年龄
};
Person::Person()                       //无参构造函数
{   name="linxiaocha";
    id_number="19961030";
    age=18;
}
Person::Person(string name1,string id_number1,int age1)
{   name=name1;
    id_number=id_number1;
    age=age1;
}
Person::~Person()
{
}
void Person::show()
{   cout<<endl;
    cout<<"姓名: "<<name<<endl;
    cout<<"身份证号: "<<id_number<<endl;
    cout<<"年龄: "<<age<<endl;
}
class Student:public Person{           //声明公有派生类 Studen
    public:
        Student();
        Student (string name1,string id_number1,int age1);
        Student(string name1,string id_number1,int age1,string st_number1,int
            credit1);
        ~Student();
        void show();                   //在派生类中，重新定义了成员函数 show()
    private:
        string st_number;              //学号
        int  credit;                   //学分
};
Student::Student():Person("chenweixing","110105**********11",19)
{   st_number ="2014000001"; credit =0;  }
Student::Student ( string name1,string id_number1,int age1):
Person(name1, id_number1,age1+1)
{   st_number ="2014000002"; credit =10;   }
```

```
Student::Student(string name1,string id_number1,int age1,string st_number1,
int  credit1):Person(name1,id_number1,age1)
                        //定义派生类构造函数时,缀上基类的构造函数
{  st_number=st_number1;credit=credit1;
}
Student::~Student()
{  }
void Student::show()
{  Person::show();                            //调用基类 Person 的成员函数 show()
   cout<<"学号: "<<st_number<<endl;
   cout<<"学分: "<<credit<<endl;
}
class  Grastudent:public Student{       //声明类 Student 的公有派生类 Grastudent
   public:
       Grastudent(string name1,string id_number1,int age1,string st_number1,
          int  credit1, string  supervisor1):Student (name1,id_number1,
          age1,st_number1,credit1)

       {  supervisor=supervisor1; }
       ~Grastudent(){ }
       void show()
       {  Student::show();
          cout<<"指导教师:"<<supervisor<<endl;
       }
   private:
       string supervisor;
};
int main()
{
   Student stu1;
   stu1.show();
   Student stu2("linxiaocha","110105**********88",17);
   stu2.show();
   Student stu3("黎明","110105**********63",19, "2014000003",166);
   stu3.show();
   Grastudent stu4("王凯","110105**********66",20, "2014000008",160,"林旭");
   stu4.show();
   return 0;
}
```

程序运行结果如下：

姓名: chenweixing
身份证号: 110105**********11
年龄: 19
学号: 2014000001
学分: 0

姓名：linxiaocha
身份证号：110105**********88
年龄：18
学号：2014000002
学分：10

姓名：黎明
身份证号：110105**********63
年龄：19
学号：2014000003
学分：166

姓名：王凯
身份证号：110105**********66
年龄：20
学号：2014000008
学分：160
指导教师：林旭

从例 5.7 的程序中可以看出：

（1）派生类的构造函数可以不显式地写出基类的构造函数。此时，系统自动调用基类的无参构造函数（若类没有无参构造函数，则调用默认的构造函数）。也可以显式地指出具体调用基类的哪一个构造函数。

（2）要调用的基类构造函数的参数可在派生类的构造函数中明确地给出，也可以不给出，还可以对派生类构造函数的参数进行一些变换，再传递给要调用的基类的构造函数。

*5.3　调整基类成员在派生类中的访问属性的其他方法

5.3.1　同名成员

C++允许在派生类中声明的成员与基类中的成员名字相同，也就是说，派生类可以重新声明与基类成员同名的成员。在没有虚函数的情况下（虚函数在第 6 章介绍），如果在派生类中定义了与基类成员同名的成员，则称派生类成员覆盖了基类的同名成员，在派生类中使用这个名字意味着访问在派生类中重新声明的成员。为了在派生类中使用与基类同名的成员，必须在该成员名之前加上基类名和作用域标识符"::"，即必须使用下列格式才能访问到基类的同名成员：

基类名::成员名

下面的程序片段说明了这个要点：

```cpp
class X{
  public:
    int  f();
};
class Y:public X{
  public:
```

```
    int f();
    int g();
};
void Y::g()
{
  f();                              //表示访问派生类中的 f()，即被调用的函数是 Y::f()
  X::f()                            //表示要访问基类中的 f()
}
```

对于派生类的对象的访问，也有相同的结论。例如：

```
Y obj;
obj.f();                           //被访问的函数是 Y::f()
```

如果要访问基类中声明的名字，则应使用作用域标识符限定，例如：

```
obj.X::f();                        //被调用的函数是 X::f()
```

在私有继承情况下，为了保证基类的一部分成员函数在派生类中也存在，必须在派生类中重新定义同名的成员。

在例 5.7 的基类 Person 中定义了成员函数 show()，在派生类 Student 中，重新定义了成员函数 show()。在主程序中派生类对象 stu1 调用的是派生类中的成员函数 show()，为了调用基类的成员函数 show()，可以在派生类的成员函数 show()中调用基类的成员函数 show()，但必须在该成员名之前加上基类名和作用域标识符"::"，即"Person::"。在面向对象程序设计中，若要在派生类中对基类继承过来的某些函数功能进行扩充和改造，都可以通过这样的覆盖来实现。这种覆盖的方法是对基类成员改造的关键手段，是程序设计中经常使用的方法。

5.3.2 访问声明

前面已经介绍过，对于公有继承，基类的公有成员函数也是派生类的公有成员函数，这意味着外界可以用派生类的对象调用基类的公有成员函数。但是对于私有继承，基类的公有成员函数变成了派生类的私有成员函数了。这时，外界就无法利用派生类的对象直接调用基类的成员函数，而只能通过调用派生类的成员函数（内含调用基类成员函数的语句）间接地调用基类的成员函数。请看下面的例子。

【例 5.8】访问声明的引例。

```
#include <iostream>
using namespace std;
class A{                    //声明基类 A
  public:
    A(int x1)
    { x=x1;}
    void show()
    { cout<<"x="<<x; }
  private:
    int x;
};
class B:private A{          //声明私有派生类 B
  public:
    B(int x1,int y1):A(x1)
    { y=y1; }
```

```
        void show2()              //通过派生类 B 的成员函数 show2() 调用基类 A 的 show()
        {  show(); }
    private:
        int y;
};
int main()
{  B b(10,20);
    b.show2();
    return 0;
}
```

程序运行结果如下：

x=10

如果将派生类中的语句

```
void show2(){  show();}
```

改写为语句

```
void show(){A::show();}
```

同时，将主函数 main() 中的语句

```
b.show2();
```

改写为语句

```
b.show();
```

程序运行结果不变。

上述方法虽然执行起来比较简单，但在实际应用中却可能带来不便。有时程序员可能希望基类 A 的个别成员还能被派生类的对象直接访问，而不是通过派生类的公有成员函数间接访问。为此，C++ 提供了称为访问声明的特殊机制，可个别调整基类的某些成员在派生类中的访问属性，使之在派生类中保持原来的访问属性。

访问声明的方法就是把基类的保护成员或公有成员直接写在私有派生类定义式中的同名段中，同时给成员名前冠以基类名和作用域标识符 "::"。利用这种方法，该成员就成为派生类的保护成员或公有成员了。例如，把上面的基类中的 show() 函数以 A::show 的形式直接写到私有派生类 B 中：

```
class B:private A{
    public:
        B(int x1,int y1):A(x1)
        {  y=y1;}
        A::show;                      //访问声明
    private:
        int y;
};
```

这样，show() 函数就成为派生类 B 的公有成员函数，外界就可以直接调用它了。下面就是将例 5.8 改造后的程序。

【例 5.9】访问声明的使用。

```
#include <iostream>
using namespace std;
class A{                          //声明基类 A
    public:
        A(int x1)
```

```
        { x=x1; }
        void show()
        { cout<<"x="<<x; }
    private:
        int x;
};
class B:private A{              //声明私有派生类 B
    public:
        B(int x1,int y1):A(x1)
        { y=y1; }
        A::show;                //访问声明，把基类 A 的公有成员函数 show()
                                //调整为私有派生类 B 的公有成员函数
    private:
        int y;
};
int main()
{ B b(10,20);
    b.show();                  //调用基类 A 的成员函数 show()
    return 0;
}
```

程序运行结果如下：

x=10

访问声明机制可以个别调整私有派生类从基类继承下来的成员性质，从而使外界可以通过派生类的界面直接访问基类的某些成员，同时也不影响其他基类成员的访问属性。

访问声明在使用时应注意以下几点：

（1）数据成员也可以使用访问声明。例如：

```
class A{
    public:
        int x2;
        …
    private:
        …
};
class B:private A{
    public:
        …
        A::x2;                 //把基类中的 x2 调整为派生类的公有成员
        …
    private:
        …
};
```

（2）访问声明中只含不带类型和参数的函数名或变量名。如果把上面的访问声明写成：

```
    void A::show;
```

或

```
    A::show();
```

或

```
    void A::show();
```

都是错误的。

（3）访问声明不能改变成员在基类中的访问属性，也就是说，访问声明只能把原基类的保护成员调整为私有派生类的保护成员，把原基类的公有成员调整为私有派生类的公有成员。但对基类的私有成员不能使用访问声明。例如：

```
class A{
    public:
        int x1;
    protected:
        int x2;
    private:
        int x3;
};
class B:private A{
    public:
        A::x1;              //正确
        A::x2;              //错误
        A::x3;              //错误
    protected:
        A::x1;              //错误
        A::x2;              //正确
        A::x3;              //错误
    private:
        A::x3               //错误
};
```

（4）对于基类中的重载函数名，访问声明将对基类中所有同名函数起作用。这意味着对于重载函数使用访问声明时要慎重。

5.4　多继承与虚基类

前面介绍的是单继承，即一个类是从一个基类派生而来。实际上，常常有这样的情况：一个派生类有两个或多个基类，派生类从两个或多个基类中继承所需的属性。例如，计算机屏幕上用户界面所提供的窗口、滚动条、文本框以及多种类型的按钮，所有这些组件都是通过类来支持的。若把这些类中的两个类或多个类合并，则可产生一个新类。例如，把窗口类和滚动条类合并起来产生一个可滚动的窗口类，这个可滚动的窗口类就是从多个基类继承而来的。当一个派生类具有多个基类时，这种派生方法称为多基派生或多继承。

5.4.1　声明多继承派生类的方法

在 C++中，声明具有多个基类的派生类与声明单基派生类的形式相似，只需将要继承的多个基类使用逗号分隔即可。例如，已经声明了类 X 和类 Y，可以声明多重继承的派生类 Z。

```
class Z:public X,private Y{          //类 Z 公有继承了类 X，私有继承了类 Y
    派生类 Z 中新增的数据成员和成员函数
};
```

声明多继承派生类的一般形式如下：

```
class 派生类名:继承方式 1 基类名 1,…,继承方式 i 基类名 i,…,继承方式 n  基类名 n
    {
```

　　派生类新增的数据成员和成员函数
```
};
```
冒号后面的部分称基类表，各基类之间用逗号分隔，其中"继承方式 i"（i=1,2,…,n）规定了派生类从基类中按什么方式继承：private、protected 或 public。默认的继承方式是 private。例如：

```
class Z:X,public Y{                        //类 Z 私有继承了类 X，公有继承了类 Y
    …
};
class Z:public X,public Y{                 //类 Z 公有继承了类 X 和类 Y
    …
};
```

在多继承中，公有继承和私有继承对于基类成员在派生类中的访问属性与单继承的规则相同。下面程序中类 C 继承了类 A 和类 B，请注意各成员的访问特性有什么变化。

【例 5.10】多继承情况下类成员的访问特性。

```
#include <iostream>
using namespace std;
class A{                                   //声明基类 A
  public:
    void setA(int x)
    { a=x; }
    void printA()
    { cout<<"a="<<a<<endl; }
  private:
    int a;
};
class B{                                   //声明基类 B
  public:
    void setB(int x)
    { b=x; }
    void printB()
    { cout<<"b="<<b<<endl; }
  private:
    int b;
};
class C:public A,private B{                //声明派生类 C，公有继承了类 A，私有继承了类 B
  public:
    void setC(int x,int y)
    { c=x;
      setB(y);
    }
    void printC()
    { printB();
      cout<<"c="<<c<<endl;
    }
  private:
    int c;
};
int main()
{ C obj;
  obj.setA(11);                            //正确，成员函数 setA()在类 C 中仍是公有成员
```

```
    obj.printA();          //正确，成员函数 printA()在类 C 中仍是公有成员
    obj.setB(33);          //错误，成员函数 setB()在类 C 中已成为私有成员
    obj.printB();          //错误，成员函数 printB()在类 C 中已成为私有成员
    obj.setC(55,88);       //正确，成员函数 setC()在类 C 中是公有成员
    obj.printC();          //正确，成员函数 printC()在类 C 中是公有成员
    return 0;
}
```

在上面的程序中可知，类 A 和类 B 是两个基类，类 C 是从类 A 和类 B 派生出来的。从派生方式可以看到，类 C 从类 A 公有派生和从类 B 私有派生出来。根据派生的有关规则，类 A 的公有成员在类 C 中仍是公有成员，类 B 的公有成员在类 C 中成为私有成员。所以，在主函数中对类 A 的公有成员函数 setA()的访问是正确的，因为在类 C 中它仍是公有成员；对类 B 的成员函数 setB()的访问是错误的，因为类 B 的成员函数 setB()在类 C 中已成为私有成员，不能直接访问。

删去标有错误的两条语句，程序运行结果如下：

a=11
b=88
c=55

第 1 行输出结果是"obj.printA();"产生的。第 2 行和第 3 行输出结果是"obj.printC();"产生的，其中第 2 行的输出结果是函数 printC()调用函数 printB()产生的。

说明：对基类成员的访问必须是无二义性的。例如，下列程序段对基类成员的访问是二义性的，必须想办法消除二义性。

```
class X{
  public:
      int f();
};
class Y{
  public:
      int f();
      int g();
};
class Z:public X,public Y{
  public:
      int g();
      int h();
};
```

如定义类 Z 的对象 obj：

```
Z obj;
```

则以下对函数 f()的访问是二义性的：

```
obj.f();
```

上述二义性错误不知调用的是类 X 的 f()，还是类 Y 的 f()。使用成员名限定可以消除二义性，例如：

```
obj.X::f();        //调用类 X 的 f()
obj.Y::f();        //调用类 Y 的 f()
```

5.4.2　多继承派生类的构造函数与析构函数

多重继承派生类的构造函数的定义形式与单继承时的构造函数定义形式相似，只是在初始表

中包含多个基类构造函数。这多个基类的构造函数之间用","分隔。多重继承构造函数定义的一般形式如下：

派生类名(参数总表):基类名1(参数表1),…,基类i(参数表i),…,基类名n(参数表n)
{
　　派生类新增成员的初始化语句
}

与单继承派生类构造函数相同，多重继承派生类构造函数必须同时负责该派生类所有基类构造函数的调用。

多继承构造函数的调用顺序与单继承构造函数的调用顺序相同，也是遵循先调用基类的构造函数，再调用对象成员的构造函数，最后调用派生类构造函数的原则。处于同一层次的各个基类构造函数的调用顺序，取决于声明派生类时所指定的各个基类的顺序，与派生类构造函数中所定义的成员初始化列表的各项顺序没有关系。析构函数的调用顺序则刚好与构造函数的调用顺序相反。

例如，现有一个窗口类 Window 和一个滚动条类 Scrollbar，它们可以共同派生出一个带有滚动条的窗口，声明如下：

```
class Window{              //声明窗口类 Window
  public:
      Window(int top,int left,int bottom,int right);
      ~Window();
      …
};
 class Scrollbar{                        //声明滚动条类 Scrollbar
    public:
        Scrollbar(int top,int left,int bottom,int right);
        ~Scrollbar();
        …
};
class Scrollbarwind:Window,Scrollbar{         //声明带有滚动条的窗口类(派生类)
    public:
        Scrollbarwind(int top,int left,int bottom,int right);
        ~Scrollbarwing();
        …
};
Scrollbarwind::Scrollbarwind(int top,int left,int bottom,int right)
    :Window(top,left,bottom,right),Scrcollbar(top,right-20,bottom,right){
    …
}
```

在这个例子中，定义派生类 Scrollbarwind 的构造函数时，缀上了对基类 Window 和 Scrollbar 的构造函数的调用。

下面再看例5.11，其中类 Base1 和类 Base2 是基类，类 Derived 是类 Base1 和类 Base2 共同派生出来的。请注意类 Derived 的构造函数的定义方法。

【例5.11】多继承中构造函数的定义方法。

```
#include <iostream>
using namespace std;
class Base1{                //声明基类 Base1
  public:
```

```
        Base1(int sx)          //基类 Base1 的构造函数
        {  x=sx;  }
        int getx()
        {  return x;  }
    private:
        int x;
};
class Base2{                    //声明基类 Base2
    public:
        Base2(int sy)          //基类 Base2 的构造函数
        {  y=sy;  }
        int gety()
        {  return y;  }
    private:
        int y;
};
class Derived:public Base1,private Base2 {  //声明类 Derived 为基类 Base1
                                            //和基类 Base2 共同的派生类
    public:
        Derived(int sx,int sy,int sz):Base1(sx),Base2(sy)  //派生类 Derived 的
        {  z=sz;  }          //构造函数缀上了对基类 Base1 和 Base2 的构造函数的调用
        int getz()
        {  return z;  }
        int gety()
        {  return Base2::gety();  }
    private:
        int z;
};
int main()
{  Derived obj(1,3,5);
    cout<<"x="<<obj.getx()<<endl;
    cout<<"y="<<obj.gety()<<endl;
    cout<<"z="<<obj.getz()<<endl;
    return 0;
}
```

在上述程序中，定义派生类 Derived 的构造函数时，它的参数表中给出了初始化对象时所需要的参数 sx、sy 和 sz。冒号后面列出了基类 Base1 和基类 Base2 的构造函数，并指出把 sx 传递给基类 Base1 的构造函数，把 sy 传递给基类 Base2 的构造函数。这样，在创建类 Derived 的对象时，它的构造函数就会自动地用参数表中的数据调用基类的构造函数，完成基类对象的初始化。

在主函数 main()中创建了类 Derived 的一个对象 obj，并将 1、3 和 5 这 3 个实参传递给了对象 obj 的构造函数 obj.Derived(int sx,int sy,int sz)，这个构造函数用参数 sx 调用基类 Base1 的构造函数 Base1(int sx)，由 Base1(int sx)把 sx 的值赋给 x，然后用参数 sy 调用基类 Base2 的构造函数 Base2(int sy)，由 Base2(int sy)把 sy 的值赋给 y，最后把 sz 的值赋给 z，初始化的过程就完成了。

由于派生类 Derived 是 Base1 公有派生出来的，所以类 Base1 中的公有成员函数 getx()在类 Derived 中仍是公有的，在主函数 main()中可以直接引用，把成员 x 的值显示在屏幕上。类 Derived 又从 Base2 私有派生出来的，所以类 Base2 中的公有成员函数 gety()在类 Derived 中成为私有的，

在 main()中不能直接引用。为了能取出 y 的值，在 Derived 中另外定义了一个公有成员函数 gety()，它通过调用 Base2::gety()取出 y 的值。主函数 main()中的语句

```
cout<<"y="<<obj.gety()<<endl;
```

调用的是派生类 Derived 的成员函数 gety()，而不是基类 Base2 的成员函数 gety()。由于类 Derived 中的成员函数 getz()是公有成员，所以在 main()中可以直接调用取出 z 的值。

上述程序运行结果如下：

```
x=1
y=3
z=5
```

由于析构函数是不带参数的，在派生类中是否要定义析构函数与它所属的基类无关，所以与单继承情况类似，基类的析构函数不会因为派生类没有析构函数而得不到执行，它们各自是独立的。析构函数的调用顺序则刚好与构造函数的调用顺序相反。请看下面的例子，分析程序运行的结果。

【例 5.12】多继承中构造函数和析构函数的调用顺序。

```cpp
#include <iostream>
using namespace std;
class X{
  public:
    X(int sa)                        //基类 X 的构造函数
    {  a=sa;
       cout<<"X_Constructor called."<<endl;
    }
    ~X()                             //基类 X 的析构函数
    {  cout<<"X_Destructor called."<<endl; }
  private:
     int a;
};
class Y{
  public:
    Y(int sb)                        //基类 Y 的构造函数
    {  b=sb;
       cout<<"Y_Constructor called."<<endl;
    }
    ~Y()                             //基类 Y 的析构函数
    {  cout<<"Y_Destructor called."<<endl; }
  private:
    int b;
};
class Z:public X,private Y{          //类 Z 为基类 X 和基类 Y 共同的派生类
  public:
    Z(int sa,int sb,int sc):X(sa),Y(sb)    //派生类 Z 的构造函数，缀上了对
                                           //基类 X 和 Y 的构造函数的调用
    {  c=sc;
       cout<<"Z_Constructor called."<<endl;
    }
    ~Z()                             //派生类 Z 的析构函数
    {  cout<<"Z_Destructor called."<<endl; }
```

```
    private:
        int c;
};
int main()
{   Z obj(2,4,6);
    return 0;
}
```

程序运行结果如下:

```
X_Constructor called.
Y_Constructor called.
Z_Constructor called.
Z_Destructor called.
Y_Destructor called.
X_Destructor called.
```

5.4.3 虚基类

1. 虚基类的作用

如果一个类有多个直接基类,而这些直接基类又有一个共同的基类,则在最低层的派生类中会保留这个间接的共同基类数据成员的多份同名成员。在访问这些同名成员时,必须在派生类对象名后增加直接基类名,使其唯一地标识一个成员,以免产生二义性。请看下面的例题。

【例 5.13】虚基类的引例。

```
#include <iostream>
using namespace std;
class Base{                           //声明类 Base1 和类 Base2 共同的基类 Base
    public:
        Base()
        {   a=5;
            cout<<"Base a="<<a<<endl;
        }
    protected:
        int a;
};
 class Base1:public Base{             //声明 Base1 是 Base 的派生类
    public:
        Base1()
        {   a=a+10;
            cout<<"Base1 a="<<a<<endl;  //这是类 Base1 的 a, 即 Base1::a
        }
};
 class Base2:public Base{             //声明 Base2 是 Base 的派生类
    public:
        Base2()
        {   a=a+20;
            cout<<"Base2 a="<<a<<endl;  //这是类 Base2 的 a, 即 Base2::a
        }
};
 class Derived:public Base1,public Base2{
```

```
        //Derived是Base1和Base2的共同派生类，是Base的间接派生类
    public:
        Derived()
        {   cout<<"Base1::a="<<Base1::a<<endl;   //在a前面加上"Base1::"
            cout<<"Base2::a="<<Base2::a<<endl;   //在a前面加上"Base2::"
        }
};
int main()
{   Derived obj;
    return  0;
}
```

程序运行结果如下：

```
Base a=5
Base1 a=15
Base a=5
Base2 a=25
Base1::a=15
Base2::a=25
```

在上述程序中，类 Derived 是从类 Base1 和 Base2 公有派生而来，而类 Base1 和类 Base2 又都是从类 Base 公有派生而来的。虽然在类 Base1 和类 Base2 中没有定义数据成员 a，但是它们分别从类 Base 继承了数据成员 a，这样在类 Base1 和类 Base2 中同时存在着同名的数据成员 a，它们都是类 Base 成员的拷贝。但是，类 Base1 和类 Base2 中的数据成员 a 分别具有不同的存储单元，可以存放不同的数据。在程序中可以通过类 Base1 和类 Base2 去调用基类 Base 的构造函数，分别对类 Base1 和类 Base2 的数据成员 a 初始化。图 5-3 表示了这个例子中类之间的层次关系。

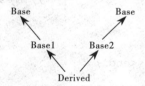

图 5-3　例 5.13 的类层次关系

由于在类 Derived 中同时存在着类 Base1 和类 Base2 的数据成员 a，因此，在 Derived 的构造函数中输出 a 的值，必须加上"类名::"，指出是哪一个数据成员 a，否则就会出现二义性。

如果将例 5.13 中的派生类 Derived 改成以下形式：

```
class Derived:public Base1,public Base2{
    public:
        Derived()
        {   cout<<"Derived a="<<a<<endl;}            //错误，存在二义性
};
```

运行这个程序将出现错误，问题就出在派生类 Derived 的构造函数的定义上，它试图输出数据成员 a 的值。表面上看来这是合理的，但实际上这时对 a 的访问存在二义性，即类中的数据成员 a 的值可能是从 Base1 的派生路径上来的 Base1::a，也有可能是从类 Base2 的派生路径上来的 Base2::a，这里没有明确的说明。

为了解决这种二义性，C++引入了虚基类的概念。

2．虚基类的声明

不难理解，如果在上例中类 base 只存在一个拷贝（即只有一个数据成员 a），那么对 a 的访问就不会产生二义性。在 C++ 中，可以通过将这个公共的基类声明为虚基类来解决这个问题。这就要求从类 base 派生新类时，使用关键字 virtual 将类 base 声明为虚基类。

声明虚基类的语法形式如下：

```
class  派生类名:virtual  继承方式  类名{
    …
}
```

下面用虚基类重新声明例 5.13 中的类。

【例 5.14】虚基类的声明。

```
#include <iostream>
using namespace std;
class Base{                            //声明基类 Base
    public:
        Base()
        {   a=5;
            cout<<"Base a="<<a<<endl;
        }
    protected:
        int a;
};
class  Base1:virtual public Base{      //声明类 Base 是类 Base1 的虚基类
    public:
        Base1()
        {   a=a+10;
            cout<<"Base1 a="<<a<<endl;
        }
};
class Base2:virtual public Base{       //声明类 Base 是类 Base2 的虚基类
    public:
        Base2()
        {   a=a+20;
            cout<<"Base2 a="<<a<<endl;
        }
};
class Derived:public Base1,public Base2{
        //类 Derived 是类 Base1 和类 Base2 的共同派生类，是类 Base 的间接派生类
    public:
        Derived( )
        {   cout<<"Derived a="<<a<<endl; }
};
int main()
{   Derived obj;
    return  0;
}
```

程序运行结果如下：

```
Base a=5
```

```
Base1 a=15
Base2 a=35
Derived a=35
```

在上述程序中，从类 Base 派生出类 Base1 和类 Base2 时，使用了关键字 virtual，把类 Base 声明为 Base1 和 Base2 的虚基类。这样，从类 Base1 和类 Base2 派生出的类 Derived 只继承基类 Base 一次，也就是说，基类 Base 的数据成员 a 只保留一份。当在派生类 Base1 和 Base2 中做了以上的虚基类声明后，这个例子中类之间的层次关系如图 5-4 所示。

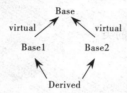

图 5-4   例 5.14 的类层次关系

说明：关键字 virtual 与继承方式关键字（public 或 private）的先后顺序无关紧要，它只说明是"虚拟继承"。例如，以下两个虚拟继承的声明是等价的。

```
class Derived:virtual public Base{
    …
};
class Derived:public virtual Base{
    …
};
```

3．虚基类的初始化

虚基类的初始化与一般的多继承的初始化在语法上是一样的，但构造函数的调用顺序不同。在使用虚基类机制时应该注意以下几点：

（1）如果在虚基类中定义有带形参的构造函数，并且没有定义默认形式的构造函数，则整个继承结构中，所有直接或间接的派生类都必须在构造函数的成员初始化列表中列出对虚基类构造函数的调用，以初始化在虚基类中定义的数据成员。

（2）建立一个对象时，如果这个对象中含有从虚基类继承来的成员，则虚基类的成员是由最远派生类的构造函数通过调用虚基类的构造函数进行初始化的。该派生类的其他基类对虚基类构造函数的调用都自动被忽略。

（3）若同一层次中同时包含虚基类和非虚基类，应先调用虚基类的构造函数，再调用非虚基类的构造函数，最后调用派生类构造函数。

（4）对于多个虚基类，构造函数的执行顺序仍然是先左后右，自上而下。

（5）对于非虚基类，构造函数的执行顺序仍是先左后右，自上而下。

（6）若虚基类由非虚基类派生而来，则仍然先调用基类构造函数，再调用派生类的构造函数。例如：

```
class X:public Y,virtual public Z{
    …
};
X  one;
```

定义类 X 的对象 one 后，将产生如下的调用次序：

```
Z();
Y();
X();
```
下面的程序说明了含有虚基类的派生类构造函数的执行顺序。

【例 5.15】含有虚基类的派生类构造函数的执行顺序。

```
#include <iostream>
using namespace std;
class Base{                                     //声明基类 Base
   public:
      Base(int sa)
      {  a=sa;
         cout<<"Constructing Base"<<endl;
      }
   private:
      int a;
};
class Base1:virtual public Base{        //声明类 Base 是类 Base1 的虚基类
   public:
      Base1(int sa,int sb):Base(sa)    //在此，必须缀上对类 Base 构造函数的调用
      {  b=sb;
         cout<<"Constructing base1"<<endl;
      }
   private:
      int b;
};
class Base2:virtual public Base{        //声明类 Base 是类 Base2 的虚基类
   public:
      Base2(int sa,int sc):Base(sa)    //在此，必须缀上对类 Base 构造函数的调用
      {  c=sc;
         cout<<"Constructing base2"<<endl;
      }
   private:
      int c;
};
class Derived:public Base1,public Base2
{  //类 Derived 是类 Base1 和类 Base2 的共同派生类，是类 Base 的间接派生类
   public:
      Derived(int sa,int sb,int sc,int sd):
        Base(sa),Base1(sa,sb),Base2(sa,sc)
      {  //在此，必须缀上对类 Base 构造函数的调用
         d=sd;
         cout<<"Constructing Derived"<<endl;
      }
   private:
      int d;
};
int main()
{  Derived obj(2,4,6,8);
   return 0;
}
```

在上述程序中，类 Base 是一个虚基类，它只有一个带参数的构造函数，因此要求在派生类 Base1、Base2 和 Derived 的构造函数的初始化列表中，都必须带有对类 Base 构造函数的调用。

如果类 Base 不是虚基类，在派生类 Derived 的构造函数的初始化列表中调用类 Base 的构造函数是错误的，但是当类 Base 是虚基类且只有带参数的构造函数时，就必须在类 Derived 的构造函数的初始化列表中调用类 Base 的构造函数。因此，在类 Derived 构造函数的初始化列表中，不仅含有对类 Base1 和类 Base2 构造函数的调用，还有对虚基类 Base 构造函数的调用。

上述程序运行结果如下：

```
Constructing Base
Constructing base1
Constructing base2
Constructing Derived
```

不难看出，上述程序中虚基类 Base 的构造函数只执行了一次。显然，当类 Derived 的构造函数调用了虚基类 Base 的构造函数之后，类 Base1 和类 Base2 对类 Base 构造函数的调用被忽略了。这也是初始化虚基类和初始化非虚基类不同的地方。

*5.5　赋值兼容规则

通过前面的学习我们知道，通过公有继承，派生类保留了基类中除构造函数、析构函数之外的所有成员，基类的公有或保护成员的访问权限在派生类中全部按原样保留了下来。在派生类外，派生类的对象可以调用基类的公有成员函数访问基类的私有成员。因此，公有派生类具有基类的全部功能，凡是基类能够实现的功能，公有派生类都能实现。而非公有派生类（私有或保护派生类）不能实现基类全部功能（例如，在派生类外，派生类的对象不能通过调用基类的公有成员函数访问基类的私有成员中）。因此，只有公有派生类才是基类真正的子类，它完整地继承了基类的功能。

在一定条件下，不同类型的数据之间可以进行类型转换，如可以将整型数据赋给双精度型变量。在赋值之前，先把整型数据转换成为双精度型数据，然后再把它赋给双精度型变量。这种不同类型数据之间的自动转换和赋值，称为赋值兼容。在基类和派生类对象之间也存有赋值兼容关系，基类和派生类对象之间的赋值兼容规则是指在需要基类对象的任何地方，都可以使用其子类对象来替代。例如，下面声明的两个类：

```
class Base{                    //声明基类 Base
    …
};
class Derived:public Base{   //声明基类 Base 的公有派生类 Derived
    …
};
```

根据赋值兼容规则，在基类 Base 的对象可以使用的任何地方，都可以用派生类 Derived 的对象来替代，但只能使用从基类继承来的成员。具体表现在以下几个方面：

（1）派生类对象可以赋值给基类对象，即用派生类对象中从基类继承来的数据成员，逐个赋值给基类对象的数据成员。例如：

```
Base b;                        //定义基类 Base 的对象 b
Derived d;                     //定义基类 Base 的公有派生类 Derived 的对象 d
```

```
b=d;                        //用派生类 Derived 的对象 d 对基类对象 b 赋值
```
这样赋值的效果是对象 b 中所有数据成员都将具有对象 d 中对应数据成员的值。

（2）派生类对象可以初始化基类对象的引用。例如：
```
Base b;                     //定义基类 Base 的对象 b
Derived d;                  //定义基类 Base 的公有派生类 Derived 的对象 d
Base &br=d;                 //定义基类 Base 的对象的引用 br,
                            //并用派生类 Derived 的对象 d 对其初始化
```
（3）派生类对象的地址可以赋给指向基类对象的指针。例如：
```
Derived d;                  //定义基类 Base 的公有派生类 Derived 的对象 d
Base *bp=&d;                //把派生类对象的地址&d 赋给指向基类的指针 bp,
                            //也就是说,
                            //使指向基类对象的指针 bp 也可以指向派生类对象 d
```
这种形式的转换，是在实际应用程序中最常见的。

（4）如果函数的形参是基类对象或基类对象的引用，在调用函数时可以用派生类对象作为实参。例如：
```
class Base{                 //声明基类 Base
  public:
    int i;
    …
};
class Derived:public Base{  //声明基类 Base 的公有派生类 Derived
…
};
void fun(Base &bb)          //普通函数，形参为基类 Base 对象的引用
{ cout<<bb.i<<endl;         //输出该引用所代表的对象的数据成员 i
}
```
在调用函数 fun()时可以用派生类 Derived 的对象 d4 作为实参：
```
fun(d4);
```
输出派生类 Derived 的对象 d4 赋给基类的数据成员 i 的值。

下面是一个使用赋值兼容规则的例子。

【例 5.16】赋值兼容规则举例。
```
#include <iostream>
using namespace std;
class Base{                 //声明基类 Base
  public:
    int i;
    Base(int x)             //基类的构造函数
    { i=x; }
    void disp()
    { cout<<"Base "<<i<<endl; }
};
class Derived:public Base{  //声明公有派生类 Derived
  public:
    Derived(int x):Base(x)  //派生类的构造函数
    { };
    void disp()
    { cout<<"Derived "<<i<<endl;}
```

```
};
int main()
{  Base b1(11);                     //定义基类对象b1
   b1.disp();
   Derived d1(22);                  //定义派生类对象d1
   b1=d1;                           //用派生类对象d1给基类对象b1赋值
   b1.disp();
   Derived d2(33);                  //定义派生类对象d2
   Base &b2=d2;                     //用派生类对象d2来初始化基类对象的引用b2
   b2.disp();
   Derived d3(44);                  //定义派生类对象d3
   Base *b3=&d3;                    //把派生类对象的地址赋给指向基类的指针b3
   b3->disp();
   Derived *d4=new Derived(55);     //定义派生类的无名对象，将该对象的地址
                                    //存放在派生类对象指针d4中
   Base *b4=d4;                     //把指向派生类对象指针d4的值赋给基类对象指针b4
   b4->disp();
   delete d4;
   return 0;
}
```

程序运行结果如下：

```
Base 11
Base 22
Base 33
Base 44
Base 55
```

说明：

（1）声明为指向基类对象的指针可以指向它的公有派生类的对象，但不允许指向它的私有派生的对象。例如：

```
class Base{
    …
};
class Derive:private Base{
    …
};
int  main()
{  Base  op1,*ptr;    //定义基类Base的对象op1及指向基类Base的指针ptr
   Derive  op2;       //定义派生类Derive的对象op2
   ptr=&op1;          //将指针ptr指向基类对象op1
   ptr=&op2;          //错误,不允许将指向基类Base的指针ptr指向它的私有派生类对象op2
    …
}
```

（2）允许将一个声明为指向基类的指针指向其公有派生类的对象，但是不能将一个声明为指向派生类对象的指针指向其基类的对象。例如：

```
class Base{
   …
};
class Derived:public Base{
```

```
    …
};
int main()
{   Base obj1;                  //定义基类对象 obj1
    Derived obj2,*ptr;          //定义派生类对象 obj2 及指向派生类的指针 ptr
    ptr=&obj2;                  //将指针 ptr 指向派生类对象 obj2
    ptr=&obj1;                  //错误，试图将指向派生类对象的指针 ptr 指向其基类对象 obj1
    …
}
```

5.6　程　序　举　例

【例 5.17】声明一个共同的基类 Person，它包含了所有派生类共有的数据，教师类 Teacher 和学生类 Student 为虚基类 Person 的派生类，研究生类 Grastudent 是教师类和学生类 Student 的共同派生类。每个类定义了一个相对于特定类不同的 show() 函数，输出各类的数据成员。

下面是具体的程序。

```
#include <iostream>
#include <string>
using namespace std;
class Person{                   //声明基类 Person
  public:
      Person(string name1,string id_number1,int age1);
      ~Person();
      void show();              //在基类中定义了成员函数 show()
  protected:
      string name;              //姓名
      string id_number;         //身份证号
      int age;                  //年龄
};
Person::Person(string name1,string id_number1,int age1)
{   name=name1;
    id_number=id_number1;
    age=age1;
}
Person::~Person()
{
}
void Person::show()
{
    cout<<endl;
    cout<<"姓名: "<<name<<endl;
    cout<<"身份证号: "<<id_number<<endl;
    cout<<"年龄: "<<age<<endl;
}
class Student:public virtual Person{        //声明公有派生类 Studen
  public:
      Student(string name1,string id_number1,int age1,string st_number1,int
      credit1);
```

```
        ~Student();
        void show();
    protected:
        string st_number;              //学号
        int  credit;                   //学分
};
Student::Student(string name1,string id_number1,int age1,string st_number1,
int  credit1):Person(name1,id_number1,age1)
                        //定义派生类构造函数时,缀上基类的构造函数
{ st_number=st_number1;credit=credit1;
}
Student::~Student()
{  }
void Student::show()
{  Person::show();
    cout<<"学号: "<<st_number<<endl;
    cout<<"学分: "<<credit<<endl;

}
class Teacher:public virtual Person
{        //声明公有派生类 Studen
    public:

    Teacher(string name1,string id_number1,int age1,string te_number1,float
    salary1):Person(name1,id_number1,age1)
                    //定义派生类构造函数时,缀上基类的构造函数
    { te_number=te_number1;salary=salary1;
    }
    ~Teacher(){};
    void show()
    {
        Person::show();
        cout<<"工号: "<<te_number<<endl;
        cout<<"工资: "<<salary<<endl;


    }
    protected:
        string te_number;              //工号
        float  salary;                 //工资
};
class  Grastudent:public Student, public Teacher{
        //声明类 Student 和 Teacher 的公有派生类 Grastudent
    public:
        Grastudent(string name1,string id_number1,int age1,string st_number1,
            int  credit1,string te_number1,float salary1,string  supervisor1):

        Person(name1,id_number1,age1),Student(name1,id_number1,age1,st_number1,
            credit1),Teacher(name1,id_number1,age1,te_number1,salary1)
        { supervisor=supervisor1; }
```

```
        ~Grastudent(){ }
        void show()
        {
            cout<<endl;
            cout<<"姓名: "<<name<<endl;
            cout<<"身份证号: "<<id_number<<endl;
            cout<<"年龄: "<<age<<endl;
            cout<<"学号: "<<st_number<<endl;
            cout<<"学分: "<<credit<<endl;
            cout<<"工号: "<<te_number<<endl;
            cout<<"工资: "<<salary<<endl;
            cout<<"指导教师: "<<supervisor<<endl;
        }
    private:
        string supervisor;
};
int main()
{   Person per1("linxiaocha","110105*********88",17);
    per1.show();
    Student stu1("黎明","110105*********63",19, "2014000003",166);
    stu1.show();
    Teacher tea1("刘凯","110105*********99",40, "20000988",7000);
    tea1.show();
    Grastudent gra1("张青","110105*********39",40,"2014000009",170,"20100688",
            5000,"康文");
    gra1.show();
    return 0;
}
```

程序运行结果如下:

姓名: linxiaocha
身份证号: 110105*********88
年龄: 17

姓名: 黎明
身份证号: 110105*********63
年龄: 19
学号: 2014000003
学分: 166

姓名: 刘凯
身份证号: 110105*********99",7000);
年龄: 40
工号: 20000988
工资: 7000

姓名: 张青
身份证号: 110105*********39
年龄: 40
学号: 2014000009
学分: 170

工号：20100688
工资：5000
指导教师：康文

本 章 小 结

（1）继承是面向对象程序设计的一个重要特性。类的继承和派生机制使程序员无须修改已有类，只需在已有类的基础上，通过增加少量代码或修改少量代码的方法得到新的类，从而较好地解决代码重用的问题。

（2）类的继承方式有 public（公有）、protected（保护）和 private（私有）3 种，不同的继承方式导致原来具有不同访问属性的基类成员在派生类中的访问属性也有所不同。

（3）通常情况下，当创建派生类对象时，首先执行基类的构造函数，随后再执行派生类的构造函数；当撤销派生类对象时，则先执行派生类的析构函数，随后再执行基类的析构函数。

（4）派生类不能继承基类中的构造函数和析构函数。当基类含有带参数的构造函数时，派生类必须定义构造函数，以提供把参数传递给基类构造函数的途径。

（5）在定义派生类对象时，构造函数的执行顺序如下：① 调用基类的构造函数。② 调用内嵌对象成员的构造函数（有多个对象成员时，调用顺序由它们在类中声明的顺序确定）。③ 派生类的构造函数体中的内容。撤销对象时，析构函数的调用顺序与构造函数的调用顺序正好相反。

（6）当某一个类的多个直接基类是从另一个共同基类派生而来时，这些直接基类中从上一级基类继承来的成员就拥有相同的名称。在派生类的对象中，这些同名成员在内存中同时拥有多个拷贝，从而可能产生二义性。如果想使这个公共的基类只产生一个拷贝，则可以将这个基类声明为虚基类。

（7）所谓基类和派生类对象之间的赋值兼容规则是指在需要基类对象的任何地方，都可以使用公有派生类的对象来替代。

习　　题

【5.1】有哪几种继承方式？每种方式的派生类对基类成员的继承性如何？

【5.2】派生类能否直接访问基类的私有成员？若不能，应如何实现？

【5.3】保护成员有哪些特性？保护成员以公有方式或私有方式被继承后的访问特性如何？

【5.4】派生类构造函数和析构函数的调用顺序是怎样的？

【5.5】什么是多继承？多继承时，构造函数和析构函数的调用顺序是怎样的？

【5.6】使用派生类的主要原因是（　　　）。

A. 提高代码的可重用性　　　　　　B. 提高程序的运行效率

C. 加强类的封装性　　　　　　　　D. 实现数据的隐藏

【5.7】假设已经定义好了一个类 student，现在要定义类 derived，它是从 student 私有派生的，定义类 derived 的正确写法是（　　　）。

A. clase derived::student private{...};

B. clase derived::student public{...};

C.　clase derived::private student{...};

D.　clase derived::public student{...};

【5.8】在多继承构造函数定义中，几个基类构造函数用（　　　）分隔。

A.　:　　　　　　　　B.　;　　　　　　　　C.　,　　　　　　　　D.　::

【5.9】设置虚基类的目的是（　　　）。

A.　简化程序　　　　　B.　消除二义性　　　　C.　提高运行效率　　　D.　减少目标代码

【5.10】若派生类的成员函数不能直接访问基类中继承来的某个成员，则该成员一定是基类中的（　　　）。

A.　私有成员　　　　　　　　　　　　　　　　B.　公有成员

C.　保护成员　　　　　　　　　　　　　　　　D.　保护成员或私有成员

【5.11】类的保护成员，不可以让（　　　）来直接访问。

A.　该类的成员函数　　　B.　主函数　　　　　C.　该类的友元函数　　D.　该类的派生类

【5.12】保护继承时，基类的（　　　）在派生类中成为保护成员，不能通过派生类的对象来直接访问该成员。

A.　任何成员　　　　　　　　　　　　　　　　B.　公有成员和保护成员

C.　保护成员和私有成员　　　　　　　　　　　D.　私有成员

【5.13】写出下面程序的运行结果。

```cpp
#include <iostream>
using namespace std;
class B1{
    public:
        B1(int i)
        { b1=i;cout<<"Constructor B1. "<<endl; }
        void Print()
        { cout<<b1<<endl; }
    private:
        int b1;
};
class B2{
    public:
        B2(int i)
        { b2=i;cout<<"Constructor B2. "<<endl; }
        void Print()
        { cout<<b2<<endl;}
    private:
        int b2;
};
class A:public B2,public B1{
    public:
        A(int i,int j,int l);
        void Print();
    private:
        int a;
};
A::A(int i,int j,int l):B1(i),B2(j)
```

```cpp
{ a=1;cout<<"Constructor A. "<<endl; }
void A::Print()
{ B1::Print();
  B2::Print();
  cout<<a<<endl;
}
int main()
{ A aa(3,2,1);
  aa.Print();
  return 0;
}
```

【5.14】写出下面程序的运行结果。

```cpp
#include <iostream>
using namespace std;
class A{
  private:
    int a;
  public:
    A()
    { a=0;}
    A(int i)
    { a=i;}
    void Print()
    { cout<<a<<","; }
};
class B:public A{
  private:
    int b1,b2;
  public:
    B()
    { b1=0;b2=0; }
    B(int i)
    { b1=i;b2=0; }
    B(int i,int j,int k):A(i),b1(j),b2(k)
    { }
    void Print()
    { A::Print();
      cout<<b1<<","<<b2<<endl;
    }
};
int main()
{ B ob1,ob2(1),ob3(3,6,9);
  ob1.Print();
  ob2.Print();
  ob3.Print();
  return 0;
}
```

【5.15】给出下面的基类：

```cpp
class area_cl {
  protected:
```

```
        double height;
        double width;
    public:
        area_cl(double r,double s)
        { height=r;width=s;}
        virtual double area()=0;
};
```

要求：

（1）建立基类 area_cl 的两个派生类 Rectangle 与 Triangle，让每一个派生类都包含一个函数 area()，分别用来返回矩形与三角形的面积。用构造函数对 height 与 width 进行初始化。

（2）写出主程序，用来求 height 与 width 分别为 10.0 与 5.0 的矩形面积，以及求 height 与 width 分别为 4.0 与 6.0 的三角形面积。

（3）要求通过使用基类指针访问虚函数的方法（即运行时的多态性）分别求出矩形和三角形的面积。

【5.16】已有类 Time 和 Date，要求设计一个派生类 Birthtime，它继承类 Time 和类 Date，并且增加一个数据成员 Childname 用于表示小孩的名字，同时设计主程序显示一个小孩的出生时间和名字。

```
class Time{
    public:
        Time(int h,int m,int s)
        { hours=h;
          minutes=m;
          seconds=s;
        }
        void display()
        { cout<<"出生时间:"<<hours<<"时"<<minutes<<"分"<<seconds<<"秒"<<endl;}
    protected:
        int hours,minutes,seconds;
};
class Date{
    public:
        Date(int m,int d,int y)
        { month=m;
          day=d;
          year=y;
        }
        void display()
        { cout<<"出生年月:"<<year<<"年"<<month<<"月"<<day<<"日"<<endl; }
    protected:
        int month,day,year;
};
```

【5.17】设计职员类，它继承了 Person 类并组合了 Date 类。编写主程序显示职员数据如下：

姓名：杨萍
出生日期：1988.10.6
性别：女
工作部门：团委
职务：团委书记
工资：6000

第 **6** 章 多态性与虚函数

多态性是面向对象程序设计的重要特征之一。多态性机制不仅增加了面向对象软件系统的灵活性，进一步减少了冗余信息，而且显著提高了软件的可重用性和可扩充性。多态性的应用可以使编程显得更简捷、更便利，它为程序的模块化设计又提供了一种手段。

6.1　多态性概述

所谓多态性就是不同对象收到相同的消息时，产生不同的动作。直观地说，多态性是指用一个名字定义不同的函数，这些函数执行不同但又类似的操作，从而可以使用相同的方式来调用这些具有不同功能的同名函数。这也是人类思维方式的一种模拟。比如一个对象中有很多求面积的行为，显然可以针对不同的图形（如矩形、三角形、圆等），写出很多不同名称的函数来实现，这些函数的参数个数和类型可以不同。但事实上，这些函数的功能几乎完全相同。在 C++ 中，可以利用多态性的特征，用相同的函数名来标识这些函数。这样，就可以达到用同样的接口访问不同功能的函数，从而实现"一个接口，多种方法"。

从实现的角度来讲，多态可以划分为两类：编译时的多态和运行时的多态。在 C++ 中，多态的实现和连编这一概念有关。所谓连编就是把函数名与函数体的程序代码连接（联系）在一起的过程。静态连编就是在编译阶段完成的连编。编译时的多态是通过静态连编来实现的。静态连编时，系统用实参与形参进行匹配，对于同名的重载函数便根据参数上的差异进行区分，然后进行连编，从而实现了多态性。运行时的多态是用动态连编实现的。动态连编是运行阶段完成的连编。即当程序调用到某一函数名时，才去寻找和连接其程序代码，对面向对象程序设计而言，就是当对象接收到某一消息时，才去寻找和连接相应的方法。

一般而言，编译型语言（如 C、Pascal）采用静态连编，而解释性语言（如 LISP、Prolog）采用动态连编。静态连编要求在程序编译时就知道调用函数的全部信息。因此，这种连编类型的函数调用速度快、效率高，但缺乏灵活性；而动态连编方式恰好相反，采用这种连编方式，一直要到程序运行时才能确定调用哪个函数，它降低了程序的运行效率，但增强了程序的灵活性。纯粹的面向对象程序语言由于其执行机制是消息传递，所以只能采用动态连编，这就给基于 C 语言的 C++ 带来了麻烦。因为，为了保持 C 语言的高效性，C++ 仍是编译型的，仍采用静态连编。好在 C++ 的设计者想出了"虚函数"的机制，解决了这个问题。利用虚函数机制，C++ 可部分地采用动态连编。这就是说，C++ 实际上是采用了静态连编和动态连编相结合的连编方法。

在 C++中，编译时多态性主要是通过函数重载和运算符重载实现的；运行时多态性主要是通过虚函数来实现的。函数重载在前面章节中已做了介绍，本章中重点介绍虚函数以及由它们提供的多态性，运算符重载将在下一章介绍。

6.1.1 虚函数的案例

【例 6.1】虚函数的引入。

```
#include <iostream>
using namespace std;
class Base{                          //声明基类 Base
   public:
     Base(double x,int y)
     {  unit_price =x;quantity=y; }
     virtual void show()            //定义虚函数 show()
     {  cout<<"Base----------\n";
        cout<< unit_price <<" "<< quantity <<endl;
     }
   private:
     double unit_price;
     int  quantity;                 //单价,数量
};
class Derived:public Base{          //声明派生类 Derived
   public:
     Derived(double x,int y,int z):Base(x,y)
     {  life =z; }
     void show()                    //重新定义虚函数 show()
     {  cout<< "Derived---------\n";
        cout<< life <<endl;
     }
   private:
     int life;                      //使用时间
};
int main()
{  Base mb(2000,2),*pc;             //定义基类对象 mb 和对象指针 pc
   Derived mc(2000,2,18);           //定义派生类对象 mc
   pc=&mb;                          //对象指针 pc 指向基类对象 mb
   pc->show();                      //调用基类 Base 的虚函数 show()
   pc=&mc;                          //对象指针 pc 指向派生类对象 mc
   pc->show();                      //调用派生类 Derived 的虚函数 show()
   return 0;
}
```

程序运行结果如下：

```
Base---------
2000   2
Derived--------
18
```

6.1.2 虚函数的作用和定义

1. 虚函数的作用

在例 6.1 中，基类指针 pc 已经指向了派生类对象 mc，它所调用的成员函数 show()不是基类的

对象的 show，而是派生类对象的 show。

使用对象指针的目的是表达一种动态的性质，即当指针指向不同对象时执行不同的操作，此处一定要将成员函数 show() 说明为虚函数，就能实现这种动态调用的功能。

虚函数首先是基类中的成员函数，但这个成员函数前面加上关键字 virtual，并在派生类中被重载。

关键字 virtual 指示 C++编译器，函数调用"pc->show();"要在运行时确定所要调用的函数，即要对该调用进行动态连编。因此，程序在运行时根据指针 pc 所指向的实际对象，调用该对象的成员函数。

我们把使用同一种调用形式"mp->show()"，调用同一类族中不同类的虚函数称为动态的多态性，即运行时的多态性。可见，虚函数可使 C++支持运行时的多态性。

【例 6.2】虚函数的使用。

```cpp
#include <iostream>
using namespace std;
class Base{                          //声明基类 Base
  public:
    Base(double x,int y)
    {  unit_price =x;quantity=y; }
    virtual void show()              //定义虚函数 show()
    {  cout<<"Base----------\n";
       cout<< unit_price <<" "<< quantity <<endl;
    }
  private:
    double unit_price;
    int  quantity;                   //单价,数量
};
class Derived:public Base{           //声明派生类 Derived
  public:
    Derived(double x,int y,int z):Base(x,y)
    {  life =z; }
    void show()                      //重新定义虚函数 show()
    {
       Base::show();
       cout<< "Derived---------\n";
       cout<< life <<endl;
    }
  private:
    int life;                        //使用时间
};
int main()
{  Base *pc;                         //定义基类对象指针 pc
   Derived mc(2000,2,18);            //定义派生类对象 mc
   pc=&mc;                           //对象指针 pc 指向派生类对象 mc
   pc->show();                       //调用派生类 Derived 的虚函数 show()
   return 0;
}
```

本例的结果与例 6.1 完全相同，并且是很常用的方法，即在使用虚函数时，不使用基类的对

象，但是使用指向基类的指针。

2. 虚函数的定义

虚函数的定义是在基类中进行的，它是在基类中需要定义为虚函数的成员函数的声明中冠以关键字 virtual，从而提供一种接口界面。定义虚函数的方法如下：

```
virtual 返回类型 函数名 (形参表)
{
    函数体
}
```

在基类中的某个成员函数被声明为虚函数后，此虚函数就可以在一个或多个派生类中被重新定义。虚函数在派生类中重新定义时，其函数原型，包括返回类型、函数名、参数个数、参数类型的顺序，都必须与基类中的原型完全相同。请看下面的例子。

【例 6.3】虚函数的定义举例。

```cpp
#include <iostream>
#include <string>
using namespace std;
class Family{                       //声明基类
    public:
        Family(string name="鲜花"):flowers(name){}
        string getname()
        { return flowers;}
        virtual void like()         //定义虚函数
        { cout<<"家人喜欢不同的花"<<endl; }
    private:
        string flowers;
};
class Mother:public Family {        //声明派生类 Mother
    public:
        Mother (string name="月季"):Family(name){}

        void like ()                //重新定义虚函数 like ()
        { cout<<"妈妈喜欢"<<getname()<<endl; }
};
class Daughter:public Mother{               //声明派生类 Daughter
    public:
        Daughter (string name="百合"): Mother (name){}

        void like()                 //重新定义虚函数 like()
        { cout<<"女儿喜欢"<< getname()<<endl; }
};
class Father:public Daughter {              //声明派生类 Daughter
    public:

class Father(string name="仙人掌"): Daughter (name){}

    void like()                         //重新定义虚函数 like ()
    { cout<<"父亲喜欢"<<getname()<<endl; }
};
```

```
int main()
{  Family *ptr;                        //定义指向基类的对象指针ptr
   Family fa;                          //定义基类对象fa
   Mother m;                           //定义派生类对象m
   Daughter d;                         //定义派生类对象d
   Father f;
   ptr=&fa;                            //对象指针ptr指向基类对象fa
   ptr->like();                        //调用基类Family的虚函数like()
   ptr=&m;                             //对象指针ptr指向派生类对象m
   ptr->like();                        //调用派生类Mother的虚函数like()
   ptr=&d;                             //对象指针ptr指向派生类对象d
   ptr->like();                        //调用派生类Daughter的虚函数like()
   ptr=&f;                             //对象指针ptr指向派生类对象f
   ptr->like();                        //调用派生类Father的虚函数like()
   return 0;
}
```

程序在基类 Family 中显式定义了 like() 为虚函数。C++规定，如果在派生类中，没有用 virtual 显式地给出虚函数声明，这时系统就会遵循以下的规则来判断一个成员函数是不是虚函数：

（1）该函数与基类的虚函数有相同的名称。

（2）该函数与基类的虚函数有相同的参数个数及相同的对应参数类型。

（3）该函数与基类的虚函数有相同的返回类型或者满足赋值兼容规则的指针、引用型的返回类型。

派生类的函数满足了上述条件，就被自动确定为虚函数。因此，在本程序的派生类 Mother 中 like() 为虚函数，并且在类 Mother 的派生类 Daughter 中，like() 还是虚函数。

在主函数 main() 中说明了 4 个对象：基类 Family 的对象 fa，派生类 Mother 的对象 m、派生类 Daughter 的对象 d 和派生类 Father 的对象 f。在程序中，语句

```
 ptr->like ();
```

出现了 4 次，由于 ptr 指向的对象不同，每次出现都执行了虚函数 like() 的不同版本。

程序运行结果如下：

```
家人喜欢不同的花
妈妈喜欢月季
女儿喜欢百合
父亲喜欢仙人掌
```

下面对虚函数的定义做几点说明：

（1）由于虚函数使用的基础是赋值兼容规则，而赋值兼容规则成立的前提条件是派生类从其基类公有派生。因此，通过定义虚函数来使用多态性机制时，派生类必须从它的基类公有派生。

（2）必须首先在基类中定义虚函数。由于"基类"与"派生类"是相对的，因此，这项说明并不表明必须在类等级的最高层类中声明虚函数。在实际应用中，应该在类等级内需要具有动态多态性的几个层次中的最高层类内首先声明虚函数。

（3）在派生类对基类中声明的虚函数进行重新定义时，关键字 virtual 可以写也可以不写。但在容易引起混乱的情况下，最好在对派生类的虚函数进行重新定义时也加上关键字 virtual。

（4）虽然使用对象名和点运算符的方式也可以调用虚函数，如语句

```
m.like();
```

可以调用虚函数 Mother∷like()。但是，这种调用是在编译时进行的静态连编，它没有充分利用虚函数的特性，只有通过基类指针访问虚函数时才能获得运行时的多态性。

（5）一个虚函数无论被公有继承多少次，它仍然保持其虚函数的特性。

（6）虚函数必须是其所在类的成员函数，而不能是友元函数，也不能是静态成员函数，因为虚函数调用要靠特定的对象来决定该激活哪个函数。

（7）内联函数不能是虚函数，因为内联函数是不能在运行中动态确定其位置的。即使虚函数在类的内部定义，编译时仍将其看作非内联的。

（8）构造函数不能是虚函数，但是析构函数可以是虚函数，而且通常说明为虚函数。

*6.1.3　虚析构函数

在第 5 章曾经介绍，当派生类对象撤销时，一般先调用派生类的析构函数，然后再调用基类的析构函数。请看下面的例子。

【例 6.4】虚析构函数的引例 1。

```cpp
#include <iostream>
using namespace std;
class Base{
  public:
    ~Base()
    {  cout<<"调用基类 Base 的析构函数\n";  }
};
class Derived:public Base{
  public:
    ~Derived()
    {  cout<<"调用派生类 Derived 的析构函数\n";  }
};
int main()
{  Derived obj;
   return 0;
}
```

程序运行结果如下：

调用派生类 Derived 的析构函数

调用基类 Base 的析构函数

显然本程序的运行结果是符合预想结果的。但是，如果在主函数中用 new 运算符建立一个派生类的无名对象和定义了一个基类的对象指针，并将无名对象的地址赋给这个对象指针。当用 delete 运算符撤销无名对象时，系统只执行基类的析构函数，而不执行派生类的析构函数。

【例 6.5】虚析构函数的引例 2。

```cpp
#include <iostream>
using namespace std;
class Base{
  public:
    ~Base()
    {  cout<<"调用基类 Base 的析构函数\n";  }
};
class Derived:public Base{
```

```
    public:
      ~Derived()
      {  cout<<"调用派生类 Derived 的析构函数\n";  }
};
int main()
{  Base *p;                    //定义指向基类 Base 的指针变量 p
   p=new Derived;             //用运算符 new 为派生类的无名对象动态地
                              //分配了一个存储空间，并将地址赋给对象指针 p
   delete p ;                 //用运算符 delete 撤销无名对象，释放动态存储空间
   return 0;
}
```

程序运行结果如下：

调用基类 Base 的析构函数

运行结果表示，本程序只执行了基类 Base 的析构函数，而没有执行派生类 Derived 的析构函数。原因是当撤销指针 p 所指的派生类的无名对象，而调用析构函数时，采用了静态连编方式，只调用了基类 Base 的析构函数。

如果希望程序执行动态连编方式，在用 delete 运算符撤销派生类的无名对象时，先调用派生类的析构函数，再调用基类的析构函数，可以将基类的析构函数声明为虚析构函数。虚析构函数没有类型，也没有参数，虚析构函数的定义比较简单。其定义的一般格式为：

```
virtual ~类名()
{
    函数体
};
```

虽然派生类的析构函数与基类的析构函数名字不相同，但是如果将基类的析构函数定义为虚函数，由该基类所派生的所有派生类的析构函数也都自动成为虚函数。请看下面的例子。

【例 6.6】虚析构函数的使用。

```
#include <iostream>
using namespace std;
class Base{
    public:
       virtual ~Base()       //将基类的析构函数声明为虚析构函数
       {  cout<<"调用基类 Base 的析构函数\n";  }
};
class Derived:public Base{
    public:
       ~Derived()            //派生类的析构函数也都自动成为虚函数
       {  cout<<"调用派生类 Derived 的析构函数\n";  }
};
int main()
{  Base *p;                    //定义指向基类 Base 的指针变量 p
   p=new Derived;             //用运算符 new 为派生类的无名对象动态地
                              //分配了一个存储空间，并将地址赋给对象指针 p
   delete p ;                 //用运算符 delete 撤销无名对象，释放动态存储空间
   return 0;
}
```

在这个程序中，将例 6.5 中基类的析构函数声明为虚析构函数，程序的其他部分没有改动。

但是运行程序后，结果变为：

  调用派生类 Derived 的析构函数

  调用基类 Base 的析构函数

  显然，这个结果是符合人们愿望的。这是由于使用了虚析构函数，程序执行了动态连编，实现了运行的多态性。

6.1.4 虚函数与重载函数的关系

  在一个派生类中重新定义基类的虚函数是函数重载的另一种形式，但它不同于一般的函数重载。普通的函数重载时，其函数的参数或参数类型必须有所不同，函数的返回类型也可以不同。但是，当重载一个虚函数时，也就是说在派生类中重新定义虚函数时，要求函数名、返回类型、参数个数、参数的类型和顺序与基类中的虚函数原型完全相同。如果仅仅返回类型不同，其余均相同，系统会给出错误信息；若仅仅函数名相同，而参数的个数、类型或顺序不同，系统将它作为普通的函数重载，这时将丢失虚函数的特性。请看下面的例子。

  【例 6.7】虚函数与重载函数的比较。

```
#include <iostream>
using namespace std;
class Base{
   public:
      virtual void f1();
      virtual void f2();
      virtual void f3();
      void f4();
};
class Derived:public Base{
   public:
      virtual void f1();  //f1()是虚函数，这里可不写virtual
      void f2(int x);      //与基类中的f2()作为普通函数重载，虚特性消失
      char f3();           //错误，因为与基类中的f3()只有返回类型不同，应删去
      void f4();           //与基类中的f4()是普通函数重载，不是虚函数
};
void Base::f1()
{  cout<<"--Base f1--\n";    }
void Base::f2()
{  cout<<"--Base f2--\n";    }
void Base::f3()
{  cout<<"--Base f3--\n"; }
void Base::f4()
{  cout<<"--Base f4--\n"; }
void Derived::f1()
{  cout<<"--Derived f1--\n";}
void Derived::f2(int x)
{  cout<<"--Derived f2--\n";}
void Derived::f4()
{  cout<<"--Derived f4--\n";}
int main()
```

```
{  Base d1,*bp;
   Derived d2;
   bp=&d2;
   bp->f1();              //调用 Derived::f1()
   bp->f2();              //调用 Base::f2()
   bp->f4();              //调用 Base::f4()
   return 0;
}
```

删除语句"char f3();"后，程序运行结果如下：

```
--Derived f1--
--Base f2--
--Base f4--
```

此例在基类中定义了 3 个虚函数 f1()、f2()和 f3()，这 3 个函数在派生类中被重新定义。f1()符合虚函数的定义规则，它仍是虚函数；f2()增加了一个整型参数，变成了 f2(int x)，因此它丢失了虚特性，变为普通的重载函数；char f3()与基类的虚函数 void f3()相比较，仅返回类型不同，系统显示出错误信息。基类中的函数 f4()没有 virtual 关键字，则与派生类中的函数 f4()为普通的重载函数。

在 main()主函数中，定义了一个基类对象指针 bp，当 bp 指向派生类对象 d2 时，"b->f1();"执行的是派生类中的成员函数，这是因为 f1()为虚函数；"bp->f2()l;"执行的是基类的成员函数，因为函数 f2()丢失了虚特性，按照普通的重载函数来处理；函数 f3()是错误的，本例中将其删除；"bp->f4();"执行的是基类的成员函数，因为 f4()为普通的重载函数，不具有虚函数的特性。

6.1.5　多继承与虚函数

多继承可以视为多个单继承的组合。因此，多继承情况下的虚函数调用与单继承情况下的虚函数调用有相似之处。请看下面的例子。

【例 6.8】多继承情况下虚函数的调用。

```
#include <iostream>
using namespace std;
class A1{
  public:
     virtual void fun()        //定义 fun()是虚函数
     {  cout<<"--A1--\n"; }
};
class A2{
  public:
     void fun()                //定义 fun()为普通的成员函数
     {  cout<<"--A2--\n"; }
};
class B:public A1,public A2{
  public:
      void fun()
      {  cout<<"--B--\n"; }
};
int main()
{  A1 obj1,*ptr1;      //定义指向基类 A1 的指针 ptr1 和基类 A1 的对象 obj1
```

```
    A2 obj2,*ptr2;          //定义指向基类 A2 的指针 ptr2 和基类 A2 的对象 obj2
    B obj3;                 //定义派生类 B 的对象 obj3
    ptr1=&obj1;             //指针 ptr1 指向对象 obj1
    ptr1->fun();            //调用基类 A1 的函数 fun()
    ptr2=&obj2;             //指针 ptr2 指向对象 obj2
    ptr2->fun();            //调用基类 A2 的函数 fun()
    ptr1=&obj3;             //指针 ptr1 指向对象 obj3
    ptr1->fun();            //此处的 fun() 为虚函数,因此调用派生类 B 的函数 fun()
    ptr2=&obj3;             //指针 ptr2 指向对象 obj3
    ptr2->fun();            //此处的 fun 为非虚函数,而 ptr2 又为 A2 的指针,
                            //因此调用基类 A2 的函数 fun()

    return 0;
}
```

程序运行结果如下:

```
--A1--
--A2--
--B--
--A2--
```

从程序运行结果可以看出,由于派生类 B 中的函数 fun()有不同的继承路径,所以呈不同的性质。相对于类 A1 的派生路径,由于类 A1 中的 fun()是虚函数,当声明为指向类 A1 的指针指向派生类 B 的对象 obj3 时,函数 fun()呈现出虚特性。因此,此时的 "ptr->fun();" 调用的是 B∷fun() 函数,相对于 A2 的派生路径,由于类 A2 中的 fun()是一般成员函数,所以此时它只能是一个普通的重载函数。当声明为指向类 A2 的指针指向类 B 的对象 obj3 时,函数 fun()只呈现普通函数的重载特性。因此,此时的 "ptr->fun();" 调用的是 A2∷fun()函数。

6.2　纯虚函数和抽象类

6.2.1　纯虚函数

有时,基类往往表示一种抽象的概念,它并不与具体的事物相联系。这时在基类中将某一成员函数定义为虚函数,并不是基类本身的要求,而是考虑到派生类的需要,在基类中预留了一个函数名,具体功能留给派生类根据需要去定义。如例 6.9 中,Circle 是一个基类,它表示具有封闭图形的东西。从 Circle 可以派生出三角形类、矩形类和圆类。在这个类等级中基类 Circle 体现了一个抽象的概念,在基类 Circle 中定义一个求面积的函数显然是无意义的,但是可以将其说明为虚函数,为它的派生类提供一个公共的界面,各派生类根据所表示的图形的不同重定义这些虚函数,以提供求面积的各自版本。为此,C++加入了纯虚函数的概念。

纯虚函数是在声明虚函数时被 "初始化" 为 0 的函数。声明纯虚函数的一般形式如下:

```
virtual  函数类型  函数名(参数表)=0;
```

此格式与一般的虚函数定义格式基本相同,只是在后面多了 "=0"。声明为纯虚函数之后,基类中就不再给出函数的实现部分。假如在例 6.9 中,将基类 Circle 中虚函数 show_area 写成纯虚函数,格式如下:

```
virtual void show_area()=0;
```

纯虚函数的作用是在基类中为其派生类保留一个函数的名字,以便派生类根据需要对它进行

重新定义。纯虚函数没有函数体，它最后面的"=0"并不表示函数的返回值为 0，它只起形式上的作用，告诉编译系统"这是纯虚函数"。纯虚函数不具备函数的功能，不能被调用。

下面是一个使用纯虚函数的例子。

【例 6.9】纯虚函数的使用。

```cpp
#include <iostream>
using namespace std;
class Circle{                       //声明基类 Circle
  public:
    void setr(int x)
    {  r=x;  }
    virtual void show()=0;          //定义纯虚函数 show()
  protected:
    int r;
};
class Area:public Circle{           //声明派生类 Area
  public:
    void show()                     //重定义虚函数 show()，用来求圆的面积
    {  cout<<"Area is "<<3.14*r*r<<endl;  }
};
class Perimeter:public Circle{      //声明派生类 Perimeter
  public:
    void show()                     //重定义虚函数 show()，用来求圆的周长
    {  cout<<"Perimeter is "<<2*3.14*r<<endl;  }
};
int main()
{   Circle *ptr;                    //定义基类指针 ptr
    Area ob1;                       //定义 Area 类对象 ob1
    Perimeter ob2;                  //定义 Perimeter 类对象 ob2
    ob1.setr(10);
    ob2.setr(10);
    ptr=&ob1;
    ptr->show();                    //计算圆面积
    ptr=&ob2;
    ptr->show();                    //计算圆周长
    return 0;
}
```

程序运行结果如下：

```
Area is 314
Perimeter is 62.8
```

在上面的例子中，Circle 是一个基类，它表示一个圆。从它可以派生出面积类 Area 和周长类 Perimeter。显然，基类中定义的 show()函数是没有任何意义的，它只是用来提供派生类使用的公共接口。所以，在程序中将其定义为纯虚函数，但在派生类中，则根据它们自身的需要，重新具体地定义虚函数。

6.2.2　抽象类

如果一个类至少有一个纯虚函数，那么就称该类为抽象类。因此，上述程序中定义的类 Circle

就是一个抽象类。定义抽象类的唯一目的是用它作为基类去建立派生类。抽象类作为一种基本类型提供给用户，用户在这个基础上根据自己的需要定义出功能各异的派生类，并用这些派生类去建立对象。对于抽象类的使用有以下几点规定：

（1）由于抽象类中至少包含一个没有定义功能的纯虚函数。因此，抽象类只能作为其他类的基类来使用，不能建立抽象类对象。

（2）不允许从具体类派生出抽象类。所谓具体类，就是不包含纯虚函数的普通类。

（3）抽象类不能用做函数的参数类型、函数的返回类型或显式转换的类型。

（4）可以声明指向抽象类的指针或引用，此指针可以指向它的派生类，进而实现多态性。

（5）如果派生类中没有定义纯虚函数的实现，而派生类只是继承基类的纯虚函数，则这个派生类仍然是一个抽象类。如果派生类中给出了基类纯虚函数的实现，则该派生类就不再是抽象类了，它是一个可以建立对象的具体类了。

6.3　程 序 举 例

【例 6.10】应用 C++的多态性，计算三角形、矩形和圆的面积。

```cpp
#include <iostream>
using namespace std;
class Figure{                        //定义一个公共基类
   public:
      Figure(double a,double b)
      { x=a;y=b; }
      virtual void show_area()       //定义一个虚函数，作为界面接口
      { cout<<"No area computation defined";
        cout<<"for this class.\n";
      }
   protected:
      double x,y;
};
class Triangle:public Figure{        //定义三角形派生类
   public:
      Triangle(double a,double b):Figure(a,b)
      { };
      void show_area()               //虚函数重定义，用做求三角形的面积
      { cout<<"Triangle with height "<<x;
        cout<<" and base "<<y<<" has an area of ";
        cout<<x*y*0.5<<endl;
      }
};
class Square:public Figure{          //定义矩形派生类
   public:
      Square(double a,double b):Figure(a,b)
      { };
      void show_area()               //虚函数重定义，用做求矩形的面积
      { cout<<"Square with dimension "<<x;
        cout<<" * "<<y<<" has an area of ";
        cout<<x*y<<endl;
```

```
      }
};
class Circle:public Figure{              //定义圆派生类
   public:
      Circle(double a):Figure(a,a)
      { };
      void show_area()                   //虚函数重定义，用做求圆的面积
      { cout<<"Circle with radius "<<x;
        cout<<" has an area of ";
        cout<<x*x*3.1416<<endl;
      }
};
int main()
{   Figure *p;                           //定义基类指针p
    Triangle t(10.0,6.0);                //定义三角形类对象t
    Square s(10.0,6.0);                  //定义矩形类对象s
    Circle c(10.0);                      //定义圆类对象c
    p=&t;
    p->show_area();                      //计算三角形面积
    p=&s;
    p->show_area();                      //计算矩形面积
    p=&c;
    p->show_area();                      //计算圆面积
    return 0;
}
```

程序运行结果如下：

```
Triangle with height 10 and base 6 has an area of 30
Square with dimension 10 * 6 has an area of 60
Circle with radius 10 has an area of 314.16
```

由于在公共基类 Figure 中定义一个虚函数 show_area()作为界面接口，在 3 个派生类 Triangle、Square 和 Circle 中重新定义了虚函数 show_area()，分别用于计算三角形、矩形和圆形的面积。由于 p 是基类的对象指针，用同一种调用形式"p-> show_area ();"就可以调用同一类族中不同类的虚函数。这就是多态性，对同一消息，不同的对象有不同的响应方式。

【例 6.11】应用抽象类，求圆、圆内接正方形和圆外切正方形的面积和周长。

```
#include <iostream>
using namespace std;
class  Shape{                          //声明一个抽象类 Shape
   protected:
      double r;
   public:
      Shape(double x)
      { r=x; }
      virtual void area()=0;           //纯虚函数
      virtual void perimeter()=0;      //纯虚函数
};
class Circle:public Shape{             //声明派生类 Circle
   public:
      Circle(double x):Shape(x)
```

```
        { }
        void area();                    //在派生类 Circle 中，声明虚函数 area()
        void perimeter();               //在派生类 Circle 中，声明虚函数 perimeter()
};
void Circle::area()                     //派生在类 Circle，定义虚函数 area()
{ cout<<"The circle's area is ";
    cout<<3.14*r*r<<endl;
}
void Circle::perimeter()                //在派生类 Circle 中，定义虚函数 perimeter()
{ cout<<"The circle's perimeter is ";
    cout<<2*3.14*r<<endl;
}
class In_Square:public Shape{           //声明派生类 In_Square
    public:
        In_Square(double x):Shape(x)
        { }
        void area();                    //在派生类 In_Square 中，声明虚函数 area()
        void perimeter();               //在派生类 In_Square 中，声明虚函数 perimeter()
};
void In_Square::area()                  //在派生类 In_Square 中，定义虚函数 area()
{ cout<<"The internal square's area is ";
    cout<<2*r*r<<endl;
}
void In_Square::perimeter()             //在派生类 In_Square 中，定义虚函数 perimeter()
{ cout<<"The internal square's perimeter is ";
    cout<<4*1.414*r<<endl;
}
class  Ex_Square:public Shape{          //声明派生类 Ex_Square
    public:
        Ex_Square(double x):Shape(x)
        {   }
        void area();                    //在派生类 Ex_Square 中，声明虚函数 area()
        void perimeter();               //在派生类 Ex_Square 中，声明虚函数 perimeter()
};
void Ex_Square::area()                  //在派生类 Ex_Square 中，定义虚函数 area()
{ cout<<"The external square's area is ";
    cout<<4*r*r<<endl;
}
void Ex_Square::perimeter()             //在派生类 Ex_Square 中，定义虚函数 perimeter()
{ cout<<"The external square's perimeter is ";
    cout<<8*r<<endl;
}
int main()
{ Shape *ptr;                           //定义抽象类 Shape 的指针 ptr
    Circle ob1(6);                      //定义派生类 Circle 的对象 ob1
    In_Square ob2(6);                   //定义派生类 In_Square 的对象 ob2
    Ex_Square ob3(6);                   //定义派生类 I Ex_Square 的对象 ob3
    ptr=&ob1;                           //指针 ptr 指向圆类 Circle 的对象 ob1
    ptr->area();                        //求圆的面积
    ptr->perimeter();                   //求圆的周长
```

```
        ptr=&ob2;                    //指针 ptr 指向圆内接正方形类 In_Square 的对象 ob2
        ptr->area();                 //求圆内接正方形的面积
        ptr->perimeter();            //求圆内接正方形的周长
        ptr=&ob3;                    //指针 ptr 指向圆外切正方形类 Ex_Square 的对象 ob3
        ptr->area();                 //求圆外切正方形的面积
        ptr->perimeter();            //求圆外切正方形的周长
        return 0;
    }
```

程序运行结果如下：

```
The circle's area is 113.04
The circle's perimeter is 37.68
The internal square's area is 72
The internal square's perimeter is 33.936
The external square's area is 144
The external square's perimeter is 48
```

在以上程序中，声明公共基类 Shape 为抽象类，在其中声明求面积和周长的纯虚函数 area()和 perimeter()作为界面接口。抽象类 Shape 有 3 个派生类分别求圆、圆内接正方形和圆外切正方形的面积和周长。根据各自的功能，每个派生类定义了虚函数 area()和 perimeter()，以计算出各自图形的面积和周长。我们可以看到，尽管在 3 个派生类 Circle、In_Square 和 Ex_Square 中对虚函数 area()定义的功能各不相同，但接口都是抽象基类 Shape 中的纯虚函数 area()和 perimeter()。

抽象类和虚函数使程序的扩充变得非常容易。例如，在上述程序中，通过在 main()函数前增加下述派生类的定义，即可增加一个计算圆外切三角形面积和周长的功能。

```
class Triangle:public Shape{        //声明派生类 Triangle
    public:
        triangle(double x)：Shape(x)
        { }
        void area()                 //在派生类 Triangle 中，定义虚函数 area()
        { cout<<"The triangle's area is";
          cout<<3*1.732*r*r<<endl;
        }
        void perimeter()            //在派生类 Triangle 中，定义虚函数 perimeter()
        { cout<<"The triangle's perimeter is";
          cout<< 6*1.732*r<<endl;
        }
};
```

如果在 main()函数中增加下述几条语句：

```
Triangle  ob4(6);
ptr=&ob4;
ptr->area();
ptr->perimeter();
```

程序运行后，即可打印出相应圆外切三角形的面积和周长。

本 章 小 结

（1）所谓多态性就是不同对象在收到相同的消息时，产生不同的动作。直观地说，多态性是指用一个名字定义不同的函数，这些函数执行不同但又类似的操作，从而可以使用相同的方式来调用这些具有不同功能的同名函数。

（2）多态从实现的角度来讲可以划分为两类：编译时的多态和运行时的多态。编译时的多态是通过静态连编来实现的；运行时的多态是用动态连编实现的。编译时的多态性主要是通过函数重载和运算符重载实现的；运行时的多态性主要是通过虚函数来实现的。

（3）虚函数提供了一种更为灵活的多态性机制。虚函数允许函数调用与函数体之间的联系在运行时才建立，也就是在运行时才决定如何动作，即所谓的动态连编。

（4）纯虚函数是一个在基类中说明的虚函数，它在该基类中没有定义，但要求在它的派生类中根据需要对它进行定义，或仍然说明为纯虚函数。

（5）如果一个类至少有一个纯虚函数，那么就称该类为抽象类。抽象类只能作为其他类的基类，不能建立抽象类的对象。

习　题

【6.1】编译时的多态性与运行时的多态性有什么区别？它们的实现方法有什么不同？

【6.2】实现编译时的多态性要使用（　　　）。

A. 重载函数　　　　　B. 析构函数　　　　　C. 构造函数　　　　　D. 虚函数

【6.3】实现运行时的多态性要使用（　　　）。

A. 重载函数　　　　　B. 析构函数　　　　　C. 构造函数　　　　　D. 虚函数

【6.4】关于虚函数，正确的描述是（　　　）。

A. 构造函数不能是虚函数　　　　　　　　B. 析构函数不能是虚函数

C. 虚函数可以是友元函数　　　　　　　　D. 虚函数可以是静态成员函数

【6.5】要实现动态连编，派生类中的虚函数（　　　）。

A. 返回的类型可以与虚函数的原型不同　　B. 参数个数可以与虚函数的原型不同

C. 参数类型可以与虚函数的原型不同　　　D. 以上都不对

【6.6】如果在基类中将 show() 声明为不带返回值的纯虚函数，正确的写法是（　　　）。

A. virtual show()=0;　　　　　　　　　B. virtual void show();

C. virtual void show()=0;　　　　　　　D. void show()=0 virtual;

【6.7】如果一个类至少有一个纯虚函数，那么该类称为（　　　）。

A. 抽象类　　　　　B. 虚基类　　　　　C. 派生类　　　　　D. 以上都不对

【6.8】下列关于纯虚函数与抽象类的描述中，错误的是（　　　）。

A. 纯虚函数是一种特殊的函数，它允许没有具体的实现

B. 抽象类是指具有纯虚函数的类

C. 一个基类的说明中有纯虚函数，该基类的派生类一定不再是抽象类

D. 抽象类只能作为基类来使用，其纯虚函数的实现由派生类给出

【6.9】有如下程序：

```
#include <iostream>
using namespace std;
class shapes
{
```

```
protected:
    int x,y;
public:
    void setvalue(int d,int w=0)
    {   x=d;y=w; }
    virtual void disp()=0;
};
class square:public shapes{
    public:
        void disp()
        {   cout<<x*y<<endl; }
};
int main()
{   shapes *ptr;
    square s1;
    ptr=&s1;
    ptr->setvalue(10,5);
    ptr->disp();
    return 0;
}
```

执行上面的程序将输出（　　　　）。

A. 50　　　　　　　　B. 5　　　　　　　　C. 10　　　　　　　　D. 15

【6.10】下面的程序段中虚函数被重新定义的方法正确吗？为什么？

```
class base {
    public:
        virtual int f(int a)=0;
        …
};
class derived:public base{
    public:
        int f(int a,int b)
        {   return  a*b;}
        …
};
```

【6.11】分析以下程序的运行结果。

```
#include <iostream>
using namespace std;
class Stock{
    public:
        void print()
        {   cout<<"Stock class.\n"; }
};
class Der1_Stock:public Stock{
    public:
        void print()
        {   cout<<"Der1_Stock class.\n"; }
};
class Der2_Stock: public Stock{
    public:
```

```
      void print()
      {    cout<<"Der2_Stock class.\n"; }
};
int main()
{    Stock s1;
     Stock *ptr;
     Der1_Stock d1;
     Der2_Stock d2;
     ptr=&s1;
     ptr->print();
     ptr=&d1;
     ptr->print();
     ptr=&d2;
     ptr->print();
     return 0;
}
```

【6.12】修改上一题的程序，使运行结果为：

```
Stock class.
Der1_Stock class.
Der2_Stock class.
```

【6.13】定义基类 Base，其数据成员为高 h，定义成员函数 disp()为虚函数。然后，再由基类派生出长方体类 Cuboid 与圆柱体类 Cylinder。并在两个派生类中定义成员函数 disp()为虚函数。在主函数中，用基类 Base 定义指针变量 pc，然后用指针 pc 动态调用基类与派生类中的虚函数 disp()，显示长方体与圆柱体的体积。

【6.14】给出下面的抽象基类 container：

```
class container{                              //声明抽象类 container
   protected:
      double radius;
   public:
      container(double radius1);              //抽象类 container 的构造函数
      virtual double surface_area()=0;        //纯虚函数 surface_area()
      virtual double volume()=0;              //纯虚函数 volume()
};
```

要求：建立 3 个继承 container 的派生类 cube 、sphere 与 cylinder，让每一个派生类都包含虚函数 surface_area()和 volume()，分别用来计算正方体、球体和圆柱体的表面积及体积。写出主程序，应用 C++的多态性，分别计算边长为 6.0 的正方体、半径为 5.0 的球体以及半径为 5.0 和高为 6.0 的圆柱体的表面积和体积。

第 7 章 运算符重载

运算符重载是面向对象程序设计的重要特征。运算符重载是对已有的运算符赋予多重含义，使同一个运算符作用于不同类型的数据导致不同的行为。在 C++中，经重载后的运算符能直接对用户自定义的数据进行操作运算，这就是 C++语言中的运算符重载所提供的功能。本章将重点介绍有关运算符重载方面的内容。为了能自由地使用重载后的运算符，往往需要在自定义的数据类型和预定义的数据类型之间进行相互转换，或者需要在不同的自定义数据类型之间进行相互转换，因此，本章还将讲述类类型的转换。

7.1 运算符重载概述

运算符重载是对已有的运算符赋予多重含义，使同一个运算符作用于不同类型的数据导致不同的行为。为什么要重载运算符？如何进行运算符重载？运算符重载能带来哪些好处呢？

首先请看案例：

【例 7.1】将两个 Complex 类对象相加。

```
#include <iostream>
using namespace std;
class Complex{                                    //声明复数类 Complex
  public:
    Complex(double r=0.0,double i=0.0);           //声明用友元函数重载运算符"+"
    friend Complex operator+(Complex& a,Complex& b);
    void display();
  private:
    double real;                                  //复数实部
    double imag;                                  //复数虚部
  };
Complex::Complex(double r,double i)               //构造函数
{  real=r;imag=i;  }
Complex operator+(Complex& a,Complex& b)          //重载运算符"+"的实现
{  Complex temp;
   temp.real=a.real+b.real;
   temp.imag=a.imag+b.imag;
   return temp;
}
```

```
void Complex::display()                    //显示输出复数
{   cout<<real;
    if(imag>0) cout<<"+";
    if(imag!=0) cout<<imag<<"i\n";
}
int main()
{   Complex  A1(2.3,4.6),A2(3.6,2.8),A3;   //定义 3 个复数类对象
    A1.display();                          //输出复数 A1
    A2.display();                          //输出复数 A2
    A3=A1+A2;                              //复数相加
    A3.display();                          //输出复数相加结果 A3
    A3=operator+(A1,A2);
    A3.display();                          //输出复数相加结果 A3
    return 0;
}
```

C++知道如何相加两个 int 型数据，或相加两个 float 型数据，甚至知道如何把一个 int 型数据与一个 float 型数据相加，但是 C++还无法直接将两个 Complex 类对象相加。

为了表达上的方便，人们希望预定义的内部运算符（如＋、－、*、/等）在特定类的对象上以新的含义进行解释，如希望能够实现"A3=A1+ A2"，这就需要通过重载运算符"+"来解决。

例 7.1 实现了将两个 Complex 类对象相加。

程序运行结果如下：

```
2.3+4.6i
3.6+2.8i
5.9+7.4i
5.9+7.4i
```

在本例中，Complex 的类对象分别使用了两种不同的方式相加，显然使用第一种方法，即使用一个简单的"+"号将两个类对象相加更方便明了。但是，实际上，C++编译系统是将程序中的语句"A3=A1+ A2；"解释为"A3=operator+(A1,A2)；"来进行处理的。

从本例可以看出，针对类 Complex 重载了运算符"+"之后，复数加法的书写形式变得十分简单（当多个复数对象相加时，书写简单的优点会更加明显），并且和预定义类型数据加法的书写形式一样符合人们思考的习惯。

总之，运算符重载进一步提高了面向对象软件系统的灵活性、可扩充性和可读性。

C++为运算符重载提供了一种方法，即在进行运算符重载时，必须写一个运算符函数，其名字规定为 operator 后随一个要重载的运算符。例如，要重载"+"号，应该写一个名字为"operator+"的函数。其他的重载运算符也应该以同样的方式命名，如表 7-1 所示。

这样，在编译时遇到名为 operator@的运算符函数（@表示所要重载的运算符），就检查传递给函数的参数类型。如果编译器在一个运算符的两边"看"到自定义的数据类型，就执行用户自己的函数，而不是内部运算符的常规程序。

表 7-1 运算符重载函数

函　　　数	功　　能
operator+()	加法
operator-()	减法
operator*()	乘法
operator/()	除法
operator<()	小于
...	...

7.2　运算符函数重载为类的友元函数和成员函数

运算符重载是通过创建运算符重载函数来实现的，运算符重载函数定义了重载的运算符将要进行的操作。运算符重载函数一般采用如下两种形式：一是定义为它将要操作的类的成员函数（称为成员运算符重载函数），二是定义为类的友元函数（称为友元运算符重载函数）。本节先介绍友元运算符重载函数，在下一节再介绍成员运算符重载函数。

7.2.1　友元运算符重载函数

在 C++中，可以把运算符重载函数定义成某个类的友元函数，称为友元运算符重载函数。

1．友元运算符重载函数定义的语法形式

友元运算符重载函数的原型在类的内部声明格式如下：

```
class X{
    …
    friend 返回类型 operator 运算符(形参表);
    …
}
```

在类外定义友元运算符重载函数的格式如下：

```
返回类型 operator 运算符(形参表)
{
    函数体
}
```

其中，X 是重载此运算符的类名，返回类型指定了友元运算符函数的返回值类型；operator 是定义运算符函数的关键字；运算符即是要重载的运算符名称，必须是 C++中可重载的运算符；形参表中给出重载运算符所需要的参数和类型；关键字 friend 表明这是一个友元运算符重载函数。由于友元运算符重载函数不是该类的成员函数，所以在类外定义时不需要加上类名。

友元运算符函数没有 this 指针，若友元运算符重载函数重载的是双目运算符，则参数表中有两个操作数；若重载的是单目运算符，则参数表中只有一个操作数。下面分别予以介绍。

2．双目友元运算符重载函数

双目运算符（或称二元运算符）有两个操作数，通常在运算符的左、右两侧，如 3+5、24>12 等。当用友元函数重载双目运算符时，两个操作数都要传递给运算符重载函数。下面是一个用友元运算符重载函数进行复数运算的例子。

【例 7.2】用友元运算符函数进行复数运算。

两个复数 $a+bi$ 和 $c+di$ 进行加、减、乘、除的方法如下：

加法：　　　　　　　　　　$(a+bi)+(c+di)=(a+c)+(b+d)i$

减法：　　　　　　　　　　$(a+bi)-(c+di)=(a-c)+(b+d)i$

乘法：　　　　　　　　　　$(a+bi)\times(c+di)=(ac-bd)+(ad+bc)i$

除法：　　　　　　　　　　$(a+bi)/(c+di)=((a+bi)\times(c-di))/(c^2+d^2)$

在 C++中，不能直接进行复数的加、减、乘、除运算，但是可以定义 4 个友元运算符函数，通过重载、～、*、/运算符来实现复数运算。

在本例中，声明了一个复数类 Complex，类中含有两个数据成员，即复数的实数部分 real 和复数的虚数部分 imag。下面是这个例子的完整程序。

```cpp
#include <iostream>
using namespace std;
class Complex{                              //声明复数类 Complex
  public:
    Complex(double r=0.0,double i=0.0);     //声明用友元函数重载运算符"+"
    friend Complex operator+(Complex& a,Complex& b);
                                            //声明用友元函数重载运算符"-"
    friend Complex operator-(Complex& a,Complex& b);
                                            //声明用友元函数重载运算符"*"
    friend Complex operator*(Complex& a,Complex& b);
                                            //声明用友元函数重载运算符"/"
    friend Complex operator/(Complex& a,Complex& b);
    void display();
  private:
    double real;                            //复数实部
    double imag;                            //复数虚部
};
Complex::Complex(double r,double i)         //构造函数
{ real=r;imag=i;  }
Complex operator+(Complex& a,Complex& b)    //重载运算符"+"的实现
{ Complex temp;
  temp.real=a.real+b.real;
  temp.imag=a.imag+b.imag;
  return temp;
}
Complex operator-(Complex& a,Complex& b)    //重载运算符"-"的实现
{ Complex temp;
  temp.real=a.real-b.real;
  temp.imag=a.imag-b.imag;
  return temp;
}
Complex operator*(Complex& a,Complex& b)    //重载运算符"*"的实现
{ Complex temp;
  temp.real=a.real*b.real-a.imag*b.imag;
  temp.imag=a.real*b.imag+a.imag*b.real;
  return temp;
}
Complex operator/(Complex& a,Complex& b)    //重载运算符"/"的实现
{ Complex temp;
  double t;
  t=1/(b.real*b.real+b.imag*b.imag);
  temp.real=(a.real*b.real+a.imag*b.imag)*t;
  temp.imag=(b.real*a.imag-a.real*b.imag)*t;
  return temp;
}
void Complex::display()                     //显示输出复数
{ cout<<real;
  if(imag>0) cout<<"+";
```

```
        if(imag!=0) cout<<imag<<"i\n";
    }
    int main()
    { Complex  A1(2.3,4.6),A2(3.6,2.8),A3,A4,A5,A6;    //定义6个复数类对象
      A1.display();                                    //输出复数A1
      A2.display();                                    //输出复数A2
      A3=A1+A2;                                         //复数相加
      A3.display();                                    //输出复数相加结果A3
      A4=A1-A2;                                         //复数相减
      A4.display();                                    //输出复数相减结果A4
      A5=A1*A2;                                         //复数相乘
      A5.display();                                    //输出复数相乘结果A5
      A6=A1/A2;                                         //复数相除
      A6.display();                                    //输出复数相除结果A6
      return 0;
    }
```

程序运行结果如下：

```
2.3+4.6i
3.6+2.8i
5.9+7.4i
-1.3+1.8i
-4.6+23i
1.01731+0.486538i
```

在主函数main()中的语句：

```
A3=A1+A2;
A4=A1-A2;
A5=A1*A3;
A6=A1/A4;
```

C++将其解释为：

```
A3=operator+(A1,A2);
A4=operator-(A1,A2);
A5=operator*(A1,A2);
A6=operator/(A1,A2);
```

一般而言，如果在类 X 中采用友元函数重载双目运算符 "@"，而 aa 和 bb 是类 X 的两个对象，则以下两种函数调用方法是等价的：

```
aa@bb;                                              //隐式调用
operator@(aa,bb);                                   //显式调用
```

说明：在函数返回的时候，有时可以直接用类的构造函数来生成一个临时对象，而不对该对象进行命名。例如，上例重载运算符 "+" 的友元运算符重载函数

```
Complex operator+(Complex& a,Complex& b)
{ Complex temp;
  temp.real=a.real+b.real;
  temp.imag=a.imag+b.imag;
  return temp;
}
```

可改写为

```
Complex operator +(Complex& a,Complex& b)
{  return Complex(a.real+b.real, a.imag+b.imag);
}
```

其中，return 语句中的

```
Complex(a.real+b.real, a.imag+b.imag);
```

是建立一个临时对象，它没有对象名，是一个无名对象。在建立临时对象过程中调用构造函数，return 语句将此临时对象作为函数返回值。这种方法执行的效率比较高，但前一种方法可读性比较好。

3. 单目友元运算符重载函数

单目运算符只有一个操作数，如-a、&b、!c、++p 等。重载单目运算符的方法与重载双目运算符的方法是类似的。用友元函数重载单目运算符时，需要一个显式的操作数。下面的例子，用友元函数重载单目运算符 "–"。

【例 7.3】用友元函数重载单目运算符 "–"。

```
#include <iostream>
using namespace std;
class AB{                          //声明类 AB
  public:
    AB(int x=0,int y=0)
    { a=x;b=y; }
    friend AB operator-(AB obj);   //声明用友元函数重载单目运算符 "–"
    void display();
  private:
    int a,b;
};
AB operator-(AB obj)               //定义用友元函数重载单目运算符 "–"
{ obj.a=-obj.a;
  obj.b=-obj.b;
  return obj;
}
void AB::display()
{ cout<<"a="<<a<<" b="<<b<<endl; }
int main()
{ AB ob1(50,60),ob2;
  ob1.display();
  ob2=-ob1;
  ob2.display();
  return 0;
}
```

程序运行结果如下：

```
a=50 b=60
a=-50 b=-60
```

【例 7.4】使用友元函数重载 "++"（"––" 运算符类似）。

```
#include <iostream>
using namespace std;
class Coord{                       //声明类 Coord
  public:
```

```
            Coord(int i=0,int j=0);
            void display();
            friend Coord operator++(Coord &op);      //声明用友元函数重载单目运算符"++"
                                                      //前缀方式
            friend Coord operator++(Coord &op,int);   //后缀方式
        private:                                      //采用引用参数传递操作数
            int x,y;
    };
    Coord::Coord(int i,int j)
    {  x=i;y=j;  }
    void Coord::display()
    {  cout<<"  x: "<<x<<" , y: "<<y<<endl;  }
    Coord operator++(Coord &op)                       //定义用友元函数重载单目运算符"++"
    {  ++op.x;
       ++op.y;
       return op;
    }
    Coord operator++(Coord &op,int)
    {  (op.x)++;
       (op.y)++;              //定义运算符"++"重载友元函数(后缀方式)
       return op;
    }
    int main()
    {  Coord ob(11,22);
       ob.display();
       ++ob;                                          //隐式调用友元运算符函数(前缀)
       ob.display();
       ob++;                                          //隐式调用友元运算符函数(后缀)
       ob.display();
       operator++(ob);                                //显式调用友元运算符函数(前缀)
       ob.display();
       operator++(ob,0);                              //显式调用友元运算符函数(后缀)
       ob.display();
       return 0;
    }
```

程序运行结果如下：

```
x: 11 , y: 22
x: 12 , y: 23
x: 13 , y: 24
x: 14 , y: 25
x: 15 , y: 26
```

在本例中，使用友元函数重载单目运算符"++"时，形参是对象的引用，是通过传址的方法传递参数的，函数形参 op.x 和 op.y 的改变将引起实参 ob.x 和 ob.y 的变化，因而这个程序的运行结果是正确的。

一般而言，如果在类 X 中采用友元函数重载单目运算符"@"，而 aa 是类 X 的对象，则以下两种函数调用方法是等价的：

```
@aa;                                                  //前缀隐式调用
operator@(aa);                                        //前缀显式调用
```

```
aa@;                                    //后缀隐式调用
operator@(aa,0);                        //后缀显式调用
```

说明：

（1）运算符重载函数 operator@() 可以返回任何类型，甚至可以是 void 类型，但通常返回的类型与它所操作的类的类型相同，这样可使重载运算符用在复杂的表达式中。例如，在例 7.2 中，可以将几个复数连续进行加、减、乘、除的运算。

（2）有的运算符不能定义为友元运算符重载函数，如赋值运算符=、下标运算符[]、函数调用运算符()等。

（3）C++编译器根据参数的个数和类型来决定调用哪个重载函数。因此，可以为同一个运算符定义几个运算符重载函数来进行不同的操作。

7.2.2　成员运算符重载函数

在 C++中，可以把运算符函数定义成某个类的成员函数，称为成员运算符重载函数。

1. 成员运算符重载函数定义的语法形式

（1）在类的内部，定义成员运算符重载函数的格式如下：

返回类型 operator 运算符 (形参表)
{
　　函数体
}

（2）成员运算符重载函数也可以在类中声明成员函数的原型，在类外定义。

在类的内部，声明成员运算符重载函数原型的格式如下：

```
class X{
  …
  返回类型 operator 运算符(形参表);
  …
};
```

在类外，定义成员运算符重载函数的格式如下：

返回类型 X::operator 运算符 (形参表)
{
　　函数体
}

其中，X 是成员运算符重载函数所在类的类名；返回类型指定了成员运算符函数的返回值类型；operator 是定义运算符重载函数的关键字；运算符即是要重载的运算符名称，必须是 C++中可重载的运算符；形参表中给出重载运算符所需要的参数和类型。由于成员运算符重载函数是该类的成员函数，所以在类外定义时需要加上类名。

在成员运算符重载函数的形参表中，若运算符是单目的，则参数表为空；若运算符是双目的，则参数表中有一个操作数。下面分别予以介绍。

2. 双目成员运算符重载函数

对双目运算符而言，成员运算符重载函数的形参表中仅有一个参数，它作为运算符的右操作数，此时当前对象作为运算符的左操作数，它是通过 this 指针隐含地传递给函数的。例如：

```
class  X{
```

```
  …
  int operator+(X a);
  …
};
```

在类 X 中声明了重载"+"的成员运算符函数，返回类型为 int，它具有两个操作数：一个是当前对象，另一个是对象 a。

下面看一个采用双目成员运算符重载函数来完成例 7.2 同样工作的例子。

【例 7.5】用成员运算符重载函数进行复数运算。

```cpp
#include <iostream>
using namespace std;
class Complex{                              //声明复数类 Complex
  public:
    Complex(double r=0.0,double i=0.0);     //声明构造函数
    void display();                         //显示输出复数
    Complex operator+(Complex& c);          //声明用成员函数重载运算符"+"
    Complex operator-(Complex& c);          //声明用成员函数重载运算符"-"
    Complex operator*(Complex& c);          //声明用成员函数重载运算符"*"
    Complex operator/(Complex& c);          //声明用成员函数重载运算符"/"
  private:
    double real;                            //复数的实数部分
    double imag;                            //复数的虚数部分
};
Complex::Complex(double r,double i)         //定义构造函数
{   real=r;imag=i;  }
Complex Complex::operator+(Complex& c)      //重载运算符"+"的实现
{ Complex temp;
  temp.real=real+c.real;
  temp.imag=imag+c.imag;
  return temp;
}
Complex Complex::operator-(Complex& c)      //重载运算符"-"的实现
{ Complex temp;
  temp.real=real-c.real;
  temp.imag=imag-c.imag;
  return temp;
}
Complex Complex::operator*(Complex& c)      //重载运算符"*"的实现
{ Complex temp;
  temp.real=real*c.real-imag*c.imag;
  temp.imag=real*c.imag+imag*c.real;
  return temp;
}
Complex Complex::operator/(Complex& c)      //重载运算符"/"的实现
{ Complex temp;
  double t;
  t=1/(c.real*c.real+c.imag*c.imag);
  temp.real=(real*c.real+imag*c.imag)*t;
  temp.imag=(c.real*imag-real*c.imag)*t;
  return temp;
```

```
}
void Complex::display()                          //显示复数的实数部分和虚数部分
{ cout<<real;
  if(imag>0) cout<<"+";
  if(imag!=0) cout<<imag<<"i\n";
}
int main()
{ Complex  A1(2.3,4.6),A2(3.6,2.8),A3,A4,A5,A6;  //定义 6 个复数类对象
  A3=A1+A2;                                      //复数相加
  A4=A1-A2;                                      //复数相减
  A5=A1*A2;                                      //复数相乘
  A6=A1/A2;                                      //复数相除
  A1.display();                                  //输出复数 A1
  A2.display();                                  //输出复数 A2
  A3.display();                                  //输出复数相加的结果 A3
  A4.display();                                  //输出复数相减的结果 A4
  A5.display();                                  //输出复数相乘的结果 A5
  A6.display();                                  //输出复数相除的结果 A6
  return 0;
}
```

程序运行结果如下：

```
2.3+4.6i
3.6+2.8i
5.9+7.4i
-1.3+1.8i
-4.6+23i
1.01731+0.486538i
```

从本例可以看出，对复数重载了这些运算符后，再进行复数运算时，只需像基本数据类型的运算一样书写即可，这样给用户带来了很大的方便，并且很直观。

在主函数 main() 中的语句：

```
A3=A1+A2;
A4=A1-A2;
A5=A1*A3;
A6=A1/A4;
```

C++将其解释为：

```
A3=A1.operator+(A2);
A4=A1.operator-(A2);
A5=A1.operator*(A2);
A6=A1.operator/(A2);
```

由此可以看出，在进行复数的加法运算时，成员运算符重载函数 operator+() 实际上是由双目运算符左边的对象 A1 调用的，尽管双目运算符重载函数的参数表只有一个操作数 A2，但另一个操作数是由对象 A1 通过 this 指针隐含地传递的。其他几种复数运算的过程与加法操作类似，以上两组语句的执行结果是完全相同的。

一般而言，如果在类 X 中采用成员函数重载双目运算符"@"，成员运算符重载函数 operator@() 所需的一个操作数由对象 aa 通过 this 指针隐含地传递，它的另一个操作数 bb 在参数表中显示，aa 和 bb 是类 X 的两个对象，则以下两种函数调用方法是等价的：

```
aa@bb;                          //隐式调用
aa.operator@(bb);               //显式调用
```

3. 单目成员运算符重载函数

对单目运算符而言，成员运算符重载函数的参数表中没有参数，此时当前对象作为运算符的一个操作数。

下面是一个重载单目运算符"++"的例子。

【例 7.6】重载单目运算符"++"。

```
#include <iostream>
using namespace std;
class Coord{                    //声明类 Coord
  public:
    Coord(int i=0,int j=0);
    void display();
    Coord operator ++();        //声明成员运算符重载函数 operator++()
                                //前缀方式
    Coord operator ++(int);     //后缀方式
  private:
    int x,y;
};
Coord::Coord(int i,int j)
{  x=i;y=j;  }
void Coord::display()
{ cout<<"   x: "<<x<<" , y: "<<y<<endl; }
Coord Coord::operator++()       //定义成员运算符重载函数 operator++(),前缀方式
{  ++x;
   ++y;
   return *this;
}
Coord Coord::operator++(int)    //定义成员运算符重载函数 operator++(),后缀方式
{ Coord temp (*this);
   x++;
   y++;
   return temp;
}
int main()
{  Coord ob(11,22);
   ob.display();
   ++ob;                        //隐式调用成员运算符重载函数 operator++(),前缀方式
   ob.display();
   ob++;                        //隐式调用成员运算符重载函数 operator++(),后缀方式
   ob.display();
   ob.operator ++();            //显式调用成员运算符重载函数 operator++(),前缀方式
   ob.display();
   ob.operator ++(0);           //显式调用成员运算符重载函数 operator++(),后缀方式
   ob.display();
   return 0;
}
```

程序运行结果如下：

```
x: 11 , y: 22
x: 12 , y: 23
x: 13 , y: 24
x: 14 , y: 25
x: 15 , y: 26
```

由于 this 指针是指向当前对象的指针，因此语句 "return *this;" 返回的是当前对象的值，即调用运算符重载函数 operator++()的对象 ob 的值。

不难看出，对类 Coord 重载了运算符 "++" 后，对 Coord 类对象的加 1 操作变得非常方便，就像对整型数进行加 1 操作一样。

本例主函数 main()中调用成员运算符函数 operator++()的两种方式

```
++ob;
```

与

```
ob.operator++();
```

是等价的，其执行效果是完全相同的。

本例主函数 main()中调用成员运算符函数 operator++的两种方式

```
ob++;
```

与

```
ob.operator++(int);
```

是等价的，其执行效果是完全相同的。

从本例还可以看出，当用成员函数重载单目运算符时，没有参数被显式地传递给成员运算符重载函数。参数是通过 this 指针隐含地传递给函数的。

一般而言，采用成员函数重载单目运算符（前缀）时，以下两种方法是等价的：

```
@aa;                    //隐式调用
aa.operator@();         //显式调用
```

采用成员函数重载单目运算符（后缀）时，以下两种方法是等价的：

```
aa@;                    //隐式调用
aa.operator@(int);      //显式调用
```

成员运算符函数 operator @()所需的一个操作数由对象 aa 通过 this 指针隐含地传递。因此，在它的参数表中没有参数。

operator @(int) 所需的另一个操作数由对象 aa 通过 this 指针隐含地传递。

7.2.3　运算符重载应该注意的几个问题

运算符重载应该注意以下几个问题：

（1）C++语言中只能对已有的 C++运算符进行重载，不允许用户自己定义新的运算符。例如，虽然某些程序语言将 "**" 作为指数运算符，但是 C++语言编程时不能重载 "**"，因为 "**" 不是 C++运算符。

（2）C++中绝大部分的运算符允许重载，不能重载的运算符只有以下几个：

```
.           成员访问运算符
.*          成员指针访问运算符
::          作用域运算符
sizeof      长度运算符
?:          条件运算符
```

（3）运算符重载是针对新类型数据的实际需要，对原有运算符进行适当改造完成的。一般来说，重载的功能应当与原有的功能相类似（如用"+"实现加法，用"−"实现减法）。从理论上说，可以将"+"运算符重载为执行减法操作，但是这样的做法违背了运算符重载的初衷，非但没有提高可读性，反而容易造成混乱。所以，保持原含义容易被接受，也符合人们的习惯。

（4）重载不能改变运算符的操作对象（即操作数）的个数。例如，在 C++中，运算符"+"是一个双目运算符（即只能带两个操作数），重载后仍为双目运算符，需要两个参数。

（5）重载不能改变运算符原有的优先级。C++已经预先规定了每个运算符的优先级，以决定运算次序。例如，C++规定，乘法运算符"*"的优先级高于减法运算符"−"的优先级，因此在下面表达式中，乘法运算在减法运算之前进行：

```
x=y-a*b;
```

也就是说，上列表达式等价于

```
x=y-(a*b);
```

即使我们某个自定义类型重载了乘法运算符"*"和减法运算符"−"，也不能改变这两个运算符的优先级关系，使它们按先做减法后做乘法的次序执行。如果确实需要改变某运算符的运算顺序，只能采用加括号"()"的办法进行强制改变。

（6）重载不能改变运算符原有的结合特性。例如，在 C++中乘、除法运算符"*"和"/"都是左结合的，因此下列表达式：

```
x=a/b*c;
```

等价于

```
x=(a/b)*c;
```

而不等价于

```
x=a/(b*c);
```

无法重载运算符"*"和"/"，使它们变成右结合的。因此，必要时只能使用括号来改变它们的运算顺序。

（7）运算符重载函数的参数至少应有一个是类对象（或类对象的引用）。也就是说，运算符重载函数的参数不能全部是 C++预定义的基本数据类型。例如，以下定义运算符重载函数的方法是错误的：

```
int operate+(int x,int y)
{  return x+y;}
```

这项规定的目的是防止用户修改用于基本类型数据的运算符性质。因为，假如允许运算符重载函数的参数全部是 C++基本类型的话，可以定义以下运算符重载函数：

```
int operate+(int x,int y)
{return x-y;}
```

如果有表达式 5+3，它的结果是 8 呢？还是 2 呢？显然，这是绝对不允许的。

（8）双目运算符一般可以被重载为友元运算符重载函数或成员运算符重载函数，但有一种情况，必须使用友元函数。

例如，如果将一个类 AB 的对象与一个整数相加，可用成员运算符函数重载"+"运算符。

```
AB::operator+(int x)
{  AB temp;
   temp.a=a+x;
   temp.b=b+x;
```

```
    return temp;
}
```

若 ob1 和 ob2 是类 AB 的对象，则以下语句是正确的：

```
ob2=ob1+200;
```

这条语句被 C++编译系统解释为

```
ob2=ob1.operator(200);
```

由于对象 ob 是运算符 "+" 的左操作数，所以它可以调用 "+" 运算符重载函数 operator+()，执行结果是对象 ob1 数据成员 a 和 b 都被加上一个整数 200。然而，以下语句就不能工作了：

```
ob2=200+ob1;            //编译错误，运算符 "+" 的左侧是整数
```

这条语句被 C++编译系统解释为

```
ob2=200.operator(ob1);
```

由于运算符 "+" 的左操作数是一个整数 200，而不是该类的对象，编译时将出现错误，因为整数 200 不能调用成员运算符重载函数。

如果定义以下的两个友元运算符重载函数：

```
friend AB operator+(AB ob,int x);        //声明友元运算符重载函数，
                                         //运算符 "+" 的左侧是类对象，右侧是整数
friend AB operator+(int x,AB ob);        //声明友元运算符重载函数，
                                         //运算符 "+" 的左侧是整数，右侧是类对象
```

当类 AB 的一个对象与一个整数相加时，无论整数出现在左侧还是右侧，使用友元运算符重载函数都能得到很好的解决。这就解决了使用成员运算符重载函数时，由于整数出现在运算符 "+" 的左侧而出现的错误。下述程序就说明了实现的具体方法。

【例 7.7】使用友元运算符重载函数解决对象与整数相加的问题。

```
#include <iostream>
using namespace std;
class AB{                                //声明类 AB
  public:
    AB(int x=0,int y=0);
    friend AB operator+(AB ob,int x);
    //声明友元运算符重载函数，运算符 "+" 的左侧是类对象，右侧是整数
    friend AB operator+(int x,AB ob);    //声明友元运算符函数
    //声明友元运算符重载函数，运算符 "+" 的左侧是整数，右侧是类对象
    void show();
  private:
    int a,b;
};
AB::AB(int x,int y)
{ a=x;b=y; }
AB operator+(AB ob,int x)                //定义友元运算符重载函数
{ AB temp;
  temp.a=ob.a+x;
  temp.b=ob.b+x;
  return temp;
}
AB operator+(int x,AB ob)                //定义友元运算符重载函数
{ AB temp;
  temp.a=x+ob.a;
  temp.b=x+ob.b;
```

```
    return temp;
}
void AB::show()
{   cout<<"a="<<a<<" "<<"b="<<b<<"\n";}
int main()
{   AB ob1(50,60),ob2;
    ob2=ob1+20;
    ob2.show();
    ob2=40+ob1;
    ob2.show();
    return 0;
}
```

程序运行结果如下：

```
a=70 b=80
a=90 b=100
```

7.3 几个常用运算符的重载

7.3.1 赋值运算符"="的重载

赋值运算符是双目运算符，如果没有用户自定义的赋值运算符函数，那么系统将自动地为其生成一个默认的赋值运算符函数实现对象的赋值。例如：

```
Complex c1(10,20),c2;
c2=c1;
```

就调用默认的赋值运算符函数，将对象 c1 的数据成员逐一拷贝到对象 c2 中，即

```
c2.real=20;
c2.imag=10;
```

采用默认的赋值运算符函数实现的数据成员逐一赋值的方法是一种浅层拷贝的方法。通常，默认的赋值运算符函数是能够胜任工作的。但是，对于许多重要的实用类来说，仅有默认的赋值运算符函数还是不够的，需要用户根据实际需要自己对赋值运算符进行重载，以解决遇到的问题。指针悬挂就是这方面的一个典型问题。

【例 7.8】浅层拷贝产生的指针悬挂问题。

```
#include <iostream>
using namespace std;
class STRING{
    public:
     STRING(char*s)
     {   cout<<"Constructor called."<<endl;
       ptr=new char[strlen(s)+1];
       strcpy(ptr,s);
     }
     ~STRING()
     {   cout<<"Destructor called.---"<<ptr<<endl;
       delete []ptr;
     }
    private:
       char *ptr;
};
```

```
int main()
{   STRING p1("book");
    STRING p2("jeep");
    p2=p1;
    return 0;
}
```

程序运行结果如下：

```
Constructor called.                                         ①
Constructor called.                                         ②
Destructor called.---book                                   ③
Destructor called.---茸茸茸茸                                 ④
```

程序开始运行，创建对象 p1 和 p2 时，分别调用构造函数，通过运算符 new 分别从内存中动态分配一块空间，字符指针 ptr 指向内存空间，这时两个动态空间中的字符串分别为 "book" 和 "jeep"，如图 7-1（a）所示。调用构造函数后在屏幕上显示两行 "Constructor called"（见输出①和②）。执行语句 "p2=p1;" 时，因为没有用户定义的赋值运算符函数，于是就调用默认的赋值运算符函数，使两个对象 p1 和 p2 的指针 ptr 都指向 new 开辟的同一个空间，这个动态空间中的字符串为 "book"，如图 7-1（b）所示。主程序结束时，对象逐个撤销，先撤销对象 p2，第 1 次调用析构函数，先在屏幕上输出 "Destructor called.---book"（见输出③），接着用运算符 delete 释放动态分配的内存空间，如图 7-1（c）所示；撤销对象 p1 时，第 2 次调用析构函数，尽管这时 p1 的指针 ptr 存在，但其所指向的空间却无法访问了，而 p2 的指针 ptr 原先指向的内存空间却没有释放，被封锁起来无法再用，出现了所谓的 "指针悬挂"，这时在屏幕上显示 "Destructor called.---茸茸茸茸"（见输出④），指针 ptr 所指的字符串被随机字符取代，由于第 2 次执行析构函数中语句 "delete []ptr;" 时，企图释放同一空间，从而导致了对同一内存空间的两次释放，这当然是不允许的，必然引起运行错误。产生这个错误的原因是由于在本例的类中含有指向动态空间的指针 ptr，执行语句 "p2=p1;" 时，调用的是默认的赋值运算符函数，采用的是浅层拷贝方法，使两个对象 p1 和 p2 的指针 ptr 都指向 new 开辟的同一个内存空间，于是出现了所谓的 "指针悬挂" 现象。

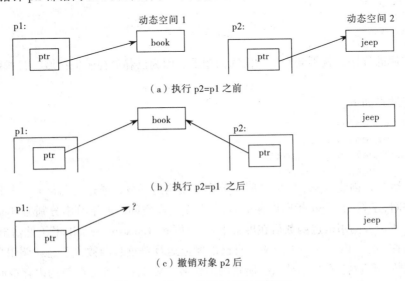

图 7-1　例 7.8 的浅层拷贝示意图

为了解决浅层拷贝出现的错误，必须显式地定义一个自己的赋值运算符重载函数，使之不但拷贝数据成员，而且为对象 p1 和 p2 分配了各自的内存空间，这就是所谓的深层拷贝。

下面的例子是在例 7.8 的基础上，增加了一个自定义的赋值运算符重载函数。

【例 7.9】使用深层拷贝解决指针悬挂问题。

```cpp
#include <iostream>
using namespace std;
class STRING{
   public:
     STRING(char*s)
     {  cout<<"Constructor called."<<endl;
        ptr=new char[strlen(s)+1];
        strcpy(ptr,s);
     }
     ~STRING()
     {  cout<<"Destructor called.---"<<ptr<<endl;
        delete []ptr;
     }
     STRING &operator=(const STRING &);         //声明赋值运算符重载函数
   private:
     char *ptr;
};
STRING &STRING::operator=(const STRING &s)      //定义赋值运算符重载函数
{  if(this==&s)return *this;                    //防止 s=s 的赋值
   delete []ptr;                                //释放掉原区域
   ptr=new char[strlen(s.ptr)+1];               //分配新区域
   strcpy(ptr,s.ptr);                           //字符串拷贝
   return *this;
}
int main()
{  STRING p1("book");
   STRING p2("jeep");
   p2=p1;
   return 0;
}
```

运行修改后的程序，就不会产生上面的问题了。因为已释放掉了旧区域，且按新长度分配了新区域。

程序运行结果如下：

```
Constructor called.                                                       ①
Constructor called.                                                       ②
Destructor called.---book                                                 ③
Destructor called.---book                                                 ④
```

程序开始运行，创建对象 p1 和 p2 时，分别调用构造函数，通过运算符 new 分别从内存中动态分配一块空间，字符指针 ptr 指向内存空间，这两个动态空间中的字符串分别为"book"和"jeep"，如图 7-2（a）所示。调用构造函数后在屏幕上显示两行"Constructor called"（见输出①和②）。执行语句"p2=p1;"时，由于程序中定义了自己的赋值运算符重载函数，于是就调用自定义的赋值运算符重载函数，释放掉了 P2 指针 ptr 所指的旧区域，又按新长度分配新的内存空间给 p2，再把对象 p1 的数据成员赋给 p2 的对应数据成员中，如图 7-2（b）所示。主程序结束时，对象逐个撤

销，先撤销对象 p2，第 1 次调用析构函数，先在屏幕上输出"Destructor called.---book"（见输出③），接着运算符 delete 释放动态分配的内存空间，如图 7-2（c）所示；撤销对象 p1 时，第 2 次调用析构函数，先在屏幕上输出"Destructor called.---book"（见输出④），接着释放了分配给对象 p1 的内存空间。可见，增加了自定义的赋值运算符重载函数后，执行语句"p2=p1;"时，使之不但拷贝数据成员，而且为对象 p1 和 p2 分配了各自的内存空间，程序执行了所谓的深层拷贝，运行结果是正确的。

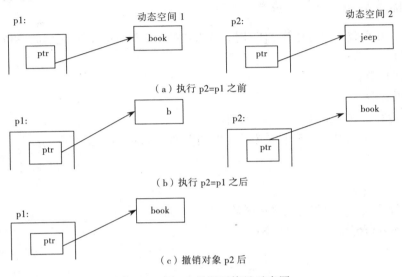

图 7-2　例 7.9 的深层拷贝示意图

　　说明：类的赋值运算符"="只能重载为成员函数，而不能把它重载为友元函数，因为若把上述赋值运算符"="重载为友元函数：

```
friend STRING &operator=(STRING &p2,STRING &p1)
```

表达式

```
p1="book"
```

将被解释为

```
operator=(p1,"book")
```

这显然是没有什么问题的，但对于表达式

```
"book"=p1
```

将被解释为

```
operator=("book",p1)
```

即 C++编译器首先将"book"转换成一个隐藏的 STRING 对象，然后使用对象 p2 引用该隐藏对象，并不认为这个表达式是错误的，从而将导致赋值语句上的混乱。因此，双目赋值运算符应重载为成员函数的形式，而不能重载为友元函数的形式。

　　当然，如果使用系统提供的 string 类就不存在这样的问题。提醒读者注意，动态分配空间容易产生浅拷贝的问题。下面的小程序就不会出现问题。

```
#include <iostream>
#include <string>
using namespace std;
```

```
int main()
{   string p1("book");
    string p2("jeep");
    p2=p1;
    cout<<p2<<endl;
    return 0;
}
```

*7.3.2　下标运算符"[]"的重载

在 C++中，在重载下标运算符"[]"时，认为它是一个双目运算符。例如，X[Y]可以看成：

[]——双目运算符；

X——左操作数；

Y——右操作数。

其相应的运算符重载函数名为 operator[]。

设 X 是某一个类的对象，类中定义了重载"[]"的 operator[]函数，则表达式

```
X[Y];
```

可被解释为

```
X.operator[](Y);
```

下标运算符重载函数只能定义成员函数，其形式如下：

返回类型 类名::operator[](形参)

{

　　函数体

}

注意：形参在此表示下标，C++规定只能有一个参数。

【例 7.10】下标运算符重载函数的使用。

```
#include <iostream>
using namespace std;
class Vector4{
  public:
    Vector4(int a1,int a2,int a3,int a4)
    {   v[0]=a1;v[1]=a2;v[2]=a3;v[3]=a4;  }
    int & operator[](int bi);          //声明下标运算符"[]"重载函数
  private:
    int v[4];
};
int & Vector4::operator[](int bi)      //定义下标运算符"[]"重载函数
{   if(bi<0||bi>=4)                    //数组的边界检查
    {   cout<<"Bad subscript!\n";
        exit(1);
    }
    return v[bi];
}
int main()
{   Vector4 v(11,22,33,44);
    cout<<v[2]<<endl;                  //在此 v[2]被解释为 v.operator[](2)
    v[3]=v[2];                         //在此 v[3]被解释为 v.operator[](3)
```

```
    cout<<v[3]<<endl;
    v[2]=666;
    cout<<v[2];
    return 0;
}
```

程序运行结果如下：

```
33
33
666
```

对运算符"[]"完成了以上的重载后，语句"cout<<v[2];"就是可以直接访问类 Vector4 的私有数据 v[2]。这是因为重载后的 v[2]实际上已被解释成"v.operator[](2)"了。

说明：重载下标运算符"[]"时，返回一个 int 型的引用，可使重载的"[]"用在赋值语句的左边，因而在 main()函数中，v[2]可以出现在赋值运算符的任何一边，使编制程序更灵活了。

*7.3.3 函数调用运算符"()"的重载

在 C++中，重载函数调用运算符"()"时认为它是一个双目运算符。例如，X(Y)可以看成：

()—双目运算符；

X—左操作数；

Y—右操作数。

其相应的运算符函数名为 operator()。

设 X 是某一个类的对象，类中定义了重载"()"的函数 operator()，则表达式

```
X(5);
```

可被解释为：

```
X.operator()(5);
```

对函数调用运算符重载只能使用成员函数，其形式如下：

返回类型 类名::operator()(形参表)

```
{
    函数体
}
```

下面的程序将帮助我们理解函数调用运算符"()"的重载。

【例 7.11】声明一个矩阵类 Matrix，在该类中重载运算符"()"，使其能返回矩阵元素的值。

```
#include <iostream>
using namespace std;
class Matrix{
  public:
    Matrix(int,int);
    int& operator()(int,int);           //重载运算符"()"
  private:
    int* m;
    int row ,col;
};
Matrix::Matrix(int row,int col)
{  this->row=row;
   this->col=col;
   m=new int[row*col];
```

```
         for(int i=0;i<row*col;i++)
            *(m+i)=i;
     }
     int& Matrix::operator()(int r,int c)
     {  return(*(m+r*col+c));  }              //返回矩阵中第 r 行第 c 列的值
     int main( )
     {  Matrix aM(10,10);                     //生成一个矩阵对象 aM
        cout<<aM(3,4);                        //输出矩阵中位于第 3 行第 4 列的元素值
        aM(3,4)=35;                           //改变矩阵中位于第 3 行第 4 列的元素值
        cout<<endl<<aM(3,4);
        return 0;
     }
```

程序运行结果如下：

```
34
35
```

在程序中，aM(3,4)相当于：

```
aM.operator()(3,4)
```

其功能是返回矩阵中位于第 2 行第 3 列的元素的值。另外，程序中之所以能改变矩阵元素的值，是因为把函数 operator()的返回类型定义为引用类型 int&的缘故。

函数调用运算符"()"是唯一的一个可带多个右操作数的运算符函数。以下例子说明了带有多个参数的函数调用运算符"()"重载函数。

【例 7.12】带有多个参数的函数调用运算符"()"重载函数。

```
#include <iostream>
using namespace std;
class Myclass{
   public:
      Myclass(int x=0,double y=0)
      {  i=x;j=y;  }
      Myclass operator()(int k,double m);
      void display()
      {  cout<<i<<" "<<j<<"\n";  }
   private:
      int i;
      double j;
};
Myclass Myclass::operator()(int k,double m)
{  i=k+10;
   j=m+10.5;
   return *this;
}
int main()
{  Myclass obj1(10,11.5);
   obj1.display();
   obj1(100,6.9);                  //此语句可解释为 obj1.operator()(100,6.9)
   obj1.display();
   return 0;
}
```

程序运行结果如下：

```
10    11.5
110   17.4
```

7.4 重载插入运算符和提取运算符

前面介绍了系统预定义的标准类型的输入或输出。对于用户自定义类型（类类型、结构体类型等）的输入或输出，在 C++中可以通过重载运算符 ">>" 和 "<<" 来实现。

7.4.1 重载插入运算符 "<<"

"<<" 本来是被定义为位运算的左位移运算符，在 C++中对它进行了重载，使它能用作标准类型数据的输出运算符，称为插入运算符（又称输出运算符）。"<<" 是一个双目运算符，有两个操作数：左操作数为输出流类 ostream 的一个流对象（如 cout，将在第 9 章详细介绍）；右操作数为一个系统预定义的标准类型的常量或变量。在头文件 iostream 中有一组运算符函数对运算符 "<<" 进行重载，以便能用它输出各种标准类型的数据，其原型具有

```
ostream& operator<<(ostream& 类型名);
```
的形式。

其中，类型名是指 int、float、double、char*、char 等 C++标准类型。这表明，只要输出的数据属于其中的一种，就可以直接使用插入运算符 "<<" 完成标准类型数据的输出任务。

例如，当系统执行

```
cout<<"This is a string.\n";
```
操作时，就调用了插入运算符重载函数

```
ostream& operator<<(ostream& char*);
```
以上语句相当于

```
cout.operator<<("This is a string.\n");
```
它的功能是将字符串 "This is a string." 插入到流对象 cout 中，cout 为标准输出流对象，它与标准输出设备（通常为显示器）连在一起。于是在显示器屏幕上显示出字符串"This is a string"。

C++对插入运算符 "<<" 的功能进行了扩充，可以通过重载运算符 "<<" 实现用户自定义类型的输出。定义插入运算符 "<<" 重载函数的一般格式如下：

```
ostream& operator<<(ostream& out,自定义类名& obj)
{
    out<<obj.item1;
    out<<obj.item2;
     …
    out<<obj.itemn;
    return out;
}
```
函数中第 1 个参数 out 是 ostream 类对象的引用。这意味着 out 必须是输出流对象，它可以是其他任何正确的标识符，但必须与 return 后面的标识符相同。第 2 个参数 obj 为用户自定义类型的对象的引用。item1,...,itemn 为用户自定义类型中的数据成员。插入运算符重载函数不能是所操作的类的成员函数，但可以是该类的友元函数或普通函数。

下面看一个插入运算符 "<<" 重载的例子。

【例 7.13】将运算符函数重载为友元函数，并用重载的运算符"<<"输出日期。

```cpp
#include <iostream>
using namespace std;
class Date{
    friend ostream& operator<<(ostream& out,Date& da);
    public:
      Date(int y,int m,int d);
    private:
      int year;
      int month;
      int day;
};
Date::Date(int y,int m,int d):year(y),month(m),day(d)
{ }
ostream& operator<<(ostream& out,Date& da)
{ out<<da.year<<".";                        //定义运算符"<<"重载函数
  out<<da.month<<".";
  out<<da.day<<endl;
  return out;
}
int main()
{ Date date1(2016,4,28);                     //定义普通对象date1
  cout<<date1;
  return 0;
}
```

程序运行结果如下：

2016.4.28

可以看到在对运算符"<<"重载后，在程序中用"<<"不仅能输出标准类型数据，而且可以输出用户自己定义的类对象。用"cout<<date1"就能输出 date1 的值。下面对插入运算符"<<"重载的实现做一些说明。

程序中运算符"<<"重载函数中的形参 cout 是 ostream 类对象的引用，形参名 out 是用户任意起的。函数中语句：

```cpp
cout<< date1;
```

运算符"<<"的左边是 ostream 类对象 cout，右边是的 Date 类对象 date1。由于已将运算符"<<"的重载函数声明为类 Date 的友元函数，C++编译系统把"cout<< date1"解释为

```cpp
operator<<(cout,date1)
```

即以 cout 和 date 1 作为实参，调用下面的运算符"<<"重载函数：

```cpp
ostream& operator<<(ostream& out,Date& da)
{ out<<da.year<<".";                        //定义运算符"<<"重载函数
  out<<da.month<<".";
  out<<da.day<<endl;
  return out;
}
```

调用函数时，形参 out 成为 cout 的引用，形参 da 为引用，因此调用的过程相当于执行：

```cpp
out<<da.year<<".";                          //定义运算符"<<"重载函数
out<<da.month<<".";
```

```
out<<da.day<<endl;
    return out;
```
于是执行 "cout<<date1;"，输出

```
2016.4.28
```

7.4.2　重载提取运算符 ">>"

">>" 本来是被定义为位运算的右位移运算符，在 C++中对它进行了重载，使它能用作标准类型数据的输入运算符，称为提取运算符（又称输入运算符）。">>" 也是一个双目运算符，有两个操作数：左面的操作数是输入流类 istream 的一个对象（如 cin）；右面的操作数是系统预定义的任何标准数据类型的变量。在头文件 iostream 中也有一组提取运算符函数对运算符 ">>" 进行重载，以便能用它输入各种标准类型的数据，其原型具有

```
istream& operator>>(istream& 类型名&);
```
的形式。

其中，类型名也是指 int、float、double、char*、char 等 C++标准类型。这表明，只要输入的数据属于其中的一种，就可以直接使用提取运算符 ">>" 完成标准类型数据的输入任务。

例如，当系统执行

```
int x;
cin>>x;
```
操作时，将根据实参 x 的类型调用相应的提取运算符重载函数，并把 x 传送给对应的形参，接着从标准输入流对象 cin（它与标准输入设备连在一起，通常为键盘）读入一个值并赋给 x（因为形参是 x 的引用）。

C++对提取运算符 ">>" 的功能进行了扩充，可以通过重载运算符 ">>" 实现用户自定义类型的输入。定义提取运算符函数与插入运算符函数的格式基本相同，只是要把 ostream 换成 istream，把 "<<" 用 ">>" 代替。完整的格式如下：

```
istream& operator>>(istream& in,自定义类名& obj)
{   in>>obj.item1;
    in>>obj.item2;
    …
    in>>obj.itemn;
    return in;
}
```
函数中第一个参数 in 是 istream 类对象的引用。这意味着 in 必须是输入流对象，它可以是其他任何正确的标识符，但必须与 return 后面的标识符相同。第二个参数 obj 为用户自定义类型的对象的引用。item1,…,itemn 为用户自定义类型中的数据成员。

与插入运算符重载函数一样，提取运算符重载函数也不能是所操作的类的成员函数，但可以是该类的友元函数或普通函数。

下面举例说明。

【例 7.14】将运算符函数重载为友元函数，并用重载运算符 ">>" 输入日期，用重载的运算符 "<<" 输出日期。

```
#include <iostream>
using namespace std;
class Date{
```

```
    friend ostream& operator<<(ostream& out,Date& da);
    friend istream& operator>>(istream& input,Date& da);
    public:
      Date(int y,int m,int d);
    private:
      int year;
      int month;
      int day;
};
Date::Date(int y,int m,int d):year(y),month(m),day(d)
{ }
ostream& operator<<(ostream& out,Date& da)
{ out<<da.year<<".";                    //定义运算符"<<"重载函数
  out<<da.month<<".";
  out<<da.day<<endl;
  return out;
}
istream& operator>>(istream& input,Date& da)
{                                       //定义重载">>"的运算符函数
  cout<<"请输入日期:";
  input>>da.year;
  input>>da.month;
  input>>da.day;
  return input;
}
int main()
{ Date date1(2016,4,28);                //定义普通对象date1
  cin>>date1;
  cout<<date1;
  return 0;
}
```

程序运行结果如下：

```
请输入日期:2016  6  26✓
2016. 6 .26
```

7.5 类 型 转 换

7.5.1 标准类型间的转换

类型转换是将一种类型的值转换为另一种类型值。对于系统预定义的标准类型（如 int、float、double、char 等），C++提供两种类型的转换方式：一种是隐式类型转换，另一种是显式类型转换。

1. 隐式类型转换

在 C++中，某些不同类型的数据之间可以自动转换。例如：

```
int x=5,y;
y=3.5+x;
```

C++编译系统对 3.5 是作为 double 型数据处理的，在进行 "3.5+x" 时，先将 x 的值 5 转换成

double 型，然后与 3.5 相加，得到的和为 8.5；在向整型变量 y 赋值时，将 8.5 转换成整数 8，然后赋给 y。这种转换是由 C++编译系统自动完成的，用户不需干预，称为隐式类型转换。

2．显式类型转换

编程人员在程序中可以明确地指出将一种数据类型转换成另一种指定的类型，这种转换称为显式类型转换。显式类型转换常采用下述方法表示：

（1）C 语言中采用的形式为：

```
(类型名)表达式
```

例如：

```
double i=2.2,j=3.2
cout<<(int)(i+j);
```

将表达式 i+j 的值 5.4 强制转换成整型数 5 后输出。

（2）C++中采用的形式为：

```
类型名(表达式)
```

例如：

```
double i=2.2,j=3.2
cout<<int(i+j);
```

此时，也将表达式 i+j 的值 5.4 强制转换成整型数 5 后输出。

C++保留了 C 语言的用法，但提倡采用 C++提供的方法。

*7.5.2 类类型与标准类型间的转换

前面介绍的是系统预定义的标准数据类型之间的转换。那么，对于用户自己定义的类的类型而言，如何实现它们与其他数据类型之间的转换呢？通常，可归纳为以下两种方法：

（1）通过转换构造函数进行类型转换。

（2）通过类型转换函数进行类型转换。

下面分别予以介绍。

1．通过转换构造函数进行类型转换

转换构造函数也是构造函数的一种，它具有类型转换的作用，它的作用是将一个其他类型的数据转换成它所在类的对象。请看下面的例子。

【例 7.15】通过转换构造函数进行类型转换。

```
#include <iostream>
using namespace std;
  class Example{
    public:
      Example(int);
      void print();
    private:
      int num;
};
Example::Example(int n)  //转换构造函数，将 int 型数据转换成类 Example 的对象
{ num=n;
    cout<<"调用转换构造函数，将 int 型数据"<<n<<"转换成类 Example 的对象.\n";
  }
```

```
void Example::print()
{   cout<<"这个对象数据成员 num 的值为: "<<num<<endl; }
int main()
{  Example X=Example(3);//①
   X.print();
   cout<<"---------------\n";
   Example Y=6;          //②
   Y.print();
   cout<<"---------------\n";
   Y=8;
   Y.print();            //③
   return 0;
}
```

程序运行结果如下:

调用转换构造函数，将 int 型数据 3 转换成类 Example 的对象.
这个对象数据成员 num 的值为: 3

调用转换构造函数，将 int 型数据 6 转换成类 Example 的对象.
这个对象数据成员 num 的值为: 6

调用转换构造函数，将 int 型数据 8 转换成类 Example 的对象.
这个对象数据成员 num 的值为: 8

在类 Example 中有一个 int 型参数的构造函数 Example，此构造函数在此用做类型转换，其作用是将 int 型数据转换成类 Example 的对象，故称为转换构造函数。

main()函数中的语句①，通过调用转换构造函数，将整数 3 转换为类 Example 的临时对象后赋给对象 X，若没有转换构造函数 Example()此语句将是被禁止的。语句②将 6 转换为类 Example 的临时对象后赋给对象 Y，转换也是通过转换构造函数 Example()完成的。语句③将 6 转换为类 Example 的临时对象后赋给对象 Y，转换同样也是通过转换构造函数 Example()完成的。

通常，使用转换构造函数将一个指定的数据转换为类对象的方法如下:

（1）声明一个类。

（2）在这个类中定义一个只有一个参数的构造函数，参数是待转换类型的数据，在函数体中指定转换的方法。

（3）用以下形式进行类型转换:

类名(待转换类型的数据)

说明:

（1）转换构造函数也是一种构造函数，它遵循构造函数的一般规则。转换构造函数只有一个参数，作用是将一个其他类型的数据转换成它所在类的对象。但是，有一个参数的构造函数不一定是转换构造函数，它可以是普通的构造函数，仅仅起对象初始化的作用。

（2）转换构造函数不仅可以将一个系统预定义的标准类型数据转换成类的对象，也可以将另一个类的对象转换成转换构造函数所在的类对象。需要深入了解的读者可以参阅有关书籍，在此不做详细介绍。

2. 通过类型转换函数进行类型转换

通过转换构造函数可以将一个指定类型的数据转换为类的对象。 但是不能反过来将一个类的对象转换成其他类型的数据，如不能将一个 Complex 类的对象转换成 double 类型的数据。为此，C++提供了一个称为类型转换函数的函数来解决这个转换问题。类型转换函数的作用是将一个类的对象转换成另一类型的数据。在类中，定义类型转换函数的一般格式为：

```
operator 目标类型()
{
    函数体
}
```

其中，目标类型为希望转换成的类型，它既可以是预定义的标准数据类型也可以是其他类的类型。类型转换函数的函数名为"operator 目标类型"，在函数名前面不能指定返回类型，也不能有参数。通常，其函数体的最后一条语句是 return 语句，返回值的类型是该函数的目标类型。例如，已经声明了一个 Complex 类，可以在 Complex 类中定义一个类型转换函数：

```
operator double()
{ return real; }
```

这个类型转换函数的函数名是"operator double"，希望转换成的目标类型为 double，函数体为"return real;"。这个类型转换函数的作用是将 Complex 类对象转换为一个 double 类型的数据，其值是 Complex 类中的数据成员 real 的值。

关于类型转换函数，有以下几点注意事项：

（1）类型转换函数只能定义为一个类的成员函数而不能定义为类的友元函数。类型转换函数也可以在类体中声明函数原型，而将函数体定义在类的外部。

（2）类型转换函数既没有参数，也不能在函数名前面指定返回类型。

（3）类型函数中必须有 return 语句，即必须送回目标类型的数据作为函数的返回值。

（4）一个类可以定义多个类型转换函数。C++编译器将根据类型转换函数名自动选择一个合适的类型转换函数予以调用。

下面看一个具体的例子。

【例 7.16】通过类型转换函数进行类型转换。

```
#include <iostream>
using namespace std;
class Complex{
  public:
    Complex(double r=0,double i=0)   //声明构造函数
    { real=r;imag=i; }
    operator double()                      //类型转换函数，
                    //将 Complex 类的对象转换为一个 double 类型的数据
    { return real; }
    operator int()                         //类型转换函数，
                                //将 Complex 类的对象转换为一个 int 类型的数据
    { return int(real); }
    void print()
    { cout<<real<<','<<imag<<endl; }
  private:
    double real,imag;
};
int main()
{ Complex a(2.2,4.4);          //定义 Complex 类的对象 a
  cout<<"Complex 类对象 a 的实部和虚部分别为:";
  a.print();
```

```
    cout<<"Complex 类对象 a 转换成 double 型数据为:";
    cout<<double(a)<<endl;        //调用类型转换函数，将转换后的 double 类型的数据显示出来
    Complex b(4,6);               //定义 Complex 类的对象 b
    cout<<"Complex 类对象 b 的实部和虚部分别为:";
    b.print();
    cout<<"Complex 类对象 b 转换成 int 型数据为:";
    cout<<int(b)<<endl;           //调用类型转换函数，将转换后的 int 类型的数据显示出来
    return 0;
}
```

程序运行结果如下：

```
Complex 类对象 a 的实部和虚部分别为:2.2,4.4
Complex 类对象 a 转换成 double 型数据为:2.2
Complex 类对象 b 的实部和虚部分别为:4,6
Complex 类对象 b 转换成 int 型数据为:4
```

在以上程序中，两次调用了类型转换函数：第 1 次采用 "double(a)" 调用的方式，将类 Complex 的对象 a 转换成 double 类型数据；第 2 次采用 "int(b)" 调用的方式，将类 Complex 的对象 b 转换成 int 类型数据。

使用类型转换函数可以分为显式转换和隐式转换两种。上面的程序中使用了显式转换，即明确了调用类型转换函数将 Complex 类对象转换成 double 类型或 int 类型的数据。那么，隐式的转换又是如何进行的呢？我们用下面的例子说明这个问题。

【例 7.17】通过类型转换函数进行隐式类型转换。

```cpp
#include <iostream>
using namespace std;
class Complex{
  public:
    Complex(){ }                 //不带参数的构造函数
    Complex(int r,int i)         //带两个参数的构造函数
    { real=r;
      imag=i;
      cout<<"Constructing...\n";
    }
    Complex(int i)               //转换构造函数，将 int 类型的数据转换成 Complex 类的对象
    { real=imag=i/2; }
    operator int()               //类型转换函数，将 Complex 类对象转换为 int 类型的数据
    { cout<<"Type changed to int...\n";
      return real+imag;
    }
    void print()                 //成员函数，输出复数对象的值
    { cout<<"real: "<<real<<"\t"<<"imag: "<<imag<<endl; }
  private:
    int real,imag;
};
int main()
{ Complex a1(1,2),a2(3,4);       //建立对象 a1 和 a2，两次调用带参数的构造函数
  a1.print();                    //输出复数对象 a1 的值
  a2.print();                    //输出复数对象 a2 的值
  Complex a3;                    //建立对象 a3，调用不带参数的构造函数
  a3=a1+a2;                      //执行过程见下面的分析
```

```
    a3.print();              //输出复数对象 a3 的值
    return 0;
}
```

程序运行结果如下：

```
Constructing...          (注：建立对象 a1 时，调用带参数的构造函数)
Constructing...          (注：建立对象 a2 时，调用带参数的构造函数)
real: 1 imag: 2          (注：输出复数对象 a1 的值)
real: 3 imag: 4          (注：输出复数对象 a2 的值)
Type changed to int...   (注：调用类型转换函数)
Type changed to int...   (注：调用类型转换函数)
real: 5 imag: 5          (注：输出复数对象 a3 的值)
```

分析这个程序，读者一定会感到奇怪，类 Complex 中没有定义将两个对象相加的运算符重载函数，怎么还可以进行 "a1+a2" 的操作呢？这是由于 C++自动进行隐式转换的缘故。这个自动进行类型转换过程的步骤如下：

（1）寻找将两个 Complex 类对象相加的运算符重载函数，程序中未找到。

（2）寻找能将 Complex 类的对象转换成 int 型数据的类型转换函数 operator int()，程序中找到。于是调用它分别将对象 a1 和 a2 隐式转换成 int 类型的数据 3 和 7。

（3）寻找将两个整数相加的运算符函数，这个运算符函数已经在 C++系统中预定义。于是就调用这个运算符函数将两个 int 类型的数据 3 和 7 相加得到整数 10。

（4）由于语句 "a3=a1+a2;" 的赋值号左边是 Complex 类的对象 a3，而右边是 int 类型数据 10，于是隐式调用转换构造函数将 int 类型数 10 转换成 Complex 类的一个临时对象（其 real 和 imag 都是 5），然后将这个临时对象的值赋给 Complex 类对象 a3，执行结果是对象 a3 的 real 和 imag 也分别是 5。

7.6　程序举例

【例 7.18】下面的程序建立了类 Triangle，用来存储直角三角形的宽与高。用重载输出运算符函数在屏幕上显示三角形。

```
#include <iostream>
using namespace std;
class Triangle{
    public:
      Triangle(int h,int b)
      { height=h;
        base=b;
      }
      friend ostream& operator<<(ostream& stream,Triangle ob);
    private:
      int height,base;
};
ostream& operator<<(ostream& stream,Triangle ob)  //定义重载 "<<" 的运算符函数
{ int i,j,h,k;
  i=j=ob.base-1;
  for(h=ob.height-1;h;h--)
  { for(k=i;k;k--)
```

```
         stream<<' ';
       stream<<'*';
       if(j!=i)
       {  for(k=j-i-1;k;k--)
          stream<<' ';
         stream<<'*';
       }
       i--;
       stream<<endl;
   }
     for(k=0;k<ob.base;k++)
       stream<<'*';
     stream<<endl ;
     return stream;
}
int main()
{  Triangle t1(5,5),t2(10,10),t3(12,12);
   cout<<t1<<endl;
   cout<<t2<<endl;
   cout<<t3<<endl;
   return 0;
}
```

程序运行结果如下：

```
    *
    **
   * *
  *   *
*****
          *
          **
         * *
        *   *
       *     *
      *       *
     *         *
    *           *
   *             *
*********
            *
            **
           * *
          *   *
         *     *
        *       *
       *         *
      *           *
     *             *
    *               *
   *                 *
************
```

本 章 小 结

（1）运算符重载是面向对象程序设计的重要特征。运算符重载是对已有的运算符赋予多重含义，使同一个运算符作用于不同类型的数据导致不同的行为。

（2）C++语言中只能重载原先已有定义的运算符。程序员不能臆造新的运算符来扩充 C++语言，必须把重载运算符限制在 C++语言中已有的运算符范围之内。

（3）C++中绝大部分的运算符允许重载，不能重载的运算符有以下几个：

.	成员访问运算符
.*	成员指针访问运算符
::	作用域运算符
sizeof	长度运算符
?:	条件运算符

（4）运算符重载函数一般采用如下两种形式：一是定义为它将要操作的类的成员函数（称为成员运算符重载函数），二是定义为类的友元函数（称为友元运算符重载函数）。

（5）对双目运算符而言，成员运算符重载函数带有一个参数，而友元运算重载符函数带有两个参数；对单目运算符而言，成员运算符重载函数不带参数，而友元运算符重载函数带一个参数。

（6）对于用户自定义类的类型数据（即对象）的输入或输出，在 C++中可以通过重载运算符"\>\>"和"\<\<"来实现。

（7）类型转换是将一种类型的值转换为另一种类型值。对于用户自己定义的类类型与其他数据类型之间的转换，通常可归纳为以下两种方法：

① 通过转换构造函数进行类型转换。

② 通过类型转换函数进行类型转换。

转换构造函数的作用是将一个其他类型的数据转换成它所在类的对象。类型转换函数的作用是将一个类的对象转换成另一类型的数据。

习　　题

【7.1】简述运算符重载的规则。

【7.2】友元运算符重载函数和成员运算符重载函数有什么不同？

【7.3】有关运算符重载正确的描述是（　　　）。

A. C++允许在重载运算符时改变运算符的操作个数

B. C++允许在重载运算符时改变运算符的优先级

C. C++允许在重载运算符时改变运算符的结合性

D. C++允许在重载运算符时改变运算符的原来的功能

【7.4】能用友元函数重载的运算符是（　　　）。

A. +　　　　　　　　B. =　　　　　　　　C. []　　　　　　　　D. -\>

【7.5】假定要对类 AB 定义加号运算符重载成员函数，实现两个 AB 类对象的加法，并返回相加结果，则该成员函数的声明语句为（　　　）。

A. AB operator+(AB& a ,AB& b)　　　　　　B. AB operator+(AB& a)

C. operator+(AB a)   D. AB &operator+( )

【7.6】写出下列程序的运行结果。

```cpp
#include <iostream>
using namespace std;
class A {
  public:
    A(int i):x(i)
    {  }
    A()
    {  x=0; }
    friend A operator++(A a);
    friend A operator--(A &a);
    void print();
  private:
    int x;
};
A operator++(A a)
{  ++a.x;
   return a;
}
A operator--(A &a)
{  --a.x;
   return a;
}
void A::print()
{  cout<<x<<endl; }
int main()
{  A a(7);
   ++a;
   a.print();
   --a;
   a.print();
   return 0;
}
```

【7.7】写出下列程序的运行结果。

```cpp
#include <iostream>
using namespace std;
class Words{
  public:
    Words(char *s)
    {  str=new char[strlen(s)+1];
       strcpy(str,s);
       len=strlen(s);
    }
    void disp();
    char operator[](int n);        //定义下标运算符 "[]" 重载函数
  private:
    int len;
    char*str;
```

```
};
char Words::operator[](int n)
{   if(n<0||n>len-1)                        //数组的边界检查
    {   cout<<"数组下标超界!\n";
        return ' ';
    }
    else
        return *(str+n);
}
void Words::disp()
{   cout<<str<<endl; }
int main()
{   Words word("This is C++ book.");
    word.disp();
    cout<<"第 1 个字符:";
    cout<<word[0]<<endl;                    //word[0]被解释为 word.operator[](0)
    cout<<"第 16 个字符:";
    cout<<word[15]<<endl;
    cout<<"第 26 个字符:";
    cout<<word[25]<<endl;
    return 0;
}
```

【7.8】写出下列程序的运行结果。

```
#include <iostream>
using namespace std;
class  Length {
    int meter;
  public:
    Length(int m)
    {   meter=m; }
    operator double()
    {   return(1.0*meter/1000); }
};
int main()
{   Length a(1500);
    double  m=float(a);
    cout<<"m="<<m<<"千米"<<endl;
    return 0;
}
```

【7.9】写出下列程序的运行结果。

```
#include <iostream>
using namespace std;
class Array{
    public:
      Array(int);
      int& operator()(int); //重载运算符()
    private:
      int *m;
      int x;
};
```

```
Array::Array(int x)
{  this->x=x;
   m=new int[x];
   for(int i=0;i<x;i++)
     *(m+i)=i;
}
int& Array::operator()(int x1)
{  return(*(m+x1));}
int main()
{  cout<<"\n\n";
   Array a(10);
   cout<<a(5);
   a(5)=7;
   cout<<endl<<a(5);
   return 0;
}
```

【7.10】编写一个程序，用成员函数重载运算符"+"和"-"将两个二维数组相加和相减，要求第一个二维数组的值由构造函数设置，另一个二维数组的值由键盘输入。

【7.11】修改上题，用友元函数重载运算符"+"和"-"将两个二维数组相加和相减。

【7.12】编写一个程序，声明一个矩阵类 Matrix，重载运算符"+"，使之能用于矩阵的加法运算。有两个矩阵a和b，均为2行4列。求两个矩阵之和。重载流插入运算符"<<"和流提取运算符">>"，使之能用于该矩阵的输入与输出。

第 **8** 章 │ 函数模板与类模板

模板是 C++的一个重要特性。利用模板机制可以显著减少冗余信息，能大幅度地节约程序代码，进一步提高面向对象程序的可重用性和可维护性。模板是实现代码重用机制的一种工具，它可以实现类型参数化，即把类型定义为参数，从而实现代码的重用，使得一段程序可以用于处理多种不同类型的对象，大幅度地提高程序设计的效率。本章主要讲述模板的概念、函数模板与模板函数、类模板与模板类以及 C++异常处理的基本思想和基本方法等内容。

8.1　模板的概念

在程序设计中往往存在这样的现象：两个或多个函数的函数体完全相同，差别仅在于它们的参数类型不同。例如，在 C 语言中定义求最大值函数 Max()时，往往需要分别给不同的数据类型定义不同的版本。例如：

```
int Max(int x,int y)
{  return (x>y)?x:y;}
long Max(long x,long y)
{  return (x>y)?x:y;}
double Max(double x,double y)
{  return (x>y)?x:y;}
```

这些函数执行的功能都是相同的，只是参数类型和函数返回的类型不同。能否为上述这些函数只写出一套代码呢？解决这个问题的一种方法是使用宏定义，如

```
#define Max(x,y)((x>y)?x:y)
```

但是，由于宏定义避开了 C++的类型检查机制，在某些情况下，将会导致两个不同类型参数之间的比较。例如，将一个整数和一个结构进行比较，显然将导致错误。

宏定义带来的另一个问题是，可能在不该替换的地方进行了替换，而造成错误。

事实上，由于宏定义会造成不少麻烦，所以在 C++中不主张使用宏定义。

解决以上问题的另一个方法就是使用模板。模板是实现代码重用机制的一种工具，它可以实现类型参数化，即把类型定义为参数，从而实现代码重用。模板分为函数模板和类模板，它们分别允许用户构造模板函数和模板类。图 8-1 显示了模板、模板函数、模板类和对象之间的关系。

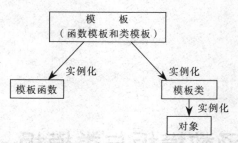

图 8-1　模板、模板类、模板函数和对象之间的关系

8.2　函数模板

首先看一个小例子：求最大值函数 Max()定义的函数模板。

【例 8.1】声明函数模板。

```
template <typename T>            //T 为类型参数
T Max(T x,T y)                   //"T x,T y"为模板形参表
{  return (x>y)?x:y; }
```

也可以定义成如下形式：

```
template <class T>               //T 为类型参数
T Max(T x,T y)                   //"T x,T y"为模板形参表
{  return (x>y)?x:y; }
```

利用这个模板可以求任意数据类型的最大值。

8.2.1　函数模板的声明

所谓函数模板，实际上是建立一个通用函数，其函数返回类型和形参类型不具体指定，用一个虚拟的类型（例 8.1 中的 T）来代表，这个通用函数就称为函数模板。在调用函数时，系统会根据实参的类型（模板实参）来取代模板中虚拟类型，从而实现不同函数的功能。

函数模板的声明格式如下：

```
template <typename 类型参数>
返回类型 函数名(模板形参表)
{
     函数体
}
```

也可以定义成如下形式：

```
template <class 类型参数>
返回类型 函数名(模板形参表)
{
     函数体
}
```

其中，template 是一个声明模板的关键字，它表示声明一个模板。类型参数（通常用 C++标识符表示，如 T、Type 等）实际上是一个虚拟的类型名，使用前并未指定它是哪一种具体的类型，但使用函数模板时，必须将类型参数实例化。类型参数前需要加关键字 typename（或 class），typename 和 class 的作用相同，都是表示其后的参数是一个虚拟的类型名（即类型参数）。早期版

本的 C++程序都用关键字 class，由于 class 容易与类名混淆，所以后来标准 C++又增加了关键字 typename，二者可以互换，但 typename 的含义比 class 更清晰。

8.2.2　函数模板的使用

【例 8.2】函数模板的使用。

```cpp
#include <iostream>
using namespace std;
template <typename T>
T Max(T x,T y)
{ return (x>y)?x:y;}
int main()
{  int i1=19,i2=23;
   double d1=50.344,d2=4656.346;
   char c1='k',c2='n';
   cout<<"The max of i1,i2 is:  "<<Max(i1,i2)<<endl;
   cout<<"The max of d1,d2 is:  "<<Max(d1,d2)<<endl;
   cout<<"The max of c1,c2 is:  "<<Max(c1,c2)<<endl;
   return 0;
}
```

程序中定义的 Max()函数代表的是一类函数，若要使用这个 Max()函数进行求最大值操作，必须将关键字 typename（或 class）后面的类型参数 T 实例化为确定的数据类型（如 int 等），从这个意义上说，函数模板不是一个完全的函数。将 T 实例化的参数称为模板实参，用模板实参实例化的函数称为模板函数。

当编译系统发现有一个函数调用：

函数名 (模板实参表)

时，将根据模板实参表中的类型生成一个函数即模板函数。该模板函数的函数体与函数模板的函数体相同。

例 8.2 中生成了 3 个模板函数：Max(i1,i2)、Max(d1,d2)和 Max(c1,c2)。Max(i1,i2)用模板实参 int 将类型参数 T 进行了实例化；Max(d1,d2)用模板实参 double 将类型参数 T 进行了实例化；Max(c1,c2)用模板实参 char 将类型参数 T 进行了实例化。

程序运行结果如下：

```
The max of i1,i2 is:  23
The max of d1,d2 is:  4656.35
The max of c1,c2 is:  n
```

从以上例子可以看出，函数模板提供了一类函数的抽象，它以类型参数 T 为参数及函数返回值的虚拟类型。函数模板经实例化而生成的具体函数称为模板函数。函数模板代表了一类函数，模板函数表示某一具体的函数。图 8-2 给出了函数模板和模板函数的关系。

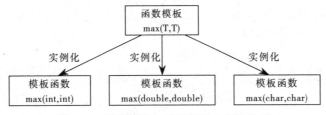

图 8-2　函数模板与模板函数之间的关系

　　函数模板实现了函数参数的通用性，作为一种代码的重用机制，可以大幅度地提高程序设计的效率。下面再介绍一个与指针有关的例子。

【例8.3】一个与指针有关的函数模板。

```
#include <iostream>
using namespace std;
template <typename AT>                    //模板声明，其中 AT 为类型参数
AT Max(AT *array,int size=0)              //定义函数模板
{   AT max= array[0];
    for(int i=1;i<size;i++)              //计算数组最大值
      if(array[i]>max)
        max= array[i];
    return max;
};
int int_array[]={11,22,33,44,55,66,77,88,99,1010};
double double_array[]={ 11.1,22.2,33.3,44.4,55.5,66.6,
                        77.7,88.8,99.9,100.10 };
int main()
{   int imax=Max(int_array,10);          //调用函数模板，此时 AT 被 int 取代
    double dmax=Max(double_array,10);    //调用函数模板，此时 T 被 double 取代
    cout<<"这个整型数组的最大值是:"<<imax<<endl;
    cout<<"这个双精度型数组的最大值是:"<<dmax<<endl;
    return 0;
}
```

程序运行结果如下：

这个整型数组的最大值是:1010
这个双精度型数组的最大值是:100.10

　　在该程序中，生成了两个模板函数。其中，"Max(int_array,10)"将类型参数 AT 实例化为 int型，因为 int_array 为一整型数组名，是一个指向 int 类型的指针；"Max(double_array,10)"将 AT实例化为 double 型，因为 double_array 为一双精度型数组名，是一个指向 double 类型的指针。

　　说明：

　　（1）在函数模板中允许使用多个类型参数。但是，应当注意 template 定义部分的每个类型参数前必须有关键字 typename（或 class）。例如，下面这个程序中建立了有两个类型参数的函数模板。

【例8.4】有两个类型参数的函数模板。

```
#include <iostream>
using namespace std;
template <typename para1,typename para2>    //模板声明，有两个类型参数
void two_para(para1 x,para2 y)               //定义函数模板
{   cout<<x<<' '<<y<<endl; }
int main()
{   two_para(99,"zhang");
    two_para(123.45,888L);
    return 0;
}
```

程序运行结果如下：

99 zhang
123.45 888

在此程序中，生成了两个模板函数。其中，"two_para (99,"zhang")"分别用模板实参 int 和 char* 将类型参数 para1 和 para2 进行了实例化。"two_para (123.45,888L)"分别用模板实参 double 和 long 将类型参数 para1 和 para2 进行了实例化。

（2）在 template 语句与函数模板定义语句之间不允许插入别的语句。例如，下面的程序段就不能编译。

```
template<class T>
int i;    //错误，在 template 语句与函数模板定义语句之间不允许插入别的语句
T Min(T x,T y)
{ return (x<y)?x:y; }
```

（3）同一般函数一样，函数模板也可以重载。

【例 8.5】函数模板的重载。

```
#include <iostream>
using namespace std;
template <typename Type>               //模板声明，其中 Type 为类型参数
Type Min(Type x,Type y)                //定义有 2 个类型参数的函数模板 Min()
{ return (x<y)?x:y; }
template <typename Type>
Type Min(Type x,Type y,Type z)         //定义有 3 个类型参数的函数模板 Min()
{ Type t;
  t=(x<y)?x:y;
  return (t<z)?t:z;
}
int main()
{ int  m=10,n=20,min2;
  double a=10.1,b=20.2,c=30.3,min3;
  min2=Min(m,n);
  min3=Min(a,b,c);
  cout<<"Min("<<m<<","<<n<<")="<<min2<<endl;
                                 //调用有 2 个类型参数的模板函数 Min()
  cout<<"Min("<<a<<","<<b<<","<<c<<")="<<min3<<endl;
                                 //调用有 3 个类型参数的模板函数 Min()
  return 0;
}
```

不难分析，这个程序的运行结果如下：

```
Min(10,20)=10
Min(10.1,20.2,30.3)=10.1
```

注意：本例中函数名使用的是 Min，而不是 min，因为 min 与系统的函数名冲突了。本教材的上一版使用的调试环境是 Visual C++ 6.0，因此不存在这个问题。

（4）函数模板与同名的非模板函数可以重载。在这种情况下，调用的顺序是：首先寻找一个参数完全匹配的非模板函数，如果找到了就调用它；若没有找到，则寻找函数模板，将其实例化，产生一个匹配的模板函数，若找到了，就调用它。

恰当运用这种机制，可以很好地处理一般与特殊的关系。

【例 8.6】函数模板与非模板函数的重载。

```
#include <iostream>
using namespace std;
```

```
template <typename AT>                    //模板声明，其中AT为类型参数
AT Min(AT x,AT y)                         //定义函数模板，"AT x,AT y"为模板形参表
{ cout<<"调用模板函数:";
  return (x<y)?x:y;
}
int Min(int x,int y)                      //定义非模板函数Min()，与函数模板Min()重载
{ cout<<"调用非模板函数:";
  return (x<y)?x:y;
}
int main()
{ int i1=10,i2=56;
  double d1=50.34,d2=4656.34;
  char c1='k',c2='n';
  cout<<"较小的整数是:"<<Min(i1,i2)<<endl;    //调用非模板函数
  cout<<"较小的双精度型数是:"<<Min(d1,d2)<<endl;
                                  //调用模板函数，此时AT被double替代
  cout<<"较小的字符串是:"<<Min(c1,c2)<<endl;
                                  //调用模板函数，此时AT被char替代
  return 0;
}
```

程序运行结果如下：

调用非模板函数：较小的整数是：10
调用模板函数：较小的双精度型数是：50.34
调用模板函数：较小的字符串是：k

8.3　类　模　板

【例 8.7】类模板 Three 的声明和使用。

```
#include <iostream>
using namespace std;
template <typename T>        //模板声明，其中T为类型参数
class Three{                 //类模板名为Three
  public:
    Three(T a,T b,T c)
    { x=a; y=b; z=c; }
    T sum()
    { return x+y+z; }
  private:
    T x,y,z;
};
int main()
{ Three <int> sum3_1(3,5,7);
                          //用类模板定义对象sum3_1，此时T被int替代
  Three <double> sum3_2(12.34,34.56,56.78);
                          //用类模板定义对象sum3_2，此时T被double替代
  cout<<"三个整数之和是:"<<sum3_1.sum()<<endl;
  cout<<"三个双精度数之和是:"<<sum3_2.sum()<<endl;
  return 0;
}
```

程序运行结果如下：

三个整数之和是: 15

三个双精度数之和是: 103.68

本例的类模板名为 Three。

定义一个类模板与定义函数模板的格式类似，必须以关键字 template 开始，后面是尖括号括起来的模板参数，然后是类名。具体格式如下：

```
template <typename 类型参数>
class 类名{
      类成员声明
};
```

也可以定义成如下形式：

```
template <class 类型参数>
class 类名{
      类成员声明
};
```

与函数模板类似，其中，template 是一个声明模板的关键字，它表示声明一个模板。类型参数（通常用 C++标识符表示，如 T、Type 等）实际上是一个虚拟的类型名，现在并未指定它是哪一种具体的类型，但使用类模板时，必须将类型参数实例化。类型参数前需要加关键字 typename（或 class），typename 和 class 的作用相同，都是表示其后的参数是一个虚拟的类型名（即类型参数）。

在类声明中，欲采用在通用数据类型的数据成员、成员函数的参数或返回类型前面需加上类型参数。

使用函数模板后，可以不必——定义那些功能相同而数据类型不同的各个函数，只需定义一个可对任何类型变量进行操作的函数模板，在调用函数时，系统会根据实参的类型，取代函数模板中的类型参数，得到具体的函数。这样就能简化程序的设计。对于类的声明来说，也可以采用类似的方法，通过使用类模板来简化那些功能相同而数据类型不同的类的声明。

所谓类模板，实际上就是建立一个通用类，其数据成员、成员函数的返回类型和形参类型不具体指定，用一个虚拟的类型来代表。使用类模板定义对象时，系统会根据实参的类型来取代类模板中虚拟类型，从而实现不同类的功能。

上面的例子中，成员函数（其中含有类型参数）是定义在类体内的。但是，类模板中的成员函数也可以在类模板体外定义。此时，若成员函数中有类型参数存在，则 C++有一些特殊的规定：

（1）需要在成员函数定义之前进行模板声明。

（2）在成员函数名前加上"类名<类型参数>::"。

在类模板体外定义的成员函数的一般形式如下：

```
template <typename 类型参数>
函数类型  类名<类型参数>::成员函数名 (形参表)
{
      …
}
```

例如，上例中成员函数 sum()在类模板体外定义时，应该写成

```
template<typename T>
T Three<T>::sum()
```

```
{  return x+y+z;
}
```

下面是成员函数 sum()定义在类模板体外时的完整例子。

【例 8.8】在类模板体外定义成员函数。

```
#include <iostream>
using namespace std;
template <typename T>        //模板声明，其中 T 为类型参数
class Three{                 //类模板名为 Compare
  public:
    Three(T a,T b,T c);      //声明构造函数的原型
    T sum();                 //声明成员函数 sum()的原型
  private:
    T x,y,z;
};
template <typename T>        //模板声明
Three<T>::Three(T a, T b,T c) //在类模板体外定义构造函数
{  x=a; y=b; z=c;  }
template <typename T>        //模板声明
T Three<T>::sum()            //在类模板体外定义成员函数 sum()，返回类型为 T
{  return x+y+z;  }
int main()
{   Three <int> sum3_1(3,5,7);
                        //用类模板定义对象 sum3_1，此时类型参数 T 被 int 替代
    Three <double> sum3_2(12.34,34.56,56.78);
                        //用类模板定义对象 sum3_2，此时类型参数 T 被 double 替代
    cout<<"三个整数之和是:"<<sum3_1.sum()<<endl;
    cout<<"三个双精度数之和是:"<<sum3_2.sum()<<endl;
    return 0;
}
```

程序运行结果如下：

```
三个整数之和是:15
三个双精度数之和是:103.68
```

在此例中，类模板 Three 经实例化后生成了两个类型分别为 int 和 double 的模板类，这两个模板类经实例化后又生成了两个对象 sum3_1 和 sum3_2。类模板代表了一类类，模板类表示某一具体的类。

下面是使用类模板 Stack 的完整例子，在此例子中建立了字符型和整型两个堆栈。

【例 8.9】栈类模板的使用。

```
#include <iostream>
using namespace std;
const int size=10;
template <class Type>        //模板声明，其中 Type 为类型参数
class Stack{                 //类模板名为 Stack
  public:
    void init()
    {  tos=0;  }
    void push(Type ch);      //声明成员函数 push()的原型，函数参数为类型参数 Type
    Type pop();              //声明成员函数 pop 的原型，返回类型为类型参数 Type
  private:
```

```
    Type stck[size];              //数组的类型为类型参数 Type，即可取任意类型
    int tos;
};
template <class Type>            //模板声明
void Stack<Type>::push(Type ob)
{                               //在类模板体外定义成员函数 push()，参数类型为 Type
   if(tos==size)
   { cout<<"Stack is full";
     return ;  }
   stck[tos]=ob;
   tos++;
}
template <class Type>            //模板声明
Type Stack <Type>::pop()        //在类模板体外定义成员函数 pop()，返回类型为 Type
{  if(tos==0)
   { cout<<"Stack is empty";
     return 0;
   }
   tos--;
   return stck[tos];
}
int main()
{ //定义字符堆栈
   Stack <char> s1,s2;          //用类模板定义对象 s1 和 s2，此时 Type 被 char 替代
   int i;
   s1.init();
   s2.init();
   s1.push('a');
   s2.push('x');
   s1.push('b');
   s2.push('y');
   s1.push('c');
   s2.push('z');
   for(i=0;i<3;i++) cout<<"pop s1: "<<s1.pop()<<endl;
   for(i=0;i<3;i++) cout<<"pop s2: "<<s2.pop()<<endl;
   //定义整型堆栈
   Stack <int> is1,is2;         //用类模板定义对象 is1 和 is2，此时 Type 被 int 替代
   is1.init();
   is2.init();
   is1.push(1);
   is2.push(2);
   is1.push(3);
   is2.push(4);
   is1.push(5);
   is2.push(6);
   for(i=0;i<3;i++)
     cout<<"pop is1: "<<is1.pop()<<endl;
   for(i=0;i<3;i++)
     cout<<"pop is2: "<<is2.pop()<<endl;
   return 0;
```

```
}
```
程序运行结果如下：
```
pop s1: c
pop s1: b
pop s1: a
pop s2: z
pop s2: y
pop s2: x
pop is1: 5
pop is1: 3
pop is1: 1
pop is2: 6
pop is2: 4
pop is2: 2
```

此例用语句"Stack <char> s1,s2;"创建了两个 char 型的对象 s1 和 s2，用语句"Stack <int> is1,is2;"创建了两个 int 型的对象 is1 和 is2。在 main()函数中还可以定义其他类型的类对象，如可以用以下语句建立 double 型对象 ds1 和 ds2：

```
Stack <double> ds1,ds2;
```
说明：

（1）在每个类模板定义之前，都需要在前面加上模板声明，如例 8.9 中需加上

```
template <typename Type>
```
或
```
template <class Type>
```
类模板在使用时，必须在类模板名字后面加上<类型参数>，如例 8.9 中需加上
```
Stack <Type>
```
（2）模板类可以有多个类型参数，在下面的短例中建立了使用两个类型参数的类模板。

【例 8.10】有两个类型参数的类模板。

```
#include <iostream>
using namespace std;
template <class T1,class T2>     //模板声明，其中 T1 和 T2 为类型参数
class Myclass{                   //类模板名为 Myclass
  public:
    Myclass(T1 a,T2 b)           //定义构造函数 Myclass()，返回类型为 T1 和 T2
    {  i=a; j=b;}
    void show()
    {  cout<<"i="<<i<<" j="<<j<<endl;  }
  private:
    T1 i;
    T2 j;
};
int main()
{  Myclass <int,double>  ob1(12,0.15);
             //用类模板定义对象 ob1，此时 T1、T2 分别被 int 与 double 取代
   Myclass <char,char *> ob2('x',"This is a test.");
             //用类模板定义对象 ob2，此时 T1、T2 分别被 char 与 char*取代
   ob1.show();
   ob2.show();
```

```
    return 0;
}
```

程序运行结果如下：

```
i=12 j=0.15
i=x j=This is a test.
```

这个程序声明了一个类模板，它具有两个类型参数。在 main() 函数中定义了两种类型的对象，ob1 使用了 int 型与 double 型数据，ob2 使用了 char 型和 char*型数据。

8.4 程 序 举 例

【例 8.11】栈类模板的应用。（解决回文问题和八进制转换问题）

```
#include <iostream>
using namespace std;
const int size=10;
template <class Type>          //模板声明，其中 Type 为类型参数
class Stack{                   //类模板名为 Stack
    public:
      void init()
      { tos=0; }
      void push(Type ch);      //声明成员函数 push() 的原型，函数参数为类型参数 Type
      Type pop();              //声明成员函数 pop 的原型，返回类型为类型参数 Type
      int empty();
    private:
      Type stck[size];         //数组的类型为类型参数 Type，即可取任意类型
      int tos;
};
template <class Type>         //模板声明
void Stack<Type>::push(Type ob)
{                            //在类模板体外定义成员函数 push()，参数类型为 Type
    if(tos==size)
    { cout<<"Stack is full";
      return ;  }
    stck[tos]=ob;
    tos++;
}
template <class Type>        //模板声明
Type Stack <Type>::pop()     //在类模板体外定义成员函数 pop()，返回类型为 Type
{ if(tos==0)
    { cout<<"Stack is empty";
      return 0;
    }
    tos--;
    return stck[tos];
}
template <class Type>        //模板声明
int Stack <Type>::empty()   //在类模板体外定义成员函数 pop()，返回类型为 Type
{ if(tos==0)
    {
```

```
            return 1;
        }

        return 0;
}
int main()
{ //定义字符堆栈
    Stack <char> s1;              //用类模板定义对象 s1, 此时 Type 被 char 替代
    s1.init();
        //判断 Str 是否是回文
    char *p,Str[]="12321";int flag;
    int temp;
    p=Str;
    while(*p!='\0') {                      //未到字符串尾
        s1.push(*p);                       //字符进栈
        p++;                               //指针前移
    }
    p=Str;
    flag=1;                                //假设是回文
    while(!s1.empty())                     //栈不空时
    {   temp= s1.pop();                    //退栈
        if(temp!=*p)                       //退栈的元素与字符串的字符不等
        {   flag=0;                        //不是回文
            break;
        }
        p++;
    }
    if(flag==1)
        cout<<Str<<"  "<<"是回文!"<<endl;
    else
        cout<<Str<<"  "<<"不是回文!"<<endl;
    //定义整型堆栈
    Stack <int> is1;              //用类模板定义对象 is1 和 is2, 此时 Type 被 int 替代
    is1.init();
    int num=100;
    cout<<num<<"的八进制是: ";
    while(num)
    {                                      //num 不为零
        is1.push(num%8);                   //将 num%8 进栈
        num = num/8;                       //num 整除 8
    }
    while(!is1.empty())          //栈不空时
    {   temp= is1.pop();         //取栈顶元素并退栈
        cout<<temp;
    }
    cout << endl;
    return 0;
}
```

　　我们要解决的第一个问题是判断一个字符串是不是回文。所谓回文是指顺读和逆读的每个字符是一样的。例如，"madam""1234321"都是回文。

解决的思想是：扫描字符串，将每个字符压入栈中，产生一个与被扫描字符串顺序相反的表，然后对原串进行第二次扫描，将每个字符与从栈中弹出的字符进行比较，若遇到不相等的情况，则程序终止，字符串不是回文；直到栈空比较才结束，原文为回文。

我们要解决的另一个问题是将一个十进制整数按为八进制数输出。

十进制转化为八进制输出的手工计算的方法是：

$$
\begin{array}{r|l}
8 & 100 \qquad\qquad 余\ 4 \\
\hline
8 & 12 \qquad\qquad\ \ 余\ 4 \\
\hline
& 1
\end{array}
$$

计算的结果是 144。通过手工计算，不难发现，每次除以 8 以后的余数是需要输出的结果，只不过，输出的顺序与得到的余数的次序刚好相反，所以可以考虑将每次得到的余数压入栈中。输出的时候依次退栈并输出栈顶元素。

本 章 小 结

（1）模板是 C++ 的一个重要特性。利用模板机制可以显著减少冗余信息，大幅度地节约程序代码，进一步提高面向对象程序的可重用性和可维护性。模板是实现代码重用机制的一种工具，它可以实现类型参数化，即把类型定义为参数，从而实现了代码的重用，使得一段程序可以用于处理多种不同类型的对象，大幅度地提高程序设计的效率。模板分为函数模板和类模板，它们分别允许用户构造模板函数和模板类。

（2）所谓函数模板，实际上是建立一个通用函数，其函数返回类型和形参类型不具体指定，用一个虚拟的类型来代表，这个通用函数就称为函数模板。在调用函数时系统会根据实参的类型（模板实参）来取代模板中虚拟类型，从而实现了不同函数的功能。函数模板代表了一类函数，模板函数表示某一具体的函数。

（3）所谓类模板，实际上是建立一个通用类，其数据成员、成员函数的返回类型和形参类型不具体指定，用一个虚拟的类型来代表。使用类模板定义对象时，系统会根据实参的类型来取代类模板中虚拟类型，从而实现了不同类的功能。模板类是类模板对某一特定类型的实例。类模板代表了一类类，模板类表示某一具体的类。

习　　题

【8.1】为什么使用模板？函数模板声明的一般形式是什么？

【8.2】什么是模板实参和模板函数？

【8.3】什么是类模板？类模板声明的一般形式是什么？

【8.4】函数模板与同名的非模板函数重载时，调用的顺序是怎样的？

【8.5】假设声明了以下的函数模板：

```
template <class T>
T Max(T x,T y)
{ return (x>y)?x:y;  }
```

并定义了：

```
int i;char c;
```
错误的调用语句是（　　　）。

A. Max(i,i);　　　　　B. Max(c,c);　　　C. Max((int)c,i);　　　D. Max(i,c);

【8.6】模板的使用是为了（　　　）。

A. 提高代码的可重用性　　　　　　　B. 提高代码的运行效率

C. 加强类的封装性　　　　　　　　　D. 实现多态性

【8.7】关于类模板，下列表述不正确的是（　　　）。

A. 用类模板定义一个对象时，不能省略实参

B. 类模板只能有一个类型参数

C. 在类模板定义之前，都需要在前面加上模板声明

D. 类模板只能有虚拟类型参数

【8.8】类模板的使用实际上是将类模板实例化成一个具体的（　　　）。

A. 函数　　　　　　　B. 对象　　　　　C. 类　　　　　　　　D. 模板类

【8.9】一个（　　　）允许用户为类定义一种模式，使得类中的某些数据成员、某些成员函数的参数和返回值能取任意数据类型。

A. 类模板　　　　　　B. 模板函数　　　C. 函数模板　　　　　D. 模板类

【8.10】类模板的模板参数（　　　）。

A. 只可作为成员函数的参数类型　　　B. 只可作为成员函数的返回类型

C. 只可作为数据成员的类型　　　　　D. 以上三者皆可

【8.11】以下对模板的说明中，正确的是（　　　）。

A. template <class T1,class T2>　　　B. template <class T1,T2>

C. template <T>　　　　　　　　　　D. template <class T1;class T2>

【8.12】写出下面程序的运行结果。

```cpp
#include <iostream>
using namespace std;
template <class Type1,class Type2>
class myclass{
  public:
    myclass(Type1 a,Type2 b)
    {  i=a;j=b;
    }
    void show()
    {  cout<<i<<' '<<j<<'\n';
    }
  private:
    Type1 i;
    Type2 j;
};
int main()
{ myclass <int,double> ob1(10,0.23);
  myclass <char,char*> ob2('X',"\nThis is a test.");
  ob1.show();
  ob2.show();
```

```
    return 0;
}
```

【8.13】写出下面程序的运行结果。

```
#include <iostream>
using namespace std;
template <class T>
T Min(T a,T b)
{
    if(a<b) return a;
    else return b;
}
int main()
{   int n1=5,n2=81;
    double d1=1.3,d2=5.6;
    cout<<"较小整数:"<<Min(n1,n2)<<endl;
    cout<<"较小实数:"<<Min(d1,d2)<<endl;
    return 0;
}
```

【8.14】写出下面程序的运行结果。

```
#include <iostream>
using namespace std;
template <class T>
class Sample
{
    T d;
  public:
    Sample(){}
    Sample(T i){d=i;}
    void disp(){cout<<"d="<<d<<endl;}
    friend Sample <T> operator+(Sample<T>s1,Sample<T>s2)
    {
        Sample<T>tmp;
        tmp.d=s1.d+s2.d;
        return tmp;
    }
};
int main()
{   Sample <int> s1(2),s2(3),s3;
    Sample <double> s4(2.5),s5(8.4),s6;
    s3=s1+s2;
    s6=s4+s5;
    s3.disp();
    s6.disp();
    return 0;
}
```

【8.15】写出下面程序的运行结果。

```
#include <iostream>
using namespace std;
class coord{
```

```
        int x,y;
    public:
        coord(int x1,int y1){x=x1;y=y1;}
        int getx(){return x;}
        int gety(){return y;}
        int operator<(coord& c);
};
int coord::operator<(coord& c)
{   if(x<c.x)
        if(y<c.y)
            return 1;
    return 0;
}
template <class obj>
obj& Min(obj& o1,obj& o2)
{   if(o1<o2)
        return o1;
    return o2;
}
int main()
{   coord cl(5,12);
    coord c2(3,16);
    coord c3=Min(cl,c2);
    cout<<"最小的坐标:("<<c3.getx()<<","<<c3.gety()<<")"<<endl;
    double d1=2.99;
    double d2=3.48;
    cout<<"最小的数:"<<Min(d1,d2)<<endl;
    return 0;
}
```

【8.16】指出下列程序中的错误，并说明原因。

```
#include <iostream>
using namespace std;
template <typename T>        //模板声明，其中为 T 类型参数
class Compare{              //类模板名为 Compare
    public:
        Compare(T a,T b)
        {   x=a;y=b;}
        T min();
    private:
        T x,y;
};
template <typename T>
T Compare::min()
{   return (x<y)?x:y;
}
int main()
{
    Compare com1(3,7);
    cout<<"其中的最小值是:"<<com1.Min()<<endl;
    return 0;
```

```
}
```
【8.17】已知下列主函数：
```
int main()
{   cout<<min(10,5,3)<<endl;
    cout<<min(10.0,5.0,3.0)<<endl;
    cout<<min('a','b', 'c')<<endl;
    return 0;
}
```
设计一个求 3 个数中最小者的函数模板，并写出调用此函数模板的完整程序。

【8.18】编写一个函数模板，使用冒泡排序将数组内容由小到大排列并打印出来，并写出调用此函数模板的完整程序，使得函数调用时，数组的类型可以是整数也可以是双精度型。

第 *9* 章 │ C++的输入和输出

数据的输入和输出是十分重要的操作。例如，从键盘读入数据，在屏幕上显示数据，把数据保存在文件中，从文件中取出数据等。

C++系统提供了一个用于输入/输出（I/O）操作的类体系，这个类体系提供了对预定义数据类型进行输入/输出操作的能力，程序员也可以利用这个类体系对自定义数据类型进行输入/输出操作。

本章将介绍输入/输出的基本概念和流库、预定义类型的输入/输出、用户自定义类型的输入/输出、文件的输入/输出等内容。

9.1　C++为何建立自己的输入/输出系统

C++除了完全支持 C 语言的输入/输出系统外，还定义了一套面向对象的输入/输出系统。我们知道，C 语言的输入/输出系统是一个使用灵活、功能强大的系统。那么，为什么 C++还要建立自己的输入/输出系统呢？

首先，这是因为 C++的输入/输出系统比 C 语言更安全、更可靠。在 C 语言中，用 printf()和 scanf()进行输入/输出，往往不能保证输入/输出的数据是正确的，常常会出现下面的错误：

```
int i;                      //假定 int 型占两个字节
double f                    //假定 float 型占 4 个字节
scanf("%d",&i);             //正确，输入一个整数，赋给整型变量 i
scanf("%d",i);              //错误，漏写&
printf("%d",i);             //正确，输出整型变量 i 的值
printf("%d",f);             //错误，输出 f 变量中前两个字节的内容
```

在以上语句中，"printf("%d",f);"使用的格式控制符与输出数据的类型是不一致，但是 C 编译系统认为它是合法的，因为它不对数据类型的合法性进行检查，它不能检查出这类错误，显然所得到的结果将不是人们所期望的。"scanf("%d",i);"的第二个参数漏写了&，这样的错误是很隐蔽的，C 编译系统也不能检查出来，但这个错误可能产生严重的后果。

C++的编译系统对数据类型进行严格的检查，凡是类型不正确的数据都不可能通过编译。因此，用 C++的输入/输出系统进行操作是类型安全的。

其次，因为在 C++中需要定义众多的用户自定义类型（如结构体、类等），但是使用 C 语言中的 printf()和 scanf()是无法对这些数据进行输入/输出操作的。为了说明这一点，请看下面的例子。

```
class My_class{
  public:
     int i;
     float f;
     char *str;
} obj;
```

对此 My_class 类型，在 C 语言中，下面的语句是不能通过的：

```
printf("% My_class",obj);
```

这是因为，printf()函数只能输出系统预定义的标准数据类型（如 int、float、double、char 等），而没有办法输出用户自定义类型的数据。C++的类机制允许它建立一个可扩展的输入/输出系统，不仅可以用来输入/输出标准类型的数据，也可以用于用户自定义类型的数据。

综上所述，C++的输入/输出系统明显地优于 C 语言的输入/输出系统。首先，它是类型安全的、可以防止格式控制符与输出数据的类型不一致的错误。另外，C++中可以通过重载运算符 ">>" 和 "<<"，使之能用于用户自定义类型的输入和输出，并且像预定义类型一样有效方便。C++输入/输出的书写形式也很简单、清晰，这使程序代码具有更好的可读性。虽然为了 C++和 C 的兼容，在 C++中也可以使用 C 的 printf()和 scanf()函数，但是最好用 C++的方式来进行输入/输出，以便发挥其优势。

C++的输入/输出系统非常庞大，C++通过 I/O 类库来实现丰富的 I/O 功能。本章只能介绍其中一些最重要的和最常用的功能。

9.2　C++的流库及其基本结构

9.2.1　C++的流

在自然界中，流是气体或液体运动的一种状态，C++借用它表示一种数据传递操作。在 C++ 中，"流"指的是数据从一个源流到一个目的的抽象，它负责在数据的生产者（源）和数据的消费者（目的）之间建立联系，并管理数据的流动。凡是数据从一个地方传输到另一个地方的操作都是流的操作，从流中提取数据称为输入操作（通常又称提取操作），向流中添加数据称为输出操作（通常又称插入操作）。

C++的输入/输出是以字节流的形式实现的。在输入操作中，字节流从输入设备（如键盘、磁盘、网络连接等）流向内存；在输出操作中，字节流从内存流向输出设备（如显示器、打印机、网络连接等）。字节流可以是 ASCII 字符、二进制形式的数据、图形/图像、音频/视频等信息。文件和字符串也可以看成有序的字节流，分别称为文件流和字符串流。

与 C 语言一样，C++中也没有输入/输出语句。C++编译系统带有一个面向对象的输入/输出软件包，它就是 C++的 I/O 流类库。在 I/O 流类库中包含许多用于输入/输出的类，称为流类。用流类定义的对象称为流对象。

1. 用于输入/输出的头文件

C++编译系统提供了用于输入/输出的 I/O 流类库。I/O 流类库提供了数百种输入/输出功能，I/O 流类库中各种类的声明被放在相应的头文件中，用户在程序中用#include 命令包含了有关的头文件就相当于在本程序中声明了所需要用到的类。常用的头文件有：

iostream 包含了对输入/输出流进行操作所需的基本信息。使用 cin、cout 等流对象进行针对标准设备的 I/O 操作时，须包含此头文件。

fstream 用于用户管理文件的 I/O 操作。使用文件流对象进行针对磁盘文件的操作，须包含此头文件。

strstream 用于字符串流的 I/O 操作。使用字符串流对象进行针对内存字符串空间的 I/O 操作，须包含此头文件。

iomanip 用于输入/输出的格式控制。在使用 setw、fixed 等大多数操作符进行格式控制时，须包含此头文件。

2. 用于输入/输出的流类

I/O 流类库中包含了许多用于输入/输出操作的类。其中，类 istream 支持流输入操作，类 ostream 支持流输出操作，类 iostream 同时支持流输入和输出操作。表 9-1 列出了 iostream 流类库中常用的流类，以及指出了这些流类在哪个头文件中声明。

表 9-1　I/O 流类库中的常用流类

类　名	类　名	说　明	头　文　件
抽象流基类	ios	流基类	iostream
输入流类	istream	通用输入流类和其他输入流的基类	iostream
	ifstream	输入文件流类	fstream
	istrstream	输入字符串流类	strstream
输出流类	ostream	通用输出流类和其他输出流的基类	iostream
	ofstream	输出文件流类	fstream
	ostrstream	输出字符串流类	strstream
输入/输出流类	iostream	通用输入/输出流类和其他输入输出/流的基类	iostream
	fstream	输入/输出文件流类	fstream
	strstream	输入/输出字符串流类	strstream

ios 是抽象基类，类 istream 和 ostream 是通过单继承从基类 ios 派生而来的，类 iostream 是通过多继承从类 istream 和 ostream 派生而来的，继承的层次结构如图 9-1 所示。

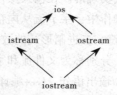

图 9-1　输入/输出流类的继承层次结构

ios 作为流类库中的一个基类，还可以派生出许多类，其类层次图如图 9-2 所示。在图 9-2 中可以看出 ios 类有 4 个直接派生类，即流入流类（istream）、输出流类（ostream）、文件流类（fstreambase）和串流类（strstreambase），这 4 种流作为流库中的基本流类。

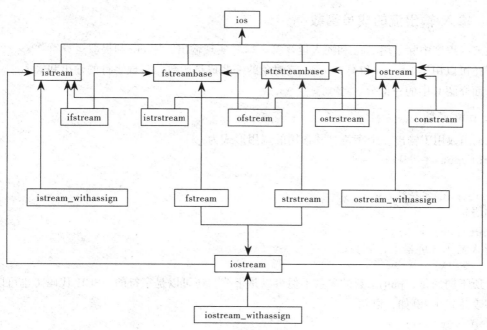

图 9-2　ios 类的派生层次

　　istream、ostream、fstreambase 和 strstreambase 4 个基本流类为基础还可以派生出多个实用的流类,如 ifstream(输入文件流类)、ofstream(输出文件流类)、fstream(输入/输出文件流类)、istrstream(输入字符串流类)、ostrstream(输出字符串流类)和 strstream(输入/输出字符串流类)等。

9.2.2　预定义的流对象

　　用流类定义的对象称为流对象。与输入设备(如键盘)相联系的流对象称为输入流对象;与输出设备(如屏幕)相联系的流对象称为输出流对象。

　　C++中包含几个预定义的流对象,它们是标准输入流对象 cin、标准输出流对象 cout、非缓冲型的标准出错流对象 cerr 和缓冲型的标准出错流对象 clog。

　　cin 是 istream 的派生类 istream_withassign 的对象,它与标准输入设备(通常指键盘)相联系。cout 是 ostream 的派生类 ostream_withassign 的对象,它与标准输出设备(通常指显示器)相联系。cerr 是 ostream 的派生类 ostream_withassign 的对象,它与标准错误输出设备(通常指显示器)相联系。clog 是 ostream 的派生类 ostream_withassign 的对象,它与标准错误输出设备(通常指显示器)相联系。

　　cin 与 cout 的使用方法在前面的章节中已经做了介绍。cerr 与 clog 均用来输出出错信息。cerr 和 clog 之间的区别是:cerr 是不经过缓冲区,直接向显示器上输出有关信息,因而发送给它的任何内容都立即输出;相反,clog 中的信息存放在缓冲区中,缓冲区满后或遇上 endl 时向显示器输出。

　　由于 istream 和 ostream 类都是在头文件 iostream 中声明的,因此,只要在程序中包含头文件 iostream.h,C++程序开始运行时这 4 个标准流对象的构造函数都被自动调用。

9.2.3　输入/输出流的成员函数

在 C++程序中除了用 cout 和插入运算符"<<"实现输出，用 cin 和提取运算符">>"实现输入外，还可以用类 istream 和类 ostream 流对象的一些成员函数，实现字符的输出和输入。

下面介绍其中的一部分。

1. put()函数

put()函数用于输出一个字符，其常用的调用形式为：

```
cout.put(单字符);
```

或

```
cout.put(字符型变量);
```

如语句

```
cout.put('A');
```

将字符 A 显示在屏幕上，它与语句

```
cout<<'A';
```

等价。所不同的是，put()函数的参数不但可以是字符，还可以是字符的 ASCII 代码（也可以是一个整型表达式）。例如，语句

```
cout.put(65);
```

或

```
cout.put(20+45);
```

都可以将字符 A 显示在屏幕上。

可以在一个语句中连续调用 put()函数，如

```
cout.put(65),cout.put(66),cout.put(67),cout.put('\n');
```

2. get()函数

get()函数的功能与提取运算符">>"类似，主要的不同之处是，get()函数在读入数据时可包括空白字符，而提取运算符">>"在默认情况下拒绝接收空白字符。

其常用的调用形式为：

```
cin.get(字符型变量)
```

其作用是从输入流中读取一个字符（包括空白符），赋给字符变量 ch，如果读取成功则函数返回非 0 值，如失败（遇文件结束符 EOF）则函数返回 0 值。

【例 9.1】get()函数应用举例。

```cpp
#include <iostream>
using namespace std;
int main()
{ char ch;
  cout<<"Input:";
  while(cin.get(ch))
    cout.put(ch);
  return 0;
}
```

运行时，如果输入：

```
123 abc xyz
```

则输出：

```
123 abc xyz
```
当按【Ctrl+Z】组合键及【Enter】键时，程序读入的值是 EOF，程序结束。

3．getline()函数

getline()函数常用的调用形式为：

```
cin.getline(字符数组,字符个数 n,终止标志字符)
```
或
```
cin.getline(字符指针,字符个数 n,终止标志字符)
```
其功能是从输入流读取 n–1 个字符，赋给指定的字符数组（或字符指针指向的数组），然后插入一个字符串结束标志'\n'。如果在读取 n–1 个字符之前遇到指定的终止字符，则提前结束读取，然后插入一个字符串结束标志'\n'。

【例 9.2】用 getline()函数读入一行字符。

程序连续读入一串字符，最多读取 19 个字符赋给字符数组 line[]，或遇到字符't'提前停止。

```
#include <iostream>
using namespace std;
int main()
{  char line[20];
   cout<<"输入一行字符:"<<endl;
   cin.getline(line,20,'t');        //读入 19 个字符或遇字符't'结束
   cout<<line;
   return 0;
}
```
说明：请注意使用"cin>>"和成员函数"cin.getline()"读取数据的区别。

（1）使用"cin>>"可以读取 C++标准类型的各类数据（如果经过重载，还可以用于输入自定义类型的数据），而用"cin.getline()"只能用于输入字符型数据。

（2）使用"cin>>"读取数据时以空白字符（包括空格符、制表符、回车符）作为终止标志，而"cin.getline()"可连续读取一系列字符，可以包括空格。

4．ignore()函数

ignore()函数常用的调用形式为：

```
cin.ignore(n,终止字符)
```
ignore()函数的功能是跳过输入流中 n 个字符（默认个数为 1），或在遇到指定的终止字符（默认终止字符是 EOF）时提前结束。例如：

```
cin.ignore(10,'t')              //跳过流入流中 10 个字符，或遇字符't'后就不再跳了
```
ignore()函数可以不带参数或只带一个参数，如

```
cin.ignore()                    //只跳过 1 个字符(n 的默认值为 1,默认终止字符是 EOF)
```
相当于
```
cin.ignore(1,EOF )
```

9.3　预定义类型输入/输出的格式控制

在很多情况下，需要对预定义类型（如 int、float、double 型等）的数据的输入/输出格式进行控制。在 C++中，仍然可以使用 C 中的 printf()和 scanf()函数进行格式化。除此以外，C++还提供

了两种进行格式控制的方法：一种是使用 ios 类中有关格式控制的流成员函数进行格式控制；另一种是使用称为操作符的特殊类型的函数进行格式控制。下面介绍这两种格式控制的方法。

9.3.1 用流成员函数进行输入/输出格式控制

ios 类中有几个流成员函数可以用来对输入/输出进行格式控制。下面分别介绍这些成员函数的使用方法。

1. 设置状态标志的流成员函数 setf()

设置状态标志，即是将某一状态标志位置"1"，可使用 setf()函数，其一般格式为：

```
long ios::setf(long flags)
```

流成员函数 setf()括号中的参数 flags 是用状态标志指定的，状态标志在类 ios 中被定义成枚举值，所以在引用这些状态标志时要在前面加上"ios::"。状态标志的作用如下所示：

ios::skipws：跳过输入中的空白符，用于输入。

ios::left：输出数据在本域宽范围内左对齐，用于输出。

ios::right：输出数据在本域宽范围内右对齐，用于输出。

ios::internal：数据的符号位左对齐，数据本身右对齐，符号和数据之间为填充符，用于输出。

ios::dec：设置整数的基数为 10，用于输入/输出。

ios::oct：设置整数的基数为 8，用于输入/输出。

ios::hex：设置整数的基数为 16，用于输入/输出。

ios::showbase：输出整数时显示基数符号（八进制数以 0 打头，十六进制数以 0x 打头），用于输入/输出。

ios::showpoint：浮点数输出时带有小数点，用于输出。

ios::uppercase：在以科学表示法格式 E 和以十六进制输出字母时用大写表示，用于输出。

ios::showpos：正整数前显示"+"符号，用于输出。

ios::scientific：用科学表示法格式（指数）显示浮点数，用于输出。

ios::fixed：用定点格式（固定小数位数）显示浮点数，用于输出。

ios::unitbuf：完成输出操作后立即刷新所有的流，用于输出。

ios::stdio：完成输出操作后刷新 stdout 和 stderr，用于输出。

使用时，其一般的调用格式为：

```
流对象.setf(ios::状态标志);
```

例如：

```
istream isobj;
ostream osobj;
isobj.setf(ios::skipws);        //跳过输入中的空白符
osobj.setf(ios::left);          //输出数据在本域宽范围内左对齐
```

在此，isobj 为类 istream 的流对象，osobj 为类 ostream 的流对象。实际上，在编程中用的最多的是 cin.setf(…)或 cout.setf(…)。

【例 9.3】设置状态标志举例。

```
#include <iostream>
using namespace std;
```

```
int main()
{   cout.setf(ios::showpos|ios::scientific);
    cout <<567<<" "<<567.89<<endl;
    return 0;
}
```

设置 showpos 使得每个正数前添加"＋"号，设置 scientific 使浮点数按科学记数法（指数形式）显示。

程序运行结果如下：

+567 +5.678900e+002

说明：

（1）由于状态标志在类 ios 中被定义成枚举值，所以在引用这些状态标志时要在前面加上"ios::"。

（2）在使用 setf() 函数设置多项标志时，中间应该用或运算符"|"分隔。例如：

```
cout.seft(ios::showpos|ios::dec|ios::scientific);
```

2．清除状态标志的流成员函数 unsetf()

清除某一状态标志，即是将某一状态标志位置"0"，可使用 unseft() 函数。它的一般格式为：

```
long ios::unsetf(long flags)
```

使用时的调用格式为：

流对象.unsetf(ios::状态标志);

流成员函数 unsetf() 括号中的参数 flags() 与流成员函数 setf() 相同。

3．设置域宽的流成员函数 width()

设置域宽的成员函数是 width() 函数，其常用的格式为：

```
int ios::width(int n);
```

此函数用来设置域宽为 n 位。

注意：所设置的域宽仅对下一个流输出操作有效，当一次输出操作完成之后，域宽又恢复为默认域宽 0。

4．设置实数的精度流成员函数 precision()

设置显示精度的成员函数的常用格式为：

```
int ios::precision(int n);
```

设置实数的精度为 n 位，在以一般十进制小数形式输出时，n 代表有效数字。在以 fixed（固定小数位数）形式和 scientific（指数）形式输出时，n 为小数位数。

5．填充字符的流成员函数 fill()

填充字符的作用：当输出值不满域宽时用填充字符来填充，默认情况下填充字符为空格。所以，在使用填充字符函数 fill() 时，必须与 width() 函数相配合，否则就没有意义。填充字符的成员函数常用的格式为：

```
char ios::fill(char ch);
```

【例 9.4】在数据符号和数据本身之间插入指定的填充符。

```
#include <iostream>
using namespace std;
int main()
```

```
{   double i=-5.1;
    cout.width(10);
    cout.fill('*');
    cout.setf(ios::internal);
    cout<<i<<endl;
    return 0;
}
```

程序运行结果如下：

-******5.1

下面举一个例子来说明以上这些函数的作用。

【例9.5】流成员函数使用方法举例。

```
#include <iostream>
using namespace std;
int main()
{   cout<<"-------1---------\n";
    cout.width(10);                    //设置域宽为10位
    cout<<123<<endl;                   //输出整数123，占10位，默认为右对齐
    cout<<"-------2---------\n";
    cout<<123<<endl;                   //输出整数123，上面的width(10)已不起作用，
                                       //此时按系统默认的域宽输出（按数据实际长度输出）
    cout<<"-------3---------\n";
    cout.fill('&');                    //设置填充字符为'&'
    cout.width(10);                    //设置域宽为10位
    cout<<123<<endl;                   //输出整数123，占10位，默认为右对齐，填充字符为'&'
    cout<<"-------4---------\n";
    cout.setf(ios::left);              //设置左对齐
    cout<<123<<endl;                   //输出整数123，上面的width(10)已不起作用，
                                       //按数据实际长度输出，左对齐
    cout<<"-------5---------\n";
    cout.precision(4);                 //设置实数的精度为4位
    cout<<123.45678<<endl;             //以一般十进制小数形式输出时，有效数字为4
    cout<<"-------6---------\n";
    cout.setf(ios::fixed);             //用定点格式(固定小数位数)显示浮点数
    cout<<123.45678<<endl;             //以fixed形式输出时，小数位数占4位
    cout<<"-------7---------\n";
    cout.width(15);                    //设置域宽为15位
    cout.unsetf(ios::fixed);           //清除用定点格式(小数形式)显示浮点数
    cout.setf(ios::scientific);        //用科学表示法格式(指数)显示浮点数
    cout<<123.45678<<endl;             //用科学表示法格式(指数)输出，小数占4位
    cout<<"-------8---------\n";
    int a=21;
    cout.setf(ios::showbase);          //输出整数时显示基数符号
    cout.unsetf(ios::dec);             //终止十进制的格式设置
    cout.setf(ios::hex);               //设置以十六进制输出格式
    cout<<a<<endl;                     //以十六进制输出a
    return 0;
}
```

程序运行结果如下：

-------1---------
        123   (注：域宽为10，默认为右对齐)

```
--------2--------
123                     （注：按数据实际长度输出
--------3--------
&&&&&&&123               （注：域宽为 10，默认为右对齐，空白处用'&'填充)
--------4--------
123                     （注：按数据实际长度输出，左对齐)
--------5--------
123.5                   （注：以一般十进制小数形式输出时，有效数字为 4)
--------6--------
123.4568                （注：以 fixed 形式输出时，小数占 4 位)
--------7--------
1.2346e+002&&&&         （注：用指数格式输出，域宽为 10，小数占 4 位，用'&'填充)
--------8--------
0x15                    （注：十六进制形式，以 0x 开头)
```

分析以上程序和运行结果，可以看出：

（1）在默认情况下，域宽取值为 0，这个 0 意味着一个特殊的意义——无域宽，即数据按自身的宽度打印。

（2）当用 width()函数设置了域宽后，只对紧跟着它的第一个输出有影响，当第一个输出完成后，域宽又恢复为默认域宽 0。而调用 precision()函数和 fill()函数的设置，在程序中一直有效，除非它们被重新设置。setf()函数设置格式后，如果想改变设置为同组的另一状态，应当调用 unsetf()函数，先终止原来的设置状态，然后再设置其他状态。

（3）当显示数据所需的宽度比使用 ios::width()设置的宽度小时，空余的位置用填充字符来填充，默认情况下的填充字符是空格。填充字符的填充位置由 ios::left 和 ios::right 规定。若设置 ios::left，则字符填在数据右边（输出数据左对齐）；若设置 ios::right（默认设置），则字符填在数据左边（输出数据右对齐）。

9.3.2　使用预定义的操作符进行输入/输出格式控制

使用 ios 类中的成员函数进行输入/输出格式控制时，每个函数的调用需要写一条语句，而且不能将它们直接嵌入到输入/输出语句中去，这样使用起来不太方便。C++提供了另一种进行输入/输出格式控制的方法，这一方法使用了操作符。在很多情况下，使用操作符进行格式化控制比用 ios 状态标志和成员函数要方便。

所有不带形参的操作符都定义在头文件 iostream.h 中，而带形参的操作符则定义在头文件 iomanip.h 中，因而使用相应的操作符就必须包含相应的头文件。许多操作符的功能类似于上面介绍的 ios 类成员函数的功能。C++提供的预定义操作符如下：

dec：设置整数的基数为 10，用于输入/输出。

hex：设置整数的基数为 16 用于输入/输出。

oct：设置整数的基数为 8 用于输入/输出。

ws：用于在输入时跳过开头的空白符，用于输入。

endl：输出一个换行符并刷新输出流，用于输出。

ends：插入一个空字符 null，通常用来结束一个字符串，用于输出。

flush：刷新一个输出流，用于输出。

setbase(n)：设置整数的基数为 n（n 的取值为 0、8、10 或 16），n 的默认值为 0，即以十进制形式输出。用于输入/输出。

setfill(c)：设置 c 为填充字符，默认时为空格，用于输出。

setprecision(n)：设置实数的精度为 n 位，在以一般十进制小数形式输出时 n 代表有效数字。在以 fixed（固定小数位数）形式和 scientific（指数）形式输出时 n 为小数位数设置域宽为 n，用于输出。

setw(n)：设置域宽为 n，用于输出。

setiosflags(f)：设置由参数 f 指定的状态标志，用于输入/输出。

resetiosflags(f)：终止由参数 f 指定的状态标志，用于输入/输出。

操作符 setiosflags 和 resetiosflags 要带上状态标态才能使用，下面列出了带有常用的状态标志的操作符 setiosflags 和 resetiosflags。

setiosflags(ios::left)：数据按域宽左对齐输出。

setiosflags(ios::right)：数据按域宽右对齐输出。

setiosflags(ios::fixed)：固定的小数位数显示。

setiosflags(ios::scientific)：设置浮点数以科学记数法（即指数形式）显示。

setiosflags(ios::showpos)：在正数前添加一个"+"号输出。

setiosflags(ios::uppercase)：在以科学记数法格式 E 和以十六进制输出字母时用大写表示。

resetiosflags(f)：终止已设置的状态标志，在括号中应指定 f 的内容。

在进行输入/输出时，操作符被嵌入到输入或输出链中，用来控制输入/输出的格式，而不是执行输入或输出操作。为了使用带参数的操作符，程序中必须含有下列预编译命令：

```
#include <iomanip>
```

下面通过一些例子来介绍操作符的使用。

【例 9.6】用科学记数法以左对齐方式输出浮点数的值，并在正数前加上"+"号。

```
#include <iostream>
#include <iomanip>
using namespace std;
int main()
{   double x=45.3;
    cout<<setiosflags(ios::scientific|ios::left|ios::showpos);
    cout<<x<<endl;
    return 0;
}
```

程序运行结果如下：

```
+4.530000e+001
```

【例 9.7】在数据符号和数据本身之间插入指定的填充符。

```
#include <iostream>
#include <iomanip>
using namespace std;
int main()
{   double i=-5.1;
    cout<<setw(10);
    cout<<setfill('*');
    cout<<internal<<i<<endl;
```

```
    return 0;
}
```
程序运行结果如下：

–******5.1

【例 9.8】预定义的操作符的使用方法举例。

```
#include <iostream>
#include <iomanip>
using namespace std;
int main()
{   cout<<setw(10)<<123<<567<<endl;                                      //①
    cout<<123<<setiosflags(ios::scientific)<<setw(20)<<123.456789<<endl;//②
    cout<<123<<setw(10)<<hex<<123<<endl;                                 //③
    cout<<123<<setw(10)<<oct<<123<<endl;                                 //④
    cout<<123<<setw(10)<<dec<<123<<endl;                                 //⑤
    cout<<resetiosflags(ios::scientific)<<setprecision(4)
        <<123.456789<<endl;                                              //⑥
    cout<<setiosflags(ios::left)<<setfill('#')<<setw(8)<<123<<endl;      //⑦
    cout<<resetiosflags(ios::left)<<setfill('$')<<setw(8)<<456<<endl;    //⑧
    return 0;
}
```

程序运行结果如下：

```
      123567                                                                ①
123        1.234568e+002                                                    ②
123        7b                                                               ③
7b         173                                                              ④
173        123                                                              ⑤
123.5                                                                       ⑥
123#####                                                                    ⑦
$$$$$456                                                                    ⑧
```

下面分析每条语句和输出结果。

第 1 条 cout 语句，首先设置域宽为 10，之后输出 123 和 567，123 和 567 被连到了一起，所以得到结果①。表明操作符 setw 只对最靠近它的输出起作用，也就是说，它的作用是"一次性"的。

第 2 条 cout 语句，首先按默认方式输出 123，之后按照浮点数的科学记数法及域宽为 20 输出 123.456789，由于默认时小数位数为 6，所以得到结果②。

第 3 条 cout 语句，首先按默认方式输出 123，之后按照域宽为 10，以十六进制输出 123，得到结果③。

第 4 条 cout 语句，由于上一条语句中使用了操作符 hex，其作用仍然保持，所以先输出 123 的十六进制数，之后按照域宽为 10，重新设置进制为八进制，输出 123 得到结果④。结果表明，使用 dec、oct、hex 等操作符后，其作用一直保持，直到重新设置为止。

第 5 条 cout 语句，由于上一条语句的操作符 oct 的作用仍然保持，所以先输出 123 的八进制数，之后按照域宽为 10，用操作符 dec 恢复进制为十进制后，输出结果⑤。

第 6 条 cout 语句，取消浮点数的科学记数法输出后，设置小数位数为 4，输出 123.456789，从而得到结果⑥。结果表明，用 setprecision 操作符设置小数位数后，输出时做四舍五入处理。

第 7 条 cout 语句，按域宽为 8，填充字符为 "#"，左对齐输出 123，得到结果⑦。

第 8 条 cout 语句，按域宽为 8，填充字符为 "$"，取消左对齐输出（默认对齐方式为右对齐）后，输出 456，得到结果⑧。

9.3.3 使用用户自定义的操作符进行输入/输出格式控制

C++除了提供系统预定义的操作符外，也允许用户自定义操作符，合并程序中频繁使用的输入/输出操作，使输入/输出密集的程序变得更加清晰高效，并可避免意外的错误。下面介绍建立自定义操作符的方法。

若为输出流定义操作符函数，则定义形式如下：

```
ostream &操作符名(ostream &stream)
{
    自定义代码
    return stream;
}
```

若为输入流定义操作符函数，则定义形式如下：

```
istream &操作符名(istream &stream)
{
    自定义代码
    return stream;
}
```

在以上操作符函数中，返回流对象 stream（也可用其他标识符，但与形参表中的流对象必须相同）是一个关键，否则操作符就不能用在流的输入/输出操作序列中。请看下面的例子。

【例 9.9】用户自定义操作符的使用方法举例 1。

```
#include <iostream>
#include <iomanip>
using namespace std;
ostream &output1(ostream &stream)
{ stream.setf(ios::left);
  stream<<setw(10)<<hex<<setfill('&');
  return stream;
}
int main()
{ cout<<123<<endl;
  cout<<output1<<123<<endl;
  return 0;
}
```

程序运行结果如下：

```
123
7b&&&&&&&&
```

该程序建立了一个名为 output1 的操作符，其功能是设置左对齐状态标志，把域宽置为 10，整数按十六进制输出，填空字符为 "&"。在 main()函数中引用该操作符时，只写 output1 即可。其调用方法与预定义操作符（如 dec、endl 等）完全一样。

【例 9.10】用户自定义操作符的使用方法举例 2。

```
#include <iostream>
```

```
#include <iomanip>
using namespace std;
istream &input1(istream &in)
{  in>>hex;
   cout<<"Enter number using hex format:";
   return in;
}
int main()
{  int i;
   cin>>input1>>i;
   cout<<"hex: "<<hex<<i<<"------dec:"<<dec<<i<<endl;
   return 0;
}
```

以上程序中定义了一个操作符函数 input1，该函数要求输入一个十六进制数。程序运行后，屏幕上显示：

```
Enter number using hex format:
```

提示用户输入一个十六进制数，如输入 23ae，则输出结果如下：

```
hex: 23ae------dec:9134
```

9.4　文件的输入/输出

9.4.1　文件概述

所谓文件，一般指存放在外部介质上的数据的集合。一批数据（可以是一段程序、一批实验数据，或者是一篇文章、一幅图像、一段音乐等）是以文件的形式存放在外部介质（如磁盘、光盘、U 盘）上的。操作系统以文件为单位对数据进行管理，也就是说，如果想查找存放在外部介质上的数据，必须先按文件名找到所指定的文件，然后再从该文件中读取数据。而要把数据存储在外部介质上，就必须先建立一个文件（以文件名标识），才能向它输出数据。

从操作系统的角度来说，每一个与主机相连的输入/输出设备都可以看作一个文件。例如，键盘是输入文件，显示器和打印机是输出文件，还有磁盘文件、光盘文件和 U 盘文件等外存文件。由于在程序中对光盘文件和 U 盘文件的使用方法与磁盘文件相同，为了叙述方便，在本章中凡用到外存文件的地方均以磁盘文件来代表。

操作系统命令一般将文件作为一个整体来处理的，如删除文件、复制文件等。由于文件的内容可能千变万化，文件的大小各不相同，为了以统一的方式处理文件，在 C++中引入了文件流的概念，文件流是以外存文件为输入/输出对象的数据流。输出文件流是从内存流向外存文件的数据，输入文件流是从外存文件流向内存的数据。

根据文件中数据的组织形式，文件可分为两类：文本文件和二进制文件。文本文件又称 ASCII 文件，它的每个字节存放一个 ASCII 代码，代表一个字符。二进制文件则是把内存中的数据，按其在内存中的存储形式原样写到磁盘上存放。假定有一个整数 10 000，在内存中占两个字节，如果按文本形式输出到磁盘上，则需占 5 个字节；而如果按二进制形式输出，则在磁盘上只占两个字节。用文本形式输出时，一个字节对应一个字符，因而便于对字符进行逐个处理，也便于输出字符，缺点是占存储空间较多。用二进制形式输出数据，可以节省存储空间和转换时间，但一个字节不能对应一个字符，不能直接以字符形式输出。对于需要暂时保存在外存上，以后又需要输入到内存的中间结果数据，通常用二进制形式保存。

在 C++中进行文件操作的一般步骤如下：

（1）为要进行操作的文件定义一个流对象。

（2）建立（或打开）文件。如果文件不存在，则建立该文件。如果磁盘上已存在该文件，则打开它。

（3）进行读写操作。在建立（或打开）的文件基础上执行所要求的输入/输出操作。

（4）关闭文件。当完成输入/输出操作时，应把已打开的文件关闭。

9.4.2　文件的打开与关闭

1．文件的打开

在 C++中，打开一个文件，就是将这个文件与一个流对象建立关联；关闭一个文件，就是取消这种关联。

为了执行文件的输入输出，C++提供了 3 个文件流类，如表 9-2 所示。

表 9-2　用于文件输入输出的文件流类

类　　名	说　　　　明	功　　　能
ifstream	输入文件流类	用于文件的输入
ofstream	输出文件流类	用于文件的输出
fstream	输入/输出文件流类	用于文件的输入/输出

这 3 个文件流类都定义在头文件 fstream 中。

要执行文件的输入/输出，须完成以下几件工作：

（1）在程序中包含头文件 fstream。由于文件的输入/输出要用到以上 3 个文件流类，而这 3 个文件流类都定义在 fstream 头文件中，所以首先在程序中要包含头文件 fstream。

（2）建立流对象。要以磁盘文件为对象进行输入/输出，必须建立一个文件流类的对象，通过文件流对象将数据从内存输出到磁盘文件，或者通过文件流对象从磁盘文件将数据输入到内存。建立流对象的过程就是定义流类的对象，例如：

```
ifstream in;
ofstream out;
fstream  both;
```

分别定义了输入流对象 in，输出流对象 out，输入/输出流对象 both。其实，在用标准设备为对象的输入/输出中，也是要定义对象的，如 cin 和 cout 就是流对象。C++就是通过流对象进行输入/输出的，由于 cin、cout 已在头文件 iostream 中事先定义，所以用户不需要自己定义。

（3）使用成员函数 open()打开文件。也就是使某一指定的磁盘文件与某一已定义的文件流对象建立关联。

（4）进行读写操作。在建立（或打开）的文件基础上执行所要求的输入或输出操作。

（5）使用 close()函数将打开的文件关闭。

open()函数是上述 3 个流类的成员函数，其原型是在 fstream 中定义的。在 ifstream、ofstream

和 fstream 类中均有定义。调用成员函数 open()的一般形式为：

　　文件流对象.open(文件名,使用方式);

　　其中，"文件名"可以包括路径（如 d:\c++\file1.dat）；如果省略路径，则默认为当前目录下的文件。"使用方式"决定文件将如何被打开，如表 9-3 所示。

表 9-3　文件的使用方式

方　　　式	功　　　　　能
ios::in	以输入方式打开文件
ios::out	以输出方式打开文件，如果已有此名字的文件，则将其原有的内容全部清除
ios::app	以输入方式打开文件，写入的数据添加到文件尾部
ios::ate	打开一个已有的文件，把文件指针移到文件末尾
ios::trunc	打开一个文件，若文件已存在，删除其中全部数据，若文件不存在，则建立新文件。如果已指定了 ios::out 方式，而未指定 ios::app、ios::in，则同时默认此方式
ios::nocreate	打开一个已有的文件，若文件不存在，则打开失败
ios::noreplace	打开一个文件，若文件不存在，则建立新文件；若文件存在，则打开失败
ios::binary	以二进制方式打开一个文件，如果不指定此方式，则默认为文本文件

　　下面对打开方式做进一步的说明：

　　（1）新版本的 C++系统 I/O 类库中不提供 ios::nocreate 和 ios::noreplace。

　　（2）每一个打开的文件都有一个文件指针，该指针的初始位置由输入/输出的方式指定，每次读写都从文件指针的当前位置开始。每读一个字节，指针就后移一个字节。当文件指针移到最后，就会遇到文件结束符 EOF（文件结束符也占一个字节，其值为-1），此时流对象的成员函数 eof 的值为非 0 值（一般设为 1），表示文件结束了。

　　如果已指定了 ios::out 方式，而未指定 ios::app、ios::in，则同时默认为此方式。

　　ios::nocreate　　打开一个已有的文件，若文件不存在，则打开失败。

　　ios::noreplace　　打开一个文件，若文件不存在，则建立新文件；若文件存在，则打开失败。

　　ios::binary 以二进制方式打开一个文件，如果不指定此方式，则默认为文本文件。

　　（3）如果希望向文件尾部添加数据，则应当用 ios::app 方式打开文件，但此时文件必须存在。打开时，文件位置指针移到文件尾部。用这种方式打开的文件只能用于输出。

　　（4）用 ios::ate 方式打开一个已存在的文件时，文件位置指针自动移到文件的尾部，数据可以写入文件中的任何地方。

　　（5）用 ios::in 方式打开的文件只能用于输入数据，而且该文件必须已经存在。

　　（6）通常，当用 open()函数打开文件时，如果文件存在，则打开该文件，否则建立该文件。但当用 ios::nocreate 方式打开文件时，表示不建立新文件，在这种情况下，如果要打开的文件不存在，则函数 open()调用失败。相反，如果使用 ios::noreplace 方式打开文件，则表示不修改原来文件，而是要建立新文件。因此，如果文件已经存在，则 open()函数调用失败。

　　（7）当使用 ios::trunc 方式打开文件时，如果文件已存在，则清除该文件的内容，文件长度被压缩为零。实际上，如果指定 ios::out 方式，且未指定 ios::ate 方式或 ios::app 方式，则隐含为 ios::trunc 方式。

　　（8）如果使用 ios::binary 方式，则以二进制方式打开文件，默认时，所有的文件以文本方式打开。

了解了文件的使用方式后，可以通过以下步骤打开文件：

（1）定义一个流类的对象。例如：

```
ofstream out;
```

定义了类 ofstream 的对象 out，它是一个输出流对象。

（2）使用 open() 函数打开文件，也就是使某一文件与上面定义的流对象建立关联。例如：

```
out.open("test.dat",ios::out);
```

表示调用成员函数 open() 使文件流对象 out 与文件 test.dat 建立关联，即打开磁盘文件 test.dat，并指定它为输出文件，文件流对象 out 将向磁盘文件 test.dat 输出数据。ios::out 表示以输出方式打开一个文件。或者简单地说，此时 test.dat 是一个输出文件，接收从内存输出的数据。

以上是打开文件的一般操作步骤。实际上，由于文件的输入/输出方式参数有默认值，对于类 ifstream，文件使用方式的默认值为 ios::in,；而对于类 ofstream，文件使用方式的默认值为 ios::out。

因此，上述语句通常可写成：

```
out.open("test.dat");
```

当一个文件需要用两种或多种方式打开时，可以用"位或"操作符（即"｜"）把几种方式组合在一起。例如，为了打开一个能用于输入和输出的二进制文件，则可以采用以下方法打开文件：

```
fstream mystream;
mystream.open("test.dat",ios::in | ios::out|ios::binary);
```

还可以举出一些用"位或"操作符把几种方式组合在一起的例子。

```
ios::in|ios:out              //以输入和输出方式打开文件，文件可读可写
ios::out|ios:binary          //以二进制方式打开一个输出文件
ios::in|ios::binary          //以二进制方式打开一个输入文件
ios::in|ios::nocreate        //打开一个输入文件，若文件不存在，
                             //则返回打开失败的信息
ios::app|ios::nocreate       //打开一个输出文件，在文件尾接着写数据，
                             //若文件不存在，则返回打开失败的信息
```

在实际编程时，还有一种打开文件的方法，即在定义文件流对象时指定参数，通过调用文件流类的构造函数来实现打开文件的功能。例如：

```
ofstream out("test.dat");
```

因为定义文件流类 ifstream、ofstream 与 fstream 的对象时，都能自动打开文件流类的构造函数，这些构造函数的参数及默认值与 open() 函数的完全相同。这是打开一个文件的最常见的形式，使用起来比较方便。以上打开文件的语句相当于：

```
ofstream out;
out.open("test.dat");
```

如果文件打开操作失败，则 open() 函数的返回值为 0（假）；如果是用调用构造函数的方式打开文件的，则与文件相联系的流对象的值为 0。因此，无论是使用构造函数来打开文件，还是直接调用函数 open() 来打开文件，通常都要测试打开文件是否成功。可以使用类似下面的方法进行检测：

```
if(!out)
{ cout<<"Cannot open file! \n";
    //错误处理代码
}
```

2. 文件的关闭

输入/输出操作完成后，应该将文件关闭，关闭文件可使用 close()函数完成。close()函数也是流类中的成员函数，它不带参数。例如：

```
out.close();
```

就将与流对象 out 所关联的磁盘文件关闭了。

所谓关闭，实际上就是将所打开的磁盘文件与流对象"脱钩"，这样，就不能通过文件流对象对该文件进行输入或输出操作了。此时，可以将文件流对象与其他磁盘文件建立关联，通过文件流对象对新的文件进行输入或输出。例如：

```
out.open("test2.dat",ios::out);
```

此时，文件流对象又与 test2.dat 建立了关联，即打开磁盘文件 test2.dat，并指定它为输出文件。

在进行文件操作时，应养成将已完成操作的文件关闭的习惯。如果不关闭文件，则有可能丢失数据。

9.4.3　文本文件的读/写

一旦文件打开了，从文件中读取文本数据与向文件中写入文本数据都十分容易。流类库的输入输出操作<<、put、write、>>、get、getline 等，同样可以用于文本文件的输入/输出。

【例 9.11】把字符串 "I am a student." 写入磁盘文件 test1.dat 中。

```
#include <iostream>
#include <fstream>
using namespace std;
int main()
{   ofstream fout1("test1.dat",ios::out);
                            //定义输出文件流对象 fout1，打开输入文件 test1.dat
    if(!fout1)              //如果文件打开失败，fout1 返回 0 值
    {   cout<<"Cannot open output file.\n";
        exit(1);
    }
    fout1<<"I am a student."; //把一个字符串写到磁盘文件 test1.dat 中
    fout1.close();            //将与流对象 fout1 所关联的输入文件 test1.dat 关闭
    return 0;
}
```

程序运行后，屏幕上不显示任何信息，因为输出的内容存入文件 test1.dat 中。可以利用 Windows的 Word 或 Dos 的 TYPE 命令打开文件 test1.dat，该文件的内容如下：

```
I am a student.
```

说明：语句 "ofstream fout1("test1.dat",ios::out);" 中的参数 ios::out 可以省略，如不写此项，则默认为 ios::out。以下两种写法是等价的：

```
ofstream fout1("test1.dat",ios::out);
ofstream fout1("test1.dat");
```

【例 9.12】把磁盘文件 test1.dat 中的内容读出并显示在屏幕上。

```
#include <iostream>
#include <fstream>
using namespace std;
```

```
int main()
{  ifstream  fin1("test1.dat",ios::in);  //定义输入文件流对象 fin1，
                                          //打开输入文件 test1.dat
   if(!fin1)                              //如果文件打开失败，fin1 返回 0 值
   {  cout<<"Cannot open output file.\n";
      exit(1);
   }
   char str[80];
   fin1.getline(str,80);                    //从磁盘文件 test1.dat 读入字符串
                                            //赋给字符数组 str
   cout<<str<<endl;                         //屏幕上显示出 str 的值
   fin1.close();          //将与流对象 fin1 所关联的输入文件 test1.dat 关闭
   return 0;
}
```

说明：语句"ifstream　fin1("test1.dat",ios::in);"中的参数 ios::in 可以省略，如不写此项，则默认为 ios::in。以下两种写法是等价的：

```
ifstream  fin1("test1.dat",ios::in);
ifstream  fin1("test1.dat");
```

【例 9.13】把一个整数、一个浮点数和一个字符串写到磁盘文件 f1.dat 中。

```
#include <iostream>
#include <fstream>
using namespace std;
int main()
{  ofstream fout("f1.dat",ios::out);
                          //定义输出文件流对象 fout，打开输出文件 f1.dat
   if(!fout)              //如果文件打开失败，fout 返回 0 值
   {  cout<<"Cannot open output file\n,";
      exit(1);
   }
   fout<<10<<" "<<123.456<<"\"This is a text file.\"\n";
         //把一个整数、一个浮点数和一个字符串写到磁盘文件 f1.dat 中
   fout.close();          //将与流对象 fout 所关联的输出文件 f1.dat 关闭
   return 0;
}
```

程序运行后，屏幕上不显示任何信息，因为输出的内容存入文件 f1.dat 中。可以利用 Windows 的 Word 打开文件 f1.dat，该文件的内容如下：

```
10 123.456 "This is a test file"
```

下面再看一个对同一个文件进行输出和输入的例子。

【例 9.14】先建立一个输出文件，向它写入数据，然后关闭文件，再按输入模式打开它，并读取信息。

```
#include <iostream>
#include <fstream>
using namespace std;
int main()
{  ofstream fout("f2.dat",ios::out);
                          //定义输出文件流对象 fout，打开输出文件 f2.dat
   if(!fout)              //如果文件打开失败，fout 返回 0 值
   {  cout<<"Cannot open output file.\n";
```

```
      return 1;
   }
   fout<<100<<' '<<hex<<100<<endl;    //把一个十进制整数和一个十六进制
                                      //整数写到磁盘文件 f2.dat 中
   fout<<"\"Hello!\"\n";              //把一个字符串写到磁盘文件 f2.dat 中
   fout.close();                      //将与流对象 fout 所关联的输出文件 f2.dat 关闭
   ifstream fin("f2.dat",ios::in);    //定义文件流对象 fin,打开输入文件 f2.dat
   if(!fin)                           //如果文件打开失败,fin 返回 0 值
   { cout<<"Cannot open input file.\n";
      return 1;
   }
   char str[80];
   while(fin)
   {
      fin.getline(str,80);            //从磁盘文件 f2.dat 读入信息,
                                      //赋给字符数组 str
      cout<<str<<endl;
   }
   fin.close();                       //将与流对象 fin 所关联的输入文件 f2.dat 关闭
   return 0;
}
```

程序运行后,首先建立一个输出文件 f2.dat,并向它写入数据。完成写入数据后,关闭输出文件 f2.dat。再将文件 f2.dat 按输入模式打开,并从磁盘文件 f2.dat 读入信息赋给字符数组 str。最后,在屏幕上显示出 str 的值:

```
100 64
"Hello!"
```

可以看到,在这个例子中,首先定义输出文件流对象 fout,并使它与文件 f2.dat 建立关联,即打开磁盘文件 f2.dat,并指定它为输出文件,完成输出操作后,关闭文件 f2.dat。接着,定义输入文件流对象 fin,并使它与文件 f2.dat 建立关联,即打开磁盘文件 f2.dat,并指定它为输入文件,完成输入操作后,再关闭文件 f2.dat。

9.4.4　二进制文件的读/写

最初设计流的目的是用于文本,因此在默认情况下,文件用文本方式打开。在以文本模式输出时,若遇到换行符(十进制 10)便自动被扩充为回车符(十进制 13 和 10)。如果所操作的文件不是普通的文本文件,文件中包含了一些控制符,如回车符或文件结束符,这种自动扩充有时可能使文件处理发生问题。请看下面的程序:

```
#include <fstream>
using namespace std;
int iarray[2]={65,10};
int main()
{ ofstream fout("f3.dat",ios::out);
   fout.write((char*) iarray,sizeof(iarray));
   fout.close();
   return 0;
}
```

当执行程序,向文件中输出时,ASCII 值 10 会被自动转换成 ASCII 值 13(CR)及 10(LF)。

然而，这里的转换显然不是所需要的。要想解决这一问题，就要采用二进制模式输出。使用二进制模式输出时，其中所写的字符是不转换的。

对于二进制文件的操作也需要先打开文件，操作结束后要关闭文件。在打开文件时要用 ios::binary 指定为以二进制形式传送和存储。

对二进制文件进行读/写有两种方式：一种使用的是函数 get()和 put()，另一种使用的是函数 read()和 write()。这 4 种函数也可以用于文本文件的读/写。在此主要介绍对二进制文件的读/写。除字符转换方面略有差别外，文本文件的处理过程与二进制文件的处理过程基本相同。

1. 用 get()函数和 put()函数读/写二进制文件

前面已经介绍过，get()函数是输入流类 istream 中定义的成员函数，它可以从与流对象连接的文件中读出数据，每次读出一个字节（字符）。put()函数是输出流类 ostream 中的成员函数，它可以向与流对象连接的文件中写入数据，每次写入一个字节（字符）。

下面再举一个使用 get()和 put()函数读写二进制文件的例子。

【例 9.15】将 a～z 的 26 个英文字母写入文件，而后从该文件中读出并显示出来。

```cpp
#include <iostream>
#include <fstream>
using namespace std;
int test_put()
{  ofstream outf("f3.dat",ios::binary);
                     //定义输出文件流对象 outf，打开二进制输出文件 f3.dat
   if(!outf)          //如果文件打开失败，则 outf 返回 0 值
   {  cout<<"Cannot open output file\n,";
      exit(1);
   }
   char ch='a';
   for(int i=0;i<26;i++)
   {  outf.put(ch);
      ch++;
   }
   outf.close();
   return 0;
}
int test_get()
{  fstream inf("f3.dat",ios::binary);
                   //定义输入文件流对象 inf，打开二进制输入出文件 f3.dat
   if(!inf)          //如果文件打开失败，则 inf 返回 0 值
   {  cout<<"Cannot open input file\n,";
      exit(1);
   }
   char ch;
   while(inf.get(ch))
      cout<<ch;
   inf.close();
   return 0;
}
int main()
```

```
{   test_put();
    test_get();
    return 0;
}
```
程序运行结果如下：

abcdefghijklmnopqrstuvwxyz

在该程序中，先调用函数 test_put()，以输出方式打开二进制文件 f3.dat，然后通过 put()函数将 a～z 的 26 个英文字母写入文件 f3.dat 中，再关闭文件。接着调用函数 test_get()，再次以输入方式打开二进制文件 f3.dat，然后通过 get()函数把文件 f3.dat 中的 26 个字符读到 ch 中，并在屏幕上显示出来。

2. 用 read()函数和 write()函数读写二进制文件

有时需要读写一组数据（如一个结构变量的值），为此 C++提供了两个函数 read()和 write()，用来读写一个数据块，这两个函数最常用的调用格式如下：

```
inf.read(char *buf,int len)
outf.write(const char *buf,int len)
```

read()是流类 istream 中的成员函数，其有两个参数：第 1 个参数 buf 是一个指针，它指向读入数据所存放的内存空间的起始地址；第 2 个参数 len 是一个整数值，它是要读入的数据的字节数。read()函数的功能：从与输入文件流对象 inf 相关联的磁盘文件中，读取 len 个字节（或遇 EOF 结束），并把它们存放在字符指针 buf 所指的一段内存空间内。如果在 len 个字节（字符）被读出之前就达到了文件尾，则 read()函数停止执行。

write()是流类 ostream 的成员函数，参数的含义及调用注意事项与 read()函数类似。write()函数的功能：将字符指针 buf 所给出的地址开始的 len 个字节的内容不加转换地写到与输出文件流对象 outf 相关联的磁盘文件中。

注意：第 1 个参数的数据类型为 char*，如果是其他类型的数据，必须进行类型转换。例如：

```
int array[]={50,60,70};
read((char*)& array,sizeof (array));
```

此例定义了一个整型数组 array，为了读入它的全部数据，必须在 read()函数中给出它的首地址，并把它转换为 char*类型。由 sizeof()函数确定要读入的字节数。

【例 9.16】 将两门课程的课程名和成绩以二进制形式存放在磁盘文件中。

```
#include <iostream>
#include <fstream>
using namespace std;
struct list
{   char course[15];
    int score;
};
int main()
{   list list1[2]={"Computer",90,"Mathematics",78};
    ofstream out("f4.dat",ios::binary);
                        //定义输出文件流对象 out，打开二进制输出文件 f4.dat
    if(!out)            //如果文件打开失败，out 返回 0 值
    {   cout<<"Cannot open output file.\n";
        abort();        //退出程序，其作用与 exit 相同
```

```
    }
    for(int i=0;i<2;i++)
       out.write((char*) &list1[i],sizeof(list1[i]));
    out.close();
    return 0;
}
```

程序执行后，屏幕上不显示任何信息，但程序已将两门课程的课程名和成绩以二进制形式写入文件 f4.dat 中。用下面的程序可以读取文件 f4.dat 中的数据，并在屏幕上显示出来，以验证前面程序的操作。

【例 9.17】将例 9.16 以二进制形式存放在磁盘文件中的数据（两门课程的课程名和成绩）读入内存，并在显示器上显示。

```
#include <iostream>
#include <fstream>
using namespace std;
struct list
{ char course[15];
  int score;
};
int main()
{ list list2[2];
  ifstream in("f4.dat",ios::binary);
                        //定义输入文件流对象 in, 打开二进制输入文件 f4.dat
  if(!in)               //如果文件打开失败, in 返回 0 值
  { cout<<"Cannot open input file.\n";
    abort();            //退出程序, 其作用与 exit 相同
  }
  for(int i=0;i<2;i++)
  { in.read((char *) &list2[i],sizeof(list2[i]));
    cout<<list2[i].course<<" "<<list2[i].score<<endl;
  }
  in.close();
  return 0;
}
```

程序运行结果如下：

```
Computer 90
Mathematics 78
```

3. 检测文件结束

在文件结束的地方有一个标志位，记为 EOF。采用文件流方式读取文件时，使用成员函数 eof() 可以检测到这个结束符。如果该函数的返回值非零，表示到达文件尾。返回值为零表示未到达文件尾。该函数的原型是：

```
int eof();
```

函数 eof() 的用法示例如下：

```
ifstream ifs;
    …
if(!ifs.eof())                //尚未到达文件尾
    …
```

还有一个检测方法就是检查该流对象是否为零，为零表示文件结束。

```
ifstream ifs;
    …
if(!ifs)                     //尚未到达文件尾
    …
```

也许读者注意到在例 9.1 中使用了以下检测流对象到达末尾的方法，下面将这个例子简要地重述一下：

```
while(cin.get(ch))
    out.put(ch);
```

这是一个很通用的方法，就是检测文件流对象的某些成员函数的返回值是否为 0，为 0 表示该流（亦即对应的文件）到达了末尾。

从键盘上输入字符时，其结束符是 Ctrl+Z，也就是说，按下【Ctrl+Z】组合键，eof()函数返回的值为真。

4．二进制数据文件的随机读/写

前面介绍的文件操作都是按一定顺序进行读写的，因此称为顺序文件。对于顺序文件而言，只能按实际排列的顺序，一个一个地访问文件中的各个元素。为了增加对文件访问的灵活性，C++系统总是用读或写文件指针记录着文件的当前位置，在类 istream 及类 ostream 中定义了几个与读或写文件指针相关的成员函数，使得可以在输入/输出流内随机移动文件指针，从而可以对文件的数据进行随机读/写。

类 istream 提供了 3 个成员函数来对读指针进行操作：

```
tellg()                      返回输入文件读指针的当前位置
seekg(文件中的位置)           将输入文件中读指针移到指定的位置
seekg(位移量,参照位置)        以参照位置为基准移动若干字节
```

函数参数中的"文件中的位置"和"位移量"都是 long 型整数，以字节为单位。"参照位置"可以是下面之一：

```
ios::beg                     从文件开头计算要移动的字节数
ios::cur                     从文件指针的当前位置计算要移动的字节数
ios::end                     从文件末尾计算要移动的字节数
```

例如，假设 inf 是类 istream 的一个流对象，则

```
inf.seekg(-50,ios::cur);
```

表示使输入文件中的读指针以当前位置为基准向前（文件的开头方向）移动 50 个字节。

```
inf.seekg(50,ios::beg);
```

表示使输入文件中的读指针从文件的开头位置后移 50 个字节。

```
inf.seekg(-50,ios::end);
```

表示使输入文件中的读指针从文件的末尾位置前移 50 个字节。

类 ostream 提供了 3 个成员函数来对写指针进行操作：

```
tellp()                      返回输出文件写指针的当前位置
seekp(文件中的位置)           将输出文件中写指针移到指定的位置
seekp(位移量,参照位置)        以参照位置为基准移动若干字节
```

这 3 个成员函数的含义与前面讲过的操作读指针的 3 个成员函数的含义相似，只是它们用来操作写指针。

函数 seekg()和 seekp()的第 2 个参数可以省略，在这种情况下，就是默认 ios::beg，即从文件的

开头来计算要移动的字节数。例如：

```
inf.seekg(50);
```

表示使输入文件中的读指针从文件的开头位置后移 50 个字节。

注意：以上几个函数的命名是有一定规律的。由于 g 是 get 的第一个字母，因此带 g 的函数（如函数 tellg()和 seekg()）是用于输入的函数。而由于 p 是 put 的第一个字母，因此带 p 的函数（如函数 tellp()和 seekp()）是用于输出的函数。如果是既可以输入又可以输出的文件，则可以任意用 seeg()或 seep()。

【例 9.18】有 3 门课程的数据，要求：

（1）以读写方式打开一个磁盘文件，并把这些数据存到磁盘文件中。

（2）将文件指针定位到第 3 门课程，读取第 3 门课程的数据并显示出来。

（3）将文件指针定位到第 1 门课程，读取第 1 门课程的数据并显示出来。

（4）将文件指针从当前位置定位到下一门课程，读取该门课程的数据并显示出来。

```cpp
#include<iostream>
#include<fstream>
using namespace std;
struct List
{ char course[15];
  int score;
};
#include<iostream>
#include<fstream>
using namespace std;
struct List
{ char course[15];
  int score;
};
int main()
{ List list3[3]={{"Computer",90},{"Mathematics",78},{"English",84}};
  List st;
  fstream ff("f6.data",ios::out|ios::binary);
  //定义类 fstream 的流对象 ff,以写方式打开二进制文件 f6.dat
  if(!ff)
  { cout<<"openf6.dat error!"<<endl;
    abort();                                //退出程序
  }
  for (int i=0;i<3;i++)          //将三门课程的数据写入已存在的磁盘文件 f6.dat 中
    ff.write((char*)&list3[i],sizeof(List));
  ff.close();                //关闭文件
  fstream ff1("f6.data",ios::in|ios::binary);
    //定义类 fstream 的流对象 ff,以读方式打开二进制文件 f6.dat
  if(!ff1)
  { cout<<"open f6.dat error!"<<endl;
    abort();                                //退出程序
  }
  ff1.seekp(sizeof(List)*2);                //将文件指针定位到第 3 门课程
  ff1.read((char*)&st,sizeof(List));        //读取第 3 门课程的数据
  cout<<st.course<<"\t"<<st.score<<endl;    //显示第 3 门课程的数据
```

```
    ff1.seekp(sizeof(List)*0);                    //将文件指针定位到第 1 门课程
    ff1.read((char*)&st,sizeof(List));            //读取第 1 门课程的数据
    cout<<st.course<<"\t"<<st.score<<endl;        //显示第 1 门课程的数据
    ff1.seekp(sizeof(List)*1,ios::cur);
                //将文件指针从当前位置定位到下一门课程
    ff1.read((char*)&st,sizeof(List));            //读取该门课程的数据

    cout<<st.course<<"\t"<<st.score<<endl;        //显示该门课程的数据
    ff1.close();                                  //关闭文件
    return 0;
}
```

程序运行结果如下：

English 84　　　　　　　　　　　（注：显示第 3 门课程的数据）
Computer 90　　　　　　　　　　（注：显示第 1 门课程的数据）
English 84　　　　　　　　　　　（注：显示第 2 门课程的数据）

9.5　程 序 举 例

【例 9.19】将一个二进制文件中的所有小写字母读出并复制到另一个二进制文件中去。

```
#include <iostream>
#include <map>
#include <string>
#include <fstream>
using namespace std;
class Copy_file
{ public:
    Copy_file();              //打开源文件，建立目的文件
    ~Copy_file();             //关闭源、目的文件
    void Copy_files();        //读源文件，将其内的小写字母字符写入到目的文件中
    void in_file();           //声明函数 in_file()的原型，输出源文件内容
    void outfile();           //声明函数 outfile()的原型，输出目的文件内容
  private:
    fstream inf;              //用 fstream 类定义输入输出流对象，用来关联源文件
    fstream outf;             //用 fstream 类定义输入输出流对象，用来关联目的文件
    char file1[20];           //存放源文件名
    char file2[20];           //存放目的文件名
};
Copy_file::Copy_file()
{ cout<<"请输入源文件名:";
  cin>>file1;
  inf.open(file1,ios::in|ios::binary);              //打开源文件
  if(!inf)
  { cout<<"不能打开源文件:"<<file1<<endl;
    abort();
  }
  cout<<"请输入目的文件名:";
  cin>>file2;
  outf.open(file2,ios::in|ios::out|ios::binary);    //打开目的文件
  if(!outf)
```

```
    { cout<<"不能打开目的文件:"<<file2<<endl;
      abort();
    }
}
Copy_file::~Copy_file()        //关闭源文件和目的文件
{ inf.close();
  outf.close();
}
void Copy_file::Copy_files()
{                              //从源文件中读出字符，并将小写字母字符写入目的文件中
  char ch;
  inf.seekg(0);
  inf.get(ch);
  while(!inf.eof())
  {
    if(ch>='a'&&ch<='z')
      outf.put(ch);
    inf.get(ch);
  }
}
void Copy_file::in_file()     //定义函数 in_file()，输出源文件内容
{ char ch;
  inf.close();
  inf.open(file1,ios::in|ios::binary);
  inf.get(ch);
  while(!inf.eof())
  { cout<<ch;
    inf.get(ch);
  }
  cout<<endl;
}
void Copy_file::outfile()     //定义函数 outfile()，输出目的文件内容
{ char ch;
  outf.seekg(0);             //使文件指针定位在文件的首位
  outf.get(ch);
  while(!outf.eof())
  { cout<<ch;
    outf.get(ch);
  }
  cout<<endl;
}
int main()
{ Copy_file cf;
  cf.Copy_files();
  cout<<"源文件中内容:"<<endl;          //输出源文件中的内容
  cf.in_file();
  cout<<"目的文件中内容:"<<endl;        //输出目的文件中的内容
  cf.outfile();
  return 0;
}
```

程序运行结果如下：

请输入源文件名：ss.txt
请输入目的文件名：oo.txt
源文件中内容：
10 123.456"This is a text file."
目的文件中内容：
hisisatextfile
说明：假设本例中源文件 ss.txt 已经存在，文件中的内容为
10 123.456"This is a text file."

本 章 小 结

（1）C++系统提供了一个用于输入/输出（I/O）操作的类体系，这个类体系不但提供了对预定义数据类型进行输入/输出操作的功能，而且还提供了对自定义数据类型进行输入/输出操作的功能。

（2）与 C 语言一样，C++中也没有输入/输出语句。C++编译系统带有一个面向对象的输入/输出软件包，它就是 C++的 I/O 流类库。在 I/O 流类库中包含许多用于输入/输出的类，称为流类。用流类定义的对象称为流对象。

（3）C++编译系统提供了用于输入/输出的 I/O 流类库。I/O 流类库中包含了许多用于输入/输出操作的类，其中类 istream 支持流输入操作，类 ostream 支持流输出操作，类 iostream 同时支持流输入和输出操作。

（4）I/O 流类库中各种的类的声明被放在相应的头文件中，常用的头文件有 iostream、fstream、strstream 和 iomanip。

（5）用流类定义的对象称为流对象。与输入设备（如键盘）相联系的流对象称为输入流对象；与输出设备（如屏幕）相联系的流对象称为输出流对象。

C++中包含几个预定义的流对象，它们是标准输入流对象 cin、标准输出流对象 cout、非缓冲型的标准出错流对象 cerr 和缓冲型的标准出错流对象 clog。

（6）在 C++中，仍然可以使用 C 中的 printf()和 scanf()函数进行格式化。除此以外，C++还提供了两种进行格式控制的方法：一种是使用 ios 类中有关格式控制的流成员函数进行格式控制；另一种是使用称为操作符的特殊类型的函数进行格式控制。

（7）C++除了提供系统预定义的操作符（操作符函数）外，也允许用户自定义操作符函数，合并程序中频繁使用的输入/输出操作，使输入/输出密集的程序变得更加清晰高效，并可避免意外的错误。

（8）C++把文件看作字符序列，即文件是由一个一个字符数据顺序组成的。根据数据的组织形式，文件可分为文本文件和二进制文件。文本文件又称 ASCII 文件，它的每个字节存放一个 ASCII 代码，代表一个字符。二进制文件则是把内存中的数据，按其在内存中的存储形式原样写到磁盘上存放。

（9）在 C++中要执行文件的输入/输出，须完成以下几项工作：
① 在程序中包含头文件 fstream。
② 建立流。建立流的过程就是定义流类的对象。

③ 使用成员函数 open()打开文件。也就是使某一指定的磁盘文件与某一已定义的文件流对象建立关联。

④ 进行读写操作，在建立（或打开）的文件上执行所要求的输入或输出操作。

⑤ 在使用完一个文件后，使用 close()函数把它关闭。所谓关闭，实际上就是使打开的文件与流"脱钩"。

习　题

【9.1】 C++为什么要有自己的输入/输出系统？

【9.2】 C++有哪 4 个预定义的流？它们分别与什么具体设备相关联？

【9.3】 cerr 和 clog 之间的区别是什么？

【9.4】 C++提供了哪两种控制输入/输出格式的方法？

【9.5】 C++进行文件输入/输出的基本过程是什么？

【9.6】 顺序文件与随机文件有什么区别？

【9.7】

```
#include <iostream>
using namespace std;
int main()
{   int i=100;
    cout.unsetf(ios::dec);              //终止十进制的格式设置
    cout.setf(ios::hex);
    cout<<i<<"\t";
    cout<<i<<"\t";
    cout.setf(ios::dec);
    cout<<i<<"\n";
    return 0;
}
```

以上程序运行的结果是（　　　）。

A. 64　　　　　100　　　　　64　　　　　B. 64　　　　　64　　　　　64

C. 64　　　　　64　　　　　100　　　　　D. 64　　　　　100　　　　　100

【9.8】 在 ios 中提供控制格式的标志位中，（　　　）是转换为十六进制形式的标志位。

A. dec　　　　　B. oct　　　　　C. hex　　　　　D. left

【9.9】 控制格式 I/O 的操作中，（　　　）是设置域宽的。

A. setw()　　　　　B. oct　　　　　C. setfill()　　　　　D. ws

【9.10】 进行文件操作时需要包含文件（　　　）。

A. iostream.h　　　　　B. fstream.h　　　　　C. stdio.h　　　　　D. stdlib.h

【9.11】 磁盘文件操作中的访问模式常量（　　　）是以追加方式打开文件的。

A. app　　　　　B. out　　　　　C. in　　　　　D. ate

【9.12】 当使用 ifstream 流类定义一个流对象并打开一个磁盘文件时，文件的隐含打开方式是（　　　）。

A. ios::trunk　　　　　B. ios::out　　　　　C. ios::in　　　　　D. ios::binary

【9.13】下列函数中，(　　　) 是对文件进行写操作的。

A. seek()　　　　　B. read()　　　　　C. get()　　　　　D. put()

【9.14】seekg() 函数中 dir 的取值有 (　　　) 种。

A. 1　　　　　B. 2　　　　　C. 3　　　　　D. 4

【9.15】使用 "myFile.open ("Sales.dat",ios::app);" 语句打开文件 Sales.dat 后，则 (　　　)。

A. 该文件只能用于输出

B. 该文件只能用于输入

C. 该文件既可以用于输出，也可以用于输入

D. 若该文件存在，则清除该文件的内容

【9.16】如果输入是 abcdefgh，希望输出 abcd efgh。请填写程序中 width 的宽度。

```cpp
#include <iostream>
#include <iomanip>
using namespace std;
int main()
{ char buffer1[10],buffer2[10];
   cin.width(_____);
   cin>>buffer1>>buffer2;
   cout.width(_____);
   cout<<buffer1<<' '<<buffer2<<"\n";
   return 0;
}
```

【9.17】在下画线填上适当的语句，实现 Stock 类的输入/输出运算符重载。

```cpp
#include <iostream>
#include <string>
using namespace std;
class Stock{
   public:

      _____

      _____

   private:
     char Stockcode[7];       //股票代码
     char Stockname[20];      //股票名称
     float price;             //现价
};
istream& operator>>(istream& in,Stock &st)
{ cout<<"\n 请输入股票代码、股票名称和现价: ";
   in>>st.Stockcode>>st.Stockname>>st.price;
   return in;
}
ostream& operator<<(ostream& out,Stock &st)
{ out<<st.Stockcode<<" "<<st.Stockname<<" "<<st.price;
   return out;
}
int main()
{ Stock stock;
   cin>>stock;
   cout<<stock<<endl;
```

```
    return 0;
}
```

【9.18】分别计算 5! ~ 9!的值，使用 setw()控制 "=" 左边的数值宽度。

【9.19】编写一个程序，打印 2 ~ 10 之间的数字的自然对数与以 10 为底的对数。对表进行格式化，使得数字可以在域宽为 10 的范围内，用 5 个十进制位置的精度进行右对齐。

【9.20】编写一个程序，将下面的信息表写入文件 stock.txt 中：

Shen fa zhan   000001
Shang hai qi che   600104
Guang ju neng yuan 000096

【9.21】编写一个程序，用于统计某文本文件中单词 is 的个数。

【9.22】编写一个程序，要求定义 in 为 fstream 的对象，与输入文件 file1.txt 建立关联，文件 file1.txt 的内容如下：

abcdef
ghijklmn

定义 out 为 fstream 的对象，与输出文件 file2.txt 建立关联。当文件打开成功后将 file1.txt 文件的内容转换成大写字母，输出到 file2.txt 文件中。

【9.23】编写一个程序，要求定义 in 为 fstream 的对象，与输入文件 file1.txt 建立关联，文件 file1.txt 的内容如下：

aabbcc

定义 out 为 fstream 的对象，与输出文件 file2.txt 建立关联。当文件打开成功后将 file1.txt 文件的内容附加到 file2.txt 文件的尾部。运行前 file2.txt 文件的内容如下：

ABCDEF
GHIJKLMN

运行后，再查看文件 file2.txt 的内容。

第 *10* 章 | 异常处理和命名空间

异常处理和命名空间是 C++发展后期增加的新功能，以帮助程序设计人员更方便地进行程序的设计和调试工作。异常处理是对所能预料的运行错误进行处理的一套实现机制。有了异常处理，C++程序可以在环境出现意外或用户操作不当的情况下，做出正确合适的处理和防范。所谓命名空间，实际上就是一个由程序设计者命名的内存区域。C++引入了命名空间，可以用来处理程序中常见的同名冲突问题。

10.1 异 常 处 理

程序运行中的有些错误是可以预料但不可避免的，这时就要力争做到允许用户排除错误，继续运行程序，或者至少给出适当的提示信息。C++提供了专门的异常处理机制。异常处理是对所能预料的运行错误进行处理的一套实现机制。

10.1.1 异常处理概述

程序中常见的错误分为两大类：编译时的错误和运行时的错误。编译时的错误主要是语法错误，如关键字拼写错误、语句末尾缺分号、括号不匹配等。这类错误相对比较容易修正，因为编译系统会指出在第几行、是什么样的错误。运行时的错误则不然，其中有些甚至是不可预料的，如算法出错；有些虽然可以预料但却无法避免，如内存空间不够，无法实现指定的操作等；还有在函数调用时存在的一些错误，如无法打开输入文件、数组下标越界等。如果在程序中没有对这些错误的防范措施，往往得不到正确的运行结果甚至导致程序不正常终止，或出现死机现象。这类错误比较隐蔽，不易被发现，是程序调试中的一个难点。

程序在运行过程中出现的错误统称为异常，对异常的处理称为异常处理。在设计程序时，应当事先分析程序运行时可能出现的各种意外情况，并且分别制定出相应的处理方法，使程序能够继续执行，或者至少给出适当的提示信息。传统的异常处理方法基本上是采取判断或分支语句来实现，如例 10.1 所示。

【例 10.1】传统的异常处理方法举例。

```cpp
#include <iostream>
using namespace std;
int Div(int x,int y);        //函数 Div()的原型
```

```
int main()
{   cout<<"7/3="<<Div(7,3)<<endl;
    cout<<"5/0="<<Div(5,0)<<endl;
    return 0;
}
int Div(int x,int y)          //定义函数Div()
{   if(y==0)
    {   cout<<"除数为0,错误!"<<endl;
        exit (0);
    }
    return x/y;
}
```

程序运行结果如下：

7/3=2
除数为0,错误!

在这个例子中，函数Div()用来计算x/y的值。当调用函数时，一旦除数y为0，则程序输出提示信息"除数为0,错误!"，然后退出程序的运行。

传统的异常处理方法可以满足小型应用程序的需要。但是在一个大型软件系统中，包含许多模块，每个模块又包含许多函数，函数之间又互相调用，比较复杂。如果在每一个函数中都设置处理异常的程序段，会使程序过于复杂和庞大。传统的异常处理机制无法保证程序的可靠运行，而且采用判断或分支语句处理异常的方法不适合大量异常的处理，更不能处理不可预知的异常。C++提供的异常处理机制逻辑结构非常清晰，而且在一定程度上可以保证程序的健壮性。

10.1.2 异常处理的方法

C++处理异常的办法：如果在执行一个函数过程中出现异常，可以不在本函数中立即处理，而是发出一个信息，传给它的上一级（即调用函数）来解决，如果上一级函数也不能处理，就再传给其上一级，由其上一级处理。如此逐级上传，如果到最高一级还无法处理，运行系统一般会自动调用系统函数terminate()，由它调用abort终止程序。

这样的异常处理方法使得异常的引发和处理机制分离，而不是由同一个函数完成。这样做的好处是使底层函数（被调用函数）着重于解决实际任务，而不必过多地考虑对异常的处理，以减轻底层函数的负担，把处理异常的任务上移到上层去处理。例如，在主函数中调用十几个函数，只需在主函数中设计针对不同类型的异常处理，而不必在每个函数中都设置异常处理，这样可以大大提高效率。

首先请看示例：

【例10.2】处理除数为零异常的程序。

```
#include <iostream>
using namespace std;
int Div(int x,int y);                //函数Div()的原型
int main()
{   try                              //检查异常
    {   cout<<"7/3="<<Div(7,3)<<endl;  //被检查的复合语句
        cout<<"5/0="<<Div(5,0)<<endl;
    }
```

```
    catch (int)                    //捕获异常, 异常类型是 int 型
    {  cout<<"除数为 0,错误!"<<endl;    //进行异常处理的复合语句
    }
    cout<<"end"<<endl;
    return 0;
}
int Div(int x,int y)
{  if(y==0)
    throw y;              //抛出异常, 当除数 y 为 0 时, 语句 throw 将抛出 int 型异常
    return x/y;           //当除数 y 不为 0 时, 返回 x/y 的值
}
```

C++处理异常的机制是由检查、抛出和捕获 3 个部分组成, 分别由 3 种语句来完成: try (检查)、throw (抛出) 和 catch (捕获)。

1. 异常的抛出

抛出异常使用 throw 语句, 其格式如下:

```
throw  表达式;
```

如果在某段程序中发现了异常, 就可以使用 throw 语句抛出这个异常给调用者, 该异常由与之匹配的 catch 语句来捕获。throw 语句中的 "表达式" 是表示抛出的异常类型, 异常类型由表达式的类型来表示。例如, 含有 throw 语句的函数 Div()可写成:

```
int Div(int x,int y)
{  if(y==0)
       throw y;           //抛出异常, 当除数 y 为 0 时, 语句 throw 将抛出 int 型异常
    return x/y;           //当除数 y 不为 0 时, 返回 x/y 的值
}
```

由于变量 y 的类型是 int, 所以当除数 y 为 0 时, 语句 throw 将抛出 int 型异常。

2. 异常的检查和捕获

异常的检查和捕获使用 try 语句和 catch 语句, 格式如下:

```
try
{
   被检查的复合语句
}
catch (异常类型声明1)
{
  进行异常处理的复合语句 1
}
catch (异常类型声明2)
{
  进行异常处理的复合语句 2
}
…
catch (异常类型声明n)
{
  进行异常处理的复合语句 n
}
```

try 后的复合语句是被检查语句, 也是容易引起异常的语句, 这些语句称为代码的保护段。如

果预料某段程序代码（或对某个函数的调用）有可能发生异常，就将它放在 try 之后。如果这段代码（或被调函数）运行时真的遇到异常情况，其中的 throw 表达式就会抛出这个异常。

catch 用来捕获 throw 抛出的异常，catch 子句后的复合语句是异常处理程序，异常类型声明部分指明了 catch 子句处理的异常的类型。catch 在捕获到异常后，由子句检查异常的类型，即检查 throw 后表达式的数据类型与哪个 catch 子句的异常类型的声明一致，如一致则执行相应的异常处理程序（该子句后的复合语句）。例如，用于处理除数为零异常的 try_catch 语句如下：

```
try                        //检查异常
{
  cout<<"7/3"<<Div(7,3)<<endl;       //被检查的复合语句
  cout<<"5/0"<<Div(5,0)<<endl;
}
catch (int)                  //捕获异常，异常类型是 int 型
{
  cout<<"除数为 0,错误!"<<endl;       //进行异常处理的复合语句
}
```

在主函数中，首先执行 try 语句，调用函数 Div(5,0) 时发生异常，由 Div()函数中语句"throw y;"抛出 int 型异常（因为变量 y 是 int 类型），被与之匹配的 catch 语句捕获（因为两者的异常类型都是 int 型），并在 catch 内进行异常处理后，执行 catch 后面的语句。

程序运行结果如下：

```
7/3=2
除数为 0,错误!        (异常处理)
end
```

在本例中，进行异常处理的方法如下：

（1）首先将需要检查的、也是容易引起异常的语句或程序段放在 try 块的花括号中。由于函数 Div()是可能出现异常的部分，所以将以下语句放在 try 块中。

```
cout<<"7/3="<<Div(7,3)<<endl;
cout<<"5/0="<<Div(5,0)<<endl;
```

（2）如果在执行 try 块内的复合语句过程中没有发生异常，则 catch 子句不起作用，流程转到 catch 子句后面的语句继续执行。

（3）如果在执行 try 块内的复合语句（或被调函数）过程中发生异常，则 throw 语句抛出一个异常信息。在本程序中，第 2 次执行函数 Div 时，出现除数为 0 的异常，throw 抛出 int 类型的异常信息 y。throw 抛出异常信息后，流程转到其上一级的函数（即主函数 main()）。因此，不会执行函数 Div()中 if 语句之后的 return 语句。

（4）throw 抛出的异常信息传到 try_catch 结构，系统寻找与之匹配的 catch 子句。本例中，y 是 int 型，而 catch 子句的括号内指定的类型也是 int 型，两者匹配，catch 捕获了该异常信息，执行子句中的异常处理语句：

```
cout<<"除数为 0,错误!"<<endl;
```

（5）执行异常处理语句后，程序继续执行 catch 子句后面的语句。在本程序中，执行语句：

```
cout<<"end"<<endl;
return 0;
```

说明：

（1）被检测的语句或程序段必须放在 try 块中，否则不起作用。

（2）try 块和 catch 块作为一个整体出现，catch 块是 try_catch 结构中的一部分，不能单独使用，且二者之间不能插入其他语句。

（3）try 和 catch 块中必须有用花括号括起来的复合语句，即使花括号内只有一个语句也不能省略花括号。

（4）一个 try_catch 结构中只能有一个 try 块，但却可以有多个 catch 块，以便与不同的异常信息匹配。catch 后面的括号中，一般只写异常信息的类型名，catch 只检查所捕获的异常信息的类型，不检查它们的值，例如下面的程序。

【例 10.3】有多个 catch 块的异常处理程序。

```cpp
#include <iostream>
using namespace std;
int main()
{ double a=2.5;
  try                                   //检查异常
  { throw a;                            //抛出异常
  }
  catch (int )                          //捕获异常，异常类型是 int 型
  { cout<<"异常发生! 整数型! "<<endl;     //进行异常处理的复合语句
  }
  catch (double )                       //捕获异常，异常类型是 double 型
  { cout<<"异常发生! 双精度型! "<<endl;   //进行异常处理的复合语句
  }
  cout<<"end"<<endl;
  return 0;
}
```

因为 a 定义为 double，所以"throw a;"抛出的异常类型为 double 型，被"catch (double)"捕获。

程序运行结果如下：

异常发生! 双精度型!
end

（5）try_catch 结构可以和 throw 出现在同一个函数中，也可以不在同一个函数中。

（6）在某种情况下，在 throw 语句中可以不包括表达式，如

throw;

此时，它将把当前正在处理的异常信息再次抛出，给其上一层的 catch 块处理。

（7）在 C++中，一旦抛出一个异常，而程序又不捕获的话，那么系统就会调用一个系统函数 terminate，由它调用 abort 终止程序。

【例 10.4】输入三角形的三条边长，求三角形的面积。当输入边的长度小于或等于 0，或者当三条边都大于 0，但不能构成三角形时，分别抛出异常，结束程序运行。

```cpp
#include <iostream>
#include <cmath>
using namespace std;
double triangle(double a,double b,double c)      //三角形面积计算函数
{ double s=(a+b+c)/2;
  if(a+b<=c||b+c<=a||c+a<=b) throw 1.0;          //语句 throw 抛出 double 型异常
  return sqrt(s*(s-a)*(s-b)*(s-c));
```

```
}
int main()
{ double a,b,c;
    try                                            //检查异常
    {      cout<<"请输入三角形的三个边长(a、b、c):"<<endl;
    cin>>a>>b>>c;
    if(a<=0||b<=0||c<=0)
        throw 1;                                   //语句 throw 抛出 int 型异常
    while(a>0&&b>0&&c>0)
    {  cout<<"a="<<a<<",b="<<b<<",c="<<c<<endl;
        cout<<"三角形的面积="<<triangle(a,b,c)<<endl;
        cout<<"请输入三角形的三个边长(a、b、c):"<<endl;
        cin>>a>>b>>c;
        if(a<=0||b<=0||c<=0)
        throw 1;                                   //语句 throw 抛出 int 型异常
    }
    }
    catch(double)                                  //捕获异常,异常类型是 double 型
    { cout<<"这三条边不能构成三角形,异常发生,结束!"<<endl;  }
    catch(int)                                     //捕获异常,异常类型是 int 型
    { cout<<"边长小于或等于 0,异常发生,结束!"<<endl; }
    return 0;
}
```

程序运行结果如下：

请输入三角形的三个边长（a、b、c）：

3 4 5↙

a=3,b=4,c=5

三角形的面积=6

请输入三角形的三个边长（a、b、c）：

2 2 4↙

a=2,b=2,c=4

这三条边不能构成三角形，异常发生，结束！

10.2　命名空间和头文件命名规则

10.2.1　命名空间

　　一个大型软件通常是由多个模块组成，这些模块往往是由多人合作完成的，不同的人分别完成不同的模块，最后组合成一个完整的程序。假如不同的人分别定义了函数和类，放在不同的头文件中，在主文件需要用这些函数和类时，就用#include 命令行将这些头文件包括进来。由于各头文件是由不同的人设计的，有可能在不同的头文件中用了相同名字来定义的函数或类。这样在程序中就会出现命名冲突，就会引起程序出错。另外，如果在程序中用到第三方的库，也容易产生同样的问题。为了解决这一问题，C++引入了命名空间，用来处理程序中常见的同名冲突问题。所谓命名空间，实际上就是一个由程序设计者命名的内存区域。程序设计者可以根据需要指定一些有名字的命名空间，将各命名空间中声明的标识符与该命名空间标识符建立关联，保证不同命名空间的同名标识符不发生冲突。声明命名空间的方法很简单，下面的代码就是在命名空间 NS

中定义了两个简单变量 i 和 j。

```
namespace NS
{  int i=5;
   int j=10;
}
```

其中，namespace 是定义命名空间所必须写的关键字，NS 是用户自己指定的命名空间的名字，花括号内是命名空间的作用域。声明了命名空间后，就可以解决名字冲突的问题。C++中命名空间的作用类似于操作系统中的目录和文件的关系，由于文件很多，不便管理，而且容易重名，于是人们设立若干子目录，把文件分别放到不同的子目录中，不同子目录中的文件可以同名。调用文件时应指出文件路径。

除了用户可以声明自己的命名空间外，C++还定义了一个标准命名空间 std。在本书的各章节程序中，我们经常使用语句

```
using namespace std;
```

其含义就是使用标准命名空间 std。

std（standard 的缩写）是标准 C++指定的一个命名空间，标准 C++库中的所有标识符都是在这个名为 std 的命名空间中定义的，或者说标准头文件（如 iostream）中的函数、类、对象和类模板是在命名空间 std 中定义的。如果要使用输入/输出流对象（如 cin、cout），就要告诉编译器该标识符可在命名空间 std 找到。其方法有两种，一种是像本书前面章节中所写的程序一样，在源文件中使用"using namespace std;"语句。例如：

```
#include <iostream>
using namespace std;
int main()
{  cout<<"Welcome to C++!"<<endl;
   return 0;
}
```

另一种方法是在该标识符前面加上命名空间及作用域运算符"::"。例如：

```
#include <iostream>
int main()
{  std::cout<<"Welcome to C++!"<<std::endl;
   return 0;
}
```

【例 10.5】命名空间的使用举例。

```
#include <iostream>
namespace University          //声明命名空间，名为 University
{  int grade=3;
}
namespace Highschool          //声明命名空间，名为 Highschool
{  int grade=4;
}
int main()
{  std::cout<<"The unversity's grade is:"<<University::grade<<std::endl;
   std::cout<<"The highschool's grade is:"<<Highschool::grade<<std::endl;
   return 0;
}
```

在本例中，声明了两个命名空间 University 和 Highschool，在各自的命名空间中都用到了同名

变量 grade，为了区分这两个 grade 变量，必须在其前面加上命名空间的名字和作用域运算符 "::"。其中，"University::grade" 为命名空间 University 中定义的 grade，"Highschool::grade" 为命名空间 Highschool 中定义的 grade，"std::cout" 为标准命名空间 std 中定义的流对象，"std::endl" 为标准命名空间 std 中定义的操作符。

程序运行结果如下：

```
The university's grade is:3
The highschool's grade is:4
```

说明：当前使用的 C++库大多是几年前开发的，由于 C++早期版本中没有命名空间的概念，库中的有关内容也没有放在 std 命名空间中，因而在程序中不必对 std 进行声明。这也是目前有的程序中没有使用 "using namespace std;" 语句的原因。但是，用标准的 C++编程是应该对命名空间 std 的成员进行声明或限定的（可以采用前面介绍过的任一种方法）。

10.2.2　头文件命名规则

由于 C++是从 C 语言发展而来的，为了与 C 语言兼容，C++保留了 C 语言中的一些规定。例如，在 C 语言中头文件用.h 作为扩展名，如 stdio.h、math.h 等。为了与 C 语言兼容，许多 C++早期版本的编译系统头文件都是采用*.h 形式，如 iostream.h 等。但后来 C++建议头文件不带扩展名.h。近年推出的 C++编译系统新版本则采用了 C++的新方法，头文件名不再有扩展名.h，如 iostream、cmath 等。但为了使原来编写的 C++程序能够运行，在 C++程序中使用头文件时，既可以采用 C++中不带扩展名的头文件，也可以采用 C 语言中带扩展名的头文件。

1. 带扩展名的头文件的使用

在 C 语言程序中头文件包括扩展名.h，如 stdio.h、string.h 等。由于 C 语言没有命名空间，头文件不存放在命名空间中。因此，在 C++程序中，如果使用带扩展名.h 的头文件，不必用命名空间。只需在文件中包含所用的头文件即可，如

```
#include <stdio.h>
```

2. 不带扩展名的头文件的使用

C++标准要求系统提供的头文件不包括扩展名.h，如 string、iostream。为了表示 C++与 C 语言的头文件既有联系又有区别，C++所用的头文件不带扩展名字符.h，而是在 C 语言的相应的头文件名之前加上字符 c。例如，C 语言中的头文件 stdio.h，在 C++中相应的头文件名为 cstdio。C 语言中的头文件 string.h，在 C++中相应的头文件名为 cstring。

使用 C++中不带扩展名的头文件时，需要在程序中声明命名空间 std。例如：

```
#include <cstdio>           //相当于 C 程序中的#include <stdio.h>
#include <cstring>          //相当于 C 程序中的#include <string.h>
using namespace std;        //声明使用命名空间 std
```

使用头文件的两种方法是等价的，可以任意选用。但使用带扩展名的头文件时，不需要在程序中声明命名空间 std。

本 章 小 结

（1）异常处理是对所能预料的运行错误进行处理的一套实现机制。有了异常处理，C++程序

可以在环境出现意外或用户操作不当的情况下，做出正确合适的处理和防范。

（2）C++处理异常的办法：如果在执行一个函数过程中出现异常，可以不在本函数中立即处理，而是发出一个信息，传给它的上一级（即调用函数）来解决，如果上一级函数也不能处理，就再传给其上一级，由其上一级处理。如此逐级上传，如果到最高一级还无法处理，运行系统一般会自动调用系统函数 terminate()，由它调用 abort 终止程序。

（3）C++处理异常的机制是由检查、抛出和捕获 3 个部分组成，分别由 3 种语句来完成：try（检查）、throw（抛出）和 catch（捕获）。

（4）所谓命名空间，实际上就是一个由程序设计者命名的内存区域。程序设计者可以根据需要指定一些有名字的命名空间，将各命名空间中声明的标识符与该命名空间标识符建立关联，保证不同命名空间的同名标识符不发生冲突。

（5）ANSI C++建议头文件不带扩展名.h。近年推出的 C++编译系统新版本则采用了 C++的新方法，头文件名不再有扩展名.h，如 iostream、cmath 等。但为了使原来编写的 C++程序能够运行，在 C++程序中使用头文件时，既可以采用 C++中不带扩展名的头文件，也可以采用 C 语言中带扩展名的头文件。

习　　题

【10.1】程序中常见的错误分为哪两大类？

【10.2】什么叫异常处理？

【10.3】C++处理异常的方法是什么？这种方法有什么优点？

【10.4】什么是命名空间？

【10.5】C++处理异常的机制由（　　）3 个部分组成。

A．编辑、编译和运行　　　　　　　　B．检查、抛出和捕获

C．编辑、编译和捕获　　　　　　　　D．检查、抛出和运行

【10.6】C++中用 3 个保留字实现异常处理，除了 try 和 catch 外，还有（　　）。

A．throw　　　　　　B．class　　　　　　C．if　　　　　　D．return

【10.7】catch(...)一般放在其他 catch 子句的后面，该子句的作用是（　　）。

A．抛出异常　　　　　　　　　　　　B．捕获所有类型的异常

C．检测并处理异常　　　　　　　　　D．有语法错误

【10.8】写出下面程序的运行结果。

```
#include <iostream>
using namespace std;
int f(int);
int main()
{ try
    { cout<<"4!="<<f(4)<<endl;
      cout<<"-2!="<<f(-2)<<endl;
    }
    catch (int n)
    { cout<<"n="<<n<<" 不能计算 n!."<<endl;
      cout<<"程序执行结束."<<endl;
```

```
    }
    return 0;
}
int f(int n)
{  if(n<=0)
       throw n;
    int s=1;
    for(int i=1;i<=n;i++)
       s*=i;
    return s;
}
```

【10.9】写出下面程序的运行结果。

```
#include <iostream>
using namespace std;
namespace NS1
{  void  fun()
   {  cout<<"NS1:fun"<<endl;
   }
}
namespace NS2
{  void fun()
   {  cout<<"NS2:fun"<<endl;
   }
}
int main()
{  NS1::fun();
   NS2::fun();
   return 0;
}
```

第 *11* 章 | STL 标准模板库

标准模板库（Standard Template Library）中包含了很多实用的组件，利用这些组件，程序员编程方便而高效。

11.1 容器、算法和迭代器的基本概念

首先请大家看一个例子：

【例 11.1】显示食物清单程序 1。

```
#include <iostream>
#include <string>
#include <vector>
using namespace std;
int main()
{
    vector<string> Food;
    vector<string>::iterator FoodIterator;
    Food.insert(Food.end(),"---食物清单---");
    Food.insert(Food.end()," 牛奶");
    Food.insert(Food.end()," 蓝莓");
    Food.insert(Food.end()," 香蕉");
    Food.insert(Food.end()," 牛油果");
    Food.insert(Food.end(),"-------------");
    for(FoodIterator=Food.begin();
        FoodIterator!=Food.end();
        ++FoodIterator)
    {
        cout<<*FoodIterator<<endl;
    }
    return 0;
}
```

程序运行结果如下：

```
---食物清单---
 牛奶
 蓝莓
 香蕉
```

　　牛油果

程序 11.1 中使用的容器是 vector，FoodIterator 是迭代器。

【例 11.2】显示食物清单程序 2。

```
#include <iostream>
#include <string>
#include <list>
#include <algorithm>
using namespace std;
void PrintLine (string& StringLine)
{
    cout<<StringLine<<endl;
}
int main(void)
{
    list<string> Food;
    Food.push_back("---食物清单---");
    Food.push_back("    牛奶");
    Food.push_back("    蓝莓");
    Food.push_back("    香蕉");
    Food.push_back("    牛油果");
    Food.push_back("-------------");
    for_each(Food.begin(), Food.end(), PrintLine);
}
```

本程序显示的结果与例 11.1 相同。

例 11.2 中使用的容器是 list，算法是 for_each。

容器、迭代器和算法是 STL 的 3 个基本组成部分。前面两个例子中的容器分别是 vector 和 list，其他容器包括 stack、queue、deque、set 和 map 等，STL 容器是对象的集合。for_each 是 STL 算法，是对容器进行处理的函数，STL 算法还包括 copy、sort、merge、search 等。迭代器就像指向容器中对象的指针，STL 算法通过迭代器在容器上进行操作。例 11.1 中的 FoodIterator 就是迭代器，利用这个迭代器，可以遍历 vector 中的所有元素。迭代器实际是面向对象版本的指针。

11.2　容　　器

11.2.1　vector 容器

vector 容器与数组类似，包含一组地址连续的存储单元。对 vector 容器可以进行很多操作，包括查询、插入、删除等常见操作。

【例 11.3】vector 容器的删除操作。

```
#include <iostream>
#include <vector>
using namespace std;
int main()
{
    unsigned i;
    vector<int> number;
```

```
number.insert(number.begin(),99);
number.insert(number.begin(),98);
number.insert(number.end(),97);
cout<<"删除前: "<<endl;
for(i=0;i<number.size();i++)
    cout<<number[i]<<endl;
number.erase(number.begin());
number.erase(number.begin());
cout<<"删除后: "<<endl;
for(i=0;i<number.size();i++)
    cout<<number[i]<<endl;
return 0;
}
```

程序运行结果如下：

删除前：
98
99
97
删除后：
97

根据运行结果可以得到图 11-1 和图 11-2 所示的存储图。

98	99	97

97

图 11-1　删除前的存储情况　　图 11-2　删除后的存储情况

vector 中提供了 insert()函数，insert() 函数有 3 种用法：

第 1 种语法：

```
iterator insert( iterator loc, const TYPE &val );
```
参数的含义：在指定位置 loc 前插入值为 val 的元素，返回指向这个元素的迭代器。

第 2 种语法：

```
void insert( iterator loc, size_type num, const TYPE &val );
```
参数的含义：在指定位置 loc 前插入 num 个值为 val 的元素。

第 3 种语法：

```
void insert( iterator loc, input_iterator start, input_iterator end );
```
参数的含义：在指定位置 loc 前插入区间[start, end]的所有元素。

"number.insert(number.begin(),99);" 使用的是第 1 种语法。下列中的程序使用的是第 2 种语法。

【例 11.4】vector 容器的插入删除操作的另一种用法。

```
#include <iostream>
#include <string>
#include <vector>
#include <algorithm>
using namespace std;
int main()
{
    vector<int> intVector;
    for(int i=0;i<10;i++)
        intVector.push_back(i+10);
    vector<int>::iterator theIterator=intVector.begin();
```

```
intVector.insert(theIterator,4,5);    //插入四个5到vector中
for(theIterator=intVector.begin();theIterator!=intVector.end();
       theIterator++ )
     //显示vector的内容
   cout<<*theIterator<<"  ";
cout<<endl;
return 0;
}
```

vector中提供了erase()函数，erase() 函数有两种用法：

第1种语法：

```
iterator erase(iterator loc);
```

其功能是删除删作指定位置loc的元素。例如，"number.erase(number.begin());"。

第2种语法：

```
iterator erase(iterator start, iterator end);
```

其功能是删除区间[start,end]的所有元素，而返回值是指向删除的最后一个元素的下一位置的迭代器。

vector中还提供了push_back()和pop_back()函数。

push_back()函数的功能是添加一个元素到vector末尾。

push_back()函数的语法：

```
void push_back( const TYPE &val );
```

例如，"intVector.push_back(i+10);" 将i+10 添加到vector中。

pop_back()函数的功能：删除当前vector最后的一个元素。

pop_back()函数的语法：

```
void pop_back();
```

【例11.5】push_back()函数和pop_back()函数的使用。

```
#include <iostream>
#include <string>
#include <vector>
#include <algorithm>
using namespace std;
int main()
{
   vector<char> alphaVector;
   for(int i=0;i<10;i++ )
      alphaVector.push_back(i+'1');
   int size=alphaVector.size();
   vector<char>::iterator theIterator;
   for(int j=0;j<size;j++)
   {
      alphaVector.pop_back();
      for( theIterator=alphaVector.begin(); theIterator!=alphaVector.end();
             theIterator++ )
        cout<<*theIterator;
      cout<<endl;
   }
   return 0;
```

```
}
```

本程序的功能是显示：

```
123456789
12345678
1234567
123456
12345
1234
123
12
1
```

vector 中提供的 at()函数负责返回指定位置的元素。与数组运算符[]相比，at() 函数更加安全，不会访问 vector 内越界的元素。

【例 11.6】at()函数的使用。

```
#include <iostream>
#include <vector>
using namespace std;
int main()
{
    unsigned int i;
    vector<int> number;
    number.insert(number.begin(),99);
    number.insert(number.begin(),98);
    number.insert(number.end(),97);
    cout<<"删除前: "<<endl;
    for (i=0;i<number.size();i++)
        cout<<number.at(i)<<endl;
    number.erase(number.begin());
    number.erase(number.begin());
    cout<<"删除后: "<<endl;
    for (i=0;i<number.size();i++)
        cout<<number.at(i)<<endl;
    return 0;
}
```

程序运行结果如下：

```
删除前:
98
99
97
删除后:
97
```

前面是一些 vector 的案例。下面对 vector 的相关函数再做些说明。

1. vector 的构造函数

vector 构造函数的使用方式有 4 种：

```
vector();
vector(size_type num, const TYPE &val);
vector(const vector &from);
```

```
vector(input_iterator start,input_iterator end);
```

其中，第 1 种方式无参数，构造一个空的 vector；第 2 种方式有两个参数，构造一个由参数 num 表示个数，参数 val 表示值的 vector；第 3 种方式有一个参数，构造一个与参数 from 相同的 vector；第 4 种方式有两个参数，构造一个值取自迭代器的 vector，开始位置和终止位置由参数指定。

vector 的构造函数。

【例 11.7】vector 构造函数使用实例。

```cpp
#include <iostream>
#include <vector>
using namespace std;
int main()
{
  unsigned int i;
  vector<int> number(5,99);
  for(i=0;i<number.size();i++)
    cout<<number.at(i)<<"  ";
  cout<<endl;
  vector<int> number1(number);
  for(i=0;i<number1.size();i++)
    cout<<number1.at(i)<<"  ";
  cout<<endl;
  vector<int> number2(number.begin(),number.end());
  for(i=0;i<number2.size();i++)
    cout<<number2.at(i)<<"  ";
  cout<<endl;
  return 0;
}
```

程序运行结果如下：

```
99  99  99  99  99
99  99  99  99  99
99  99  99  99  99
```

2．访问 vector 信息

访问 vector 信息的函数有 max_size、size()、capacity()和 empty()。max_size 返回 vector 可以最多容纳元素的数量；size() 返回 vector 当前元素的数量；capacity() 返回 vector 所能容纳的元素数量（在不重新分配内存的情况下）；empty()判断 vector 是否为空，为空时返回 TRUE，否则返回 FALSE。

3．存取 vector 信息

存储 vector 信息可以使用构造函数、push_back()、insert()、数组运算符、赋值运算符、pop_back()、erase()、begin()、end()、rbegin、rend()、size、maxsize 等。

4．关于运算符

针对 vector，可以使用的运算符包括标准运算符==、!=、<=、>=、<、>，vector 之间大小的比较是按照词典规则，要访问 vector 中的某特定位置的元素可以使用[]操作。

如果两个 vector 具有相同的容量，且所有相同位置的元素相等，则这两个 vector 被认为是相等的。

注意：如果 vector 用来存储用户自定义类的对象，必须重载“==”和“<”运算符。

【例 11.8】sort()函数的使用。

```
#include <iostream>
#include <vector>
#include <algorithm>
using namespace std;
int main()
{
  unsigned  int i;
  vector<int> number;
  number.insert(number.begin(),99);
  number.insert(number.begin(),98);
  number.insert(number.end(),97);
  number.insert(number.end(),92);
  number.insert(number.end(),90);
  cout<<"排序前: "<<endl;
  for(i=0;i<number.size();i++)
    cout<<number[i]<<endl;
  sort(number.begin(),number.end());
  cout<<"排序后: "<<endl;
  for(i=0;i<number.size();i++)
    cout<<number[i]<<endl;
  return 0;
}
```

程序运行结果如下：

排序前：
98
99
97
92
90
排序后：
90
92
97
98
99

11.2.2　list 容器

先举几个例子。

【例 11.9】建立链表并输出。

```
#include <iostream>
#include <list>
using namespace std;
int main()
```

```
    {
        list<int> number;
        list<int>::iterator numberIterator;
        number.insert(number.begin(),99);
        number.insert(number.begin(),98);
        number.insert(number.end(),97);
        cout<<"链表内容: "<<endl;
        for(numberIterator=number.begin();
            numberIterator!=number.end();
            ++numberIterator)
        {
            cout<<*numberIterator<<endl;
        }
        return 0;
    }
```

程序运行结果如下：

链表内容:
98
99
97

【例 11.10】逆转函数的使用。

```
#include <iostream>
#include <list>
using namespace std;
int main()
{
    list<int> number;
    list<int>::iterator numberIterator;
    number.insert(number.begin(),99);
    number.insert(number.begin(),98);
    number.insert(number.end(),97);
    cout<<"链表内容: "<<endl;
    for(numberIterator=number.begin();
        numberIterator!=number.end();
         ++numberIterator)
    {
        cout<<*numberIterator<<endl;
    }
    number.reverse();
    cout<<"逆转以后链表内容: "<<endl;
    for(numberIterator=number.begin();
        numberIterator!=number.end();
        ++numberIterator)
    {
        cout<<*numberIterator<<endl;
    }
    return 0;
}
```

程序运行结果如下：

链表内容：
98
99
97
逆转以后链表内容：
97
99
98

【例 11.11】利用 STL 的通用算法 for_each() 来遍历链表。

```
#include <iostream>
#include <string>
#include <list>
#include <algorithm>
using namespace std;
void PrintLine (string& StringLine)
{
    cout<<StringLine<<endl;
}
int main(void)
{
    list<string> Food;
    Food.push_back("---食物清单---");
    Food.push_back("    牛奶");
    Food.push_back("    蓝莓");
    Food.push_back("    香蕉");
    Food.push_back("    牛油果");
    Food.push_back("-------------");
    for_each(Food.begin(),Food.end(),PrintLine);
}
```

本程序使用了 STL 的通用算法 for_each() 来遍历从 iterator 的起始位置到末尾位置的所有元素，在此，程序员不需要编写控制循环细节的程序，交给 for_each 做就行了。Food.begin() 表示起始位置，Food.end() 表示末尾位置，PrintLine() 是自编的函数，负责输出链表的内容。

【例 11.12】利用 STL 的通用算法 count() 来统计 100 分的个数。

```
#include <iostream>
#include <list>
#include <algorithm>
using namespace std;
int main()
{
    list<int> Scores;
    Scores.insert(Scores.begin(),100);
    Scores.insert(Scores.begin(),80);
    Scores.insert(Scores.begin(),45);
    Scores.insert(Scores.begin(),100);
    Scores.insert(Scores.begin(),75);
    Scores.insert(Scores.begin(),99);
    Scores.insert(Scores.begin(),100);
    int NumberOf100Scores(0);
    NumberOf100Scores=count(Scores.begin(),Scores.end(),100);
```

```
        cout<<"100 分的有 "<<NumberOf100Scores <<"个。"<<endl;
        return 0;
}
```

程序运行结果如下：

100 分的有 3 个。

count()算法负责统计与给定值相等的对象个数。案例中计算的给定值是 100。

【例 11.13】利用 STL 的通用算法 count _if()来统计卖出 16GB U 盘的个数。

```
#include <iostream>
#include <string>
#include <list>
#include <algorithm>
using namespace std;
const string FlashDriveCode("0003");
class IsAFlashDrive
{
    public:
        bool operator() (string& SalesRecord)
        {
            return SalesRecord.substr(0,4)==FlashDriveCode;
        }
};
int main(void)
{
    list<string> SalesRecords;
    SalesRecords.insert(SalesRecords.begin(),"0001 4GB");
    SalesRecords.insert(SalesRecords.begin(),"0003 16GB");
    SalesRecords.insert(SalesRecords.begin(),"0002 8GB");
    SalesRecords.insert(SalesRecords.begin(),"0003 16GB");
    SalesRecords.insert(SalesRecords.begin(),"0004 64GB");
    SalesRecords.insert(SalesRecords.begin(),"0003 16GB");
    int NumberOfFlashDrives(0);
    NumberOfFlashDrives=count_if(SalesRecords.begin(),SalesRecords.end(),
        IsAFlashDrive());
    cout<<"卖出 16GB U 盘 "<<NumberOfFlashDrives <<"个"<< endl;
    return 0;
}
```

程序运行结果如下：

卖出 16GB U 盘 3 个。

count_if()算法根据前两个 iterator 参数指出的范围来处理容器对象。本例将对容器中的对象进行判断，IsAFlashDrive ()返回为 true 时，增加 NumberOfFlashDrives 的值。结果是保存了代码为"0003"的记录的个数，也就是 16GB U 盘的个数。

【例 11.14】利用 STL 的通用算法 search 算法进行定位。

```
#include <iostream>
#include <string>
#include <list>
#include <algorithm>
using namespace std;
int main(void)
```

```
{
    list<char> TargetCharacters;
    list<char> ListOfCharacters;
    TargetCharacters.push_back('l');
    TargetCharacters.push_back('l');
    ListOfCharacters.push_back('i');
    ListOfCharacters.push_back('n');
    ListOfCharacters.push_back('l');
    ListOfCharacters.push_back('l');
    list<char>::iterator PositionOfNulls=search(ListOfCharacters.begin(),
    ListOfCharacters.end(), TargetCharacters.begin(), TargetCharacters. end());
    if(PositionOfNulls!=ListOfCharacters.end())
        cout<<"找到! "<<endl;
    else
        cout<<"未找到!"<<endl;
}
```

search 算法是一种定位算法，负责在一个序列中找另一个序列第一次出现的位置，位置为指针所指。本例中是在 ListOfCharacters 中查找 TargetCharacters 第一次出现的位置。search 返回 ListOfCharacters.end()的值。search 算法有四个参数，分别作为查找目标的 iterator 和搜索范围的 iterators。如果查找成功，则 search 算法会返回一个指向 ListOfCharacters 中序列匹配的第一个字符的 iterator，否则 search 算法返回 ListOfCharacters.end()的值。

下面对 list 的使用再做些说明。

1．list 的构造函数

list 构造函数的使用方式有四种：

```
list();
list(size_type num,const TYPE &val);
list(const vector &from);
list(input_iterator start,input_iterator end);
```
使用方法与 vector 类似。

2．访问 list 信息

访问 list 信息的函数有 max_size()、size()、empty()。max_size()返回 list 可以最多容纳元素的数量；size()返回 list 当前元素的数量；empty()判断 vector 是否为空，为空时返回 TRUE，否则返回 FALSE。

3．存取 list 信息

插入元素使用 insert()函数，删除元素则用 remove()函数。
insert()函数的用法参照 vector 的方法，remove()函数的原型是"void remove(const T& x);"。

11.2.3　容器适配器

容器适配器是 C++提供的 3 种模板类，与容器相结合，提供栈、队列和优先队列的功能。

1．栈

栈是一种访问受限的容器，只允许在存储器的一端进行插入和删除，并且符合后进先出的规则。

　　进行插入和删除操作的一端称为栈顶，另一端则称为栈底。插入操作称为进栈或入栈，删除操作则称为退栈或出栈。

　　在 STL 中，栈是以其他容器作为内部结构的，STL 提供了接口。

　　栈的基本操作包括判栈空 empty()、返回栈中元素的个数 size()、退栈（不返回值）pop()、取栈顶元素（不删除栈顶元素）top()和进栈 push()。

　　使用栈可以解决很多实际问题，例如，要解决将一个十进制整数转换为八进制数输出的问题。

　　十进制转化为八进制输出的手工计算的方法是：

$$
\begin{array}{r|l}
8 & 100 \qquad\qquad\qquad 余\ 4 \\
8 & 12 \qquad\qquad\qquad 余\ 4 \\
& 1
\end{array}
$$

　　计算的结果是 144。通过手工计算，不难发现，每次除以 8 以后的余数是需要输出的结果，只不过，输出的顺序与得到的余数的次序刚好相反，所以可以考虑将每次得到的余数压入栈中。输出的时候依次退栈并输出栈顶元素。

　　【例 11.15】利用栈进行进制转换。

```cpp
#include <iostream>
#include <stack>
using namespace std;
int main()
{
    stack<int> mystack;
    int num=100,temp;
    cout<<num<<"的八进制是: ";
    while(num)                          //num 不为零
    {
        mystack.push(num%8);            //将 num%8 进栈
        num=num/8;                      //num 整除 8
    }
    while(!mystack.empty())             //栈不空时
    {   temp=mystack.top();             //取栈顶元素
        mystack.pop();                  //退栈
        cout<<temp;
    }
    cout<<endl;
    return 0;
}
```

程序运行结果如下：

100 的八进制是: 144

　　2．队列

　　队列也是一种访问受限的容器，只允许在存储器的两端进行插入和删除，并且符合先进先出的规则。

　　进行插入操作的一端称为队尾，另一端则称为队头。插入操作称为进队列，删除操作则称为出队列。

在 STL 中，队列是以其他容器作为内部结构的，STL 提供了接口。

队列的基本操作包括判队列空 empty()、返回队列中元素的个数 size()、出队列（不返回值）pop()、取队头元素（不删除队头元素）front()、进队列（在队尾插入新元素）push() 和返回队尾元素的值（不删除该元素）back()。

【例 11.16】使用队列的案例。

```cpp
#include <iostream>
#include <queue>
using namespace std;
int main()
{
  queue<int> myqueue;
  for(int i=3;i<=21;i=i+3)        //进队列
     myqueue.push(i);
  while(!myqueue.empty())
  {                               //队列不为空
     cout<<myqueue.front()<<"  ";
     myqueue.pop();               //出队列
  }
  cout<<endl;
  return 0;
}
```

程序运行结果如下：

```
3  6  9  12  15  18  21
```

3. 优先队列

优先队列是一种特殊的队列。优先队列容器也是一种从一端进队另一端出队的队列。但是，与普通队列不同，队列中最大的元素总是位于队头位置，因此，优先队列并不符合先进先出的要求，出队时是将队列中的最大元素出队。

【例 11.17】使用优先队列的案例。

```cpp
#include <iostream>
#include <functional>
#include <queue>
#include <cstdlib>
#include <ctime>
using namespace std;
int main()
{
  const int Size=6;
  int i;
  priority_queue<int> nums;
  srand((unsigned)time(0));
  for(i=0;i<Size;i++)
  {
     int temp=rand();
     cout<<temp<<endl;
     nums.push(temp);
  }
```

```
    cout<<"优先队列的值:"<<endl;
    for(i=0;i<Size;i++)
    {
        cout<<nums.top()<<endl;
        nums.pop();
    }
    cout<<endl;
    return 0;
}
```

程序运行结果如下：

```
24007
5943
27900
15010
9536
26982
优先队列的值:
27900
26982
24007
15010
9536
5943
```

优先队列的基本操作包括判队列空 empty()、返回队列中元素的个数 size()、出队列（不返回值）pop()、进队列（在队尾插入新元素）push()和返回优先队列队头元素的值（不删除该元素）top()。

以优先队列为例，总结容器适配器的用法如下：

1. 构造函数

priority_queue()是默认的构造函数，其功能是创建一个空的 priority_queue 对象。

2. 拷贝构造函数

```
priority_queue(const priority_queue&)
```
其功能是用一个优先队列对象创建新的优先队列对象。

3. 进队

```
void push(const value_type&)
```
其功能是进队的元素 x 移至队列中的正确位置，保证队列优先级高的元素始终位于队首。

push()函数无返回值。

4. 出队

```
void pop()
```
其功能是将优先级最高的元素删除。

5. 取队头元素

```
const value_type& top() const
```
优先队列容器提供的是取队头元素的函数，而未提供获取队尾元素的函数。

6. 判队列空

```
bool empty()
```

其功能是判断优先队列是否为空。

11.2.4　deque 容器

deque 是双端队列，是一种放松了访问限制的队列。对于普通队列，只能从队尾进行插入元素，从队头进行删除元素；而在双端队列中，队尾和队头都可以插入元素，也都可以删除元素。其实，deque 与 vector 是类似的，只不过，deque 内部的数据机制和执行性能与 vector 不同。如果考虑容器元素的内存分配策略和操作的性能，deque 相对 vector 较为有优势。

1. deque 的构造函数

deque 构造函数的使用方式有四种：

```
deque();
deque(size_type num,const TYPE &val);
deque(const vector &from);
deque(input_iterator start,input_iterator end);
```

2. 访问 deque 信息

访问 deque 信息的函数有 max_size()、size() 和 empty()。max_size()返回 deque 可以最多容纳元素的数量；size() 返回 deque 当前元素的数量； empty() 判断 deque 是否为空，为空时返回 TRUE，否则返回 FALSE。

3. 存取 deque 信息

存取 deque 信息可以使用构造函数、push_back()、push_front()、insert()、数组运算符、赋值运算符、pop_back()、pop_ front ()、erase()、begin()、end()、rbegin()、rend()、size()、maxsize()等。

【例 11.18】使用 deque 容器案例。

```cpp
#include <iostream>
#include <functional>
#include <deque>
#include <cstdlib>
#include <ctime>
using namespace std;
int main()
{
    const int Size=6;
    unsigned int i;
    deque<int> nums;
    srand(time(0));
    for(i=0;i<Size;i++)
    {
        int temp=rand();
        cout<<temp<<endl;
        nums.push_back(temp);
    }
    cout<<"双端队列的值:"<<endl;
    for(i=0;i<nums.size();i++)        //数组方式访问
    {
        cout<<" nums["<<i<<"] = "<<nums [i]<<endl;
```

```
    }
    cout<<endl;
    return 0;
}
```

【例 11.19】使用 deque 容器案例。

```
#include <iostream>
#include <functional>
#include <deque>
#include <cstdlib>
#include <ctime>
using namespace std;
int main()
{
    const int Size=6;
    unsigned int i;
    deque<int> nums;
    srand(time(0));
    for(i=0;i<Size;i++)                //产生 Size 个随机数
    {
        int temp=rand();
        cout<<temp<<endl;
        nums.push_back(temp);
    }
    cout<<"双端队列的值:"<<endl;
    deque<int>::iterator it,itend;    //迭代器方式访问
    it=nums.begin();
    itend=nums.end();
    for(deque<int>::iterator j=it;j!=itend;j++)
        cout<<*j<<endl;
    return 0;
}
```

程序运行结果如下（数据随机）：

```
20645
11885
15456
2016
489
20121
双端队列的值:
20645
11885
15456
2016
489
20121
```

11.2.5   set、multiset、map 和 multimap 容器

C++ STL 不仅提供了 vector、string 和 list 等容器，还提供了 set、multiset、map 和 multimap 容

器。这些都是关联式容器。

　　set 作为一个容器可以用来存取相同数据类型的数据。set 中每个元素的值必须唯一，而且系统能根据元素的值自动进行排序。

【例 11.20】set 关联式容器的使用。

```cpp
#include <iostream>
#include <set>
#include <string>
using namespace std;
int main()
{
    set<string> s;
    s.insert("linxiaocha");
    s.insert("chenweixing");
    s.insert("gaoying");
    s.insert("chenweixing");
    set<string>::iterator myit;
    for(myit=s.begin();myit!=s.end();++myit)
    {
        cout<<*myit<<endl;
    }
    cout<<endl;
    return 0;
}
```

程序运行结果如下：

```
chenweixing
gaoying
linxiaocha
```

根据运行结果发现：将 4 个字符串插入 set 中，结果不但保证了不重复，还保持了有序。

map 也是 STL 的一个关联容器。

请看下例：

```cpp
#include <iostream>
#include <map>
#include <string>
using namespace std;
int main()
{
    map<string,int> s;
    s["Monday"]=1;
    s["Tuesday"]=2;
    s["Wednesday"]=3;
    s["Thurday"]=4;
    s["Friday"]=5;
    s["Saturday"]=6;
    s["Sunday"]=7;
    cout<<s["Wednesday"]<<endl;
    cout<<s["Sunday"]<<endl;
```

```
  cout<<endl;
  return 0;
}
```

程序运行结果如下：

```
3
7
```

程序将英文的星期一到星期天与 1 ~ 7 的数字一一对应，这就是 map 的特性。"map<string,int>"
表示一个字符串与一个数字对应。这里，字符串是关键字，每个关键字只能在 map 中出现一次，
整数是对应关键字的值。这个特性为编程处理一对一数据时提供了方便。

本 章 小 结

（1）标准模板库（Standard Template Library）中包含了很多实用的组件，利用这些组件，程
序员编程方便而高效。

（2）容器、迭代器和算法是 STL 的 3 个基本组成部分。

（3）容器包括 vector 容器、list 容器、deque 容器、set 容器、multiset 容器、map 容器和 multimap
容器等。

习 题

分析下列程序的运行结果。

1.
```cpp
#include <iostream>
#include <string>
#include <vector>
#include <algorithm>
using namespace std;
int main()
{
  vector<char> alphaVector;
  for(int i=0;i<8;i++ )
    alphaVector.push_back(i+65);
  int size=alphaVector.size();
  vector<char>::iterator theIterator;
  for(int j=0;j<size;j++) {
    alphaVector.pop_back();
    for(theIterator = alphaVector.begin(); theIterator != alphaVector.end();
        theIterator++)
      cout<<*theIterator;
    cout<<endl;
  }
  return 0;
}
```

2.

```cpp
#include <iostream>
#include <queue>
#include <string>
using namespace std;
void test_empty()
{
    priority_queue<int> mypq;
    int sum (0);
    for(int i=1;i<=100;i++)
        mypq.push(i);
    while(!mypq.empty())
    {
        sum+=mypq.top();
        mypq.pop();
    }
    cout<<"总数: "<<sum<<endl;
}//总数: 5050

void test_pop()
{
    priority_queue<int> mypq;
    mypq.push(30);
    mypq.push(100);
    mypq.push(25);
    mypq.push(40);
    cout<<"元素出队列...";
    while(!mypq.empty())
    {
        cout<<" "<<mypq.top();
        mypq.pop();
    }
    cout<<endl;
}//元素出队列 ... 100 40 30 25
void test_top()
{
    priority_queue<string> mypq;
    mypq.push("how");
    mypq.push("are");
    mypq.push("you");
    cout << "队头元素:---  "<<mypq.top()<<endl;
}//队头元素:--->>>   you
int main()
{
    test_empty();
    cout<<"\n*****************************************************\n";
```

```
    test_pop();
    cout<<"\n*********************************************\n";
    test_top();
    cout<<"\n*********************************************\n";
    priority_queue<float> q;
    q.push(66.6);
    q.push(22.2);
    q.push(44.4);
    cout << q.top() << ' ';
    q.pop();
    cout << q.top() << endl;
    q.pop();
    q.push(11.1);
    q.push(55.5);
    q.push(33.3);
    q.pop();
    while(!q.empty())
    {
        cout<<q.top()<<' ';
        q.pop();
    }
    cout<<endl;
}
3.
#include <iostream>
#include <map>
#include <string>
using namespace std;
typedef struct Student
{
    int      StuNumber;
    string   StuName;
    bool operator<(Student const& Stu_A) const
    {
            //首先按 StuNumber 排序，如果 StuNumber 相等的话，再按 StuName 排序
        if(StuNumber<Stu_A.StuNumber) return true;
        if(StuNumber==Stu_A.StuNumber) return StuName.compare(Stu_A.StuName) < 0;
        return false;
    }
}StudentInfo, *PStudentInfo;  //学生信息
int main ()
{
    int nSize;
    //用学生信息对应分数
    map<StudentInfo,int>mapStudent;
    map<StudentInfo,int>::iterator iter;
```

```
StudentInfo studentInfo;
studentInfo.StuNumber=1;
studentInfo.StuName="周兵";
mapStudent.insert(pair<StudentInfo, int>(studentInfo,90));
studentInfo.StuNumber=2;
studentInfo.StuName="周敏";
mapStudent.insert(pair<StudentInfo, int>(studentInfo,80));
for(iter=mapStudent.begin();iter!=mapStudent.end();iter++)
{    cout<<"学号: "<<iter->first.StuNumber<<endl;
     cout<<"姓名: "<<iter->first.StuName<<endl;
     cout<<"分数: "<<iter->second<<endl;
}
}
```

第 *12* 章 | 面向对象程序设计方法与实例

12.1　面向对象程序设计的一般方法和技巧

由于大型软件系统的复杂度越来越高，传统的模块化设计方法已经不能满足人们的要求。因此，面向对象程序设计方法越来越受到广大程序设计者的青睐。

传统的程序设计方法一般采取自顶向下的设计方法。整个软件系统由分层次的子程序集合构成。分解子程序的一般原则是按照程序的功能（或者说程序所能完成的任务）划分。在最顶层，主程序通过顺序调用一些子程序来完成计算并得到最终结果。而每个子程序还可以分解为完成更小任务的子程序。

举个简单的例子：假设题目要求输入 100 个整数，排序以后输出到文件中。那么，用传统程序设计方法的主程序一般可以编写为：

```
#define SIZE 100
int main()
{
  int a[SIZE];                    //定义一个整型数组
  input(a,SIZE);                  //输入 SIZE 个数
  sort(a,SIZE);                   //对 SIZE 个数进行排序
  output(a,SIZE);                 //输出排序后的 SIZE 个数
  return 0;
}
```

其中，input()函数的功能是输入 100（由实际参数确定）个数，sort()函数的功能是对这 100 个数进行排序，而 output()负责将这 100 个排好序的整数输出到文件中。也就是说，我们把主程序分成了 3 个子程序，每个子程序都有自己要完成的任务。

在使用自顶向下的设计方法时，要求程序设计人员尤其是负责人必须对系统的调用关系十分清楚，对大型系统来说这往往是非常困难的。同时，自顶向下设计的方法还有一大缺点，即上层子程序的简单改动，可能造成底层程序的大量修改。

面向对象程序设计方法提供了一种新的系统设计模型，就是将软件系统看成对象的集合，而对象是通过交互作用来完成任务的，每个对象用自己的方法管理数据。

同样是解决 100 个整数的排序问题，面向对象程序设计方法的主程序应该是这样的：

```
int main()
```

```
{
    array a(100);
    a.sort();
    a.output();
    return 0;
}
```

我们在程序中创建了一个能存放 100 个整数的对象 a，并在建立对象空间的同时，利用构造函数输入了数据，而随后的语句都是使用对象的方法来操作和管理对象 a 的数据。

好的程序设计应该具备的特征包括良好的可读性、可维护性和可扩充性。组织得好的软件系统的特点是易于理解、开发和排错。不论哪种设计方法，都试图通过分解和控制的原则来降低软件系统的复杂性。自顶向下程序设计方法将系统视为函数模块的集合，面向对象程序设计方法则以对象设计为基础。

值得一提的是，软件设计并不存在万能的规则，程序设计也是一种创作，创作就有一定的自由和灵活性，但在总体上要符合好的程序设计思想。

本节介绍一种常用的软件开发方法。这种方法将软件开发过程划分为明显的几个阶段：问题分析和功能定义、对象（类）设计及实现、核心控制设计、编码与测试以及进化。

1．问题分析和功能定义

在传统程序设计中，这个阶段的工作称为需求分析，需求分析的结果是系统、规范的说明书。写这些文档本身可能就是一个很复杂的工作，而且需求分析需要取得设计者与用户双方的共识。实际上，在开始的时候，用户也许对需要系统解决的问题并不十分明确，对系统可使用的数据（输入）和应提供的信息（输出）也没有精确的定义。这就需要程序员和用户共同分析问题，从而确定整个软件系统要完成的功能。

使用面向对象程序设计方法时，在本阶段并不需要严格的系统规范说明书，可以使用一些简单的图表（如例图）来描述系统的功能。

例如，设计一个自动取款机，图 12-1 描述了自动取款机的常见行为。

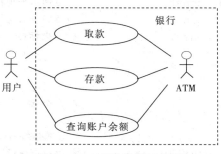

图 12-1　自动取款机用例图

用例图只要符合用户的感受，如何实现并不重要，不必将例图画得十分复杂，也不要求它很完美，只要能描述系统所能完成的核心任务即可。

就像图 12-1 描述的，人们使用 ATM 时，最常用的操作是取款、查询账户余额、存款。其实，ATM 还应该有一些其他的功能，如转账、修改密码等，但如果一开始并不清楚是否有这些功能，就可以不画出来，也并不影响后面的设计。

2. 对象（类）设计及实现

本阶段的工作要完成对所有对象的描述，并确定对象之间是如何交互的。

在对象设计阶段，必须识别所有在程序中将要用到的对象，并给出每个类的定义，还可以用一些小程序对类进行测试。一般来说，对象的设计和实现都应该在此阶段完成。类可以独立于系统之外测试是面向对象程序设计的一大特色。

对于每个类，需要描述的是：

（1）类的名字。最好能体现类的本质，一目了然，如 Point、Line 。

（2）类的职责。类能做哪些工作？一般，用成员函数的名字来描述即可。

（3）类的协作。它与其他类有哪些交互？可以是已经存在的对象对这个类的对象提供的服务。

在此阶段，也可以使用图来标识类（对象）。

标识对象的方法有许多种，最流行的是使用统一建模语言（unified modeling language，UML）中的标识方法。由于该方法着眼于整个软件开发过程的可视化建模，较为复杂，所以不能在此详细地讨论 UML 标识对象的细节。但是，为了能说明问题，需要借用 UML 标识对象的一部分内容来描述类（对象）。

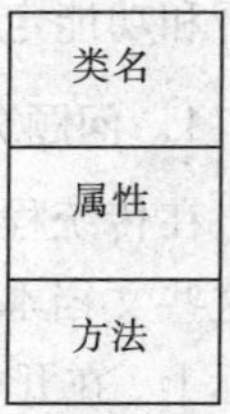

本章使用下面的类图来描述一个类，如图 12-2 所示。

类的继承和组合分别用符号 △ 和 ◇ 来表示。

对象之间的消息传递用带箭头的直线表示。

举一个例子，在下面的定义中有 3 个类：Point（点）、Line（线）和 Rectangle（矩形），其中类 Line 中包含了类 Point，而类 Rectangle 继承了类 Line。

| 类名 |
| 属性 |
| 方法 |

图 12-2　类图

```cpp
class Point{
    private:
        float  x,y;                     //x 是水平位置，y 是垂直位置
    public:
        Point(float h,float v);         //h 赋值给 x，v 赋值给 y
        float GetX(void) const;         //返回水平坐标
        float GetY(void) const;         //返回垂直坐标
        void Draw(void) const;          //在坐标(x,y)处画一个点
};
class Line{
    protected:
        Point  p1,p2;                   //两个点
    public:
        Line(Point a,Point b);          //a 赋值给 p1，b 赋值给 p2
        virtual void Draw(void) const;  //画一个线段
};
class Rectangle:public Line{
    public:
        Rectangle(Point a,Point b):Line(a,b){ };   //继承 Line 的成员函数，使 p1、p2
                                                   //成为画矩形的两个点
        virtual void Draw(void) const;             //画一个矩形
};
```

图 12-3 给出了类 Point、Line 和 Rectangle 的标识方法。

对象设计一般分为 5 个阶段：

（1）对象发现。对象可以通过寻找外部因素及边界、系统中重复的元素和最小概念单元而发现。

（2）对象装配。建立对象时可能会发现需要一些新的对象，这些对象在对象发现时并未出现过。此时，需要建立新类。

（3）系统构造。不断地改进对象。与系统中其他对象交互时，可以根据需要改变已有的类或增加新类。

（4）系统扩充。系统增加新的性能时，可以根据需要修改类或增加类。

（5）对象重用。不断地修改对象，直到发现有一个真正可以重用的对象。要注意的是，大量的对象是应用于特定系统的，不要期望为一个系统设计的大多数对象可以重用。

3. 核心控制设计

核心控制设计阶段主要完成程序的框架设计，这是实现软件系统体系的核心，可以使用自顶向下方法建立程序结构，以便控制对象间的相互作用。

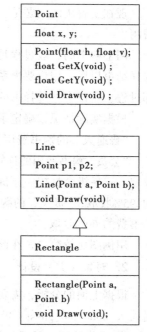

图 12-3　对象的标识方法

开始设计时，可以先设计一个不太复杂的框架，并在不断地反复中完善系统。

4. 编码与测试

本阶段完成的任务是对系统框架进行编码。由于在对象设计阶段已经完成了对象的实现和测试，所以本阶段工作的注意力应集中在对控制模块的设计上。我们要通过控制模块来测试对象之间的相互作用，从而验证程序的正确性。

5. 进化

在传统的程序设计中，这个阶段称为"维护"。在面向对象程序设计中，"维护"已经不能很好地描述这个阶段的工作，所以使用了"进化"这个词汇。

进化的意思是说，不可能第一次就使软件正确，所以应该为学习、返工和修改留有余地，不断地使软件进化，直到软件正确。进化可以使所有不清楚的问题越来越清楚，也是使类能进化为可重用资源的重要手段。

在这个阶段需要注意一件事：如果修改了一个类，则它的超类和子类仍然能够正常工作。

12.2　设　计　实　例

12.2.1　举例：模拟网上购书的结账功能

1. 问题分析与功能定义

随着互联网的飞速发展，网上购物越来越受到大家的喜爱，坐在家中，点点鼠标，就有人把你要的东西送到手中，多惬意呀。

现在要解决的问题是：用户在网上购书以后，系统根据购书人的不同类型，计算出购书人的费用。

网上购书的一般过程是：用户首先输入自己的会员号，然后，选择想买的书籍放到购书筐中，选择结束以后，用户要求系统结账，系统便计算出费用通知用户。本例并不想模拟网上购书的全部过程，所以会把选择书的过程略去，假设用户已经选定了两本书。

根据实际情况，确定了购书人可分为 3 类：普通人、会员、贵宾。

"普通人"的购书费用按照书的原价收取。

"会员"购书费用的计算方法：五星级会员按照原价的 70%收取，四星级会员按照原价的 80%收取，三星级会员按照原价的 85%收取，二星级会员按照原价的 90%收取，一星级会员按照原价的 95%收取，"贵宾"的购书费用根据特别指定的折扣率计算收取。例如，折扣率 40%，则按实际书费的 60%收取。

用例图比较简单，在此略去。

2. 对象（类）设计

根据上面的分析，需要设计一个基类 buyer 和它的 3 个派生类：member（会员）、layfolk（普通人）、honoured_guest（贵宾）。基类中包含的数据成员是姓名、购书人编号、地址、购书金额。member 类中除了继承了 buyer 的数据，还增加了会员级别 leaguer_grade；honoured_guest 类则增加了折扣率 discount_rate。

在基类中定义了构造函数和对所有类型购书人相同的操作。getbuyname()负责取出购书者的姓名；getaddress()负责取出购书者的地址；getpay()负责取出购书者应付的金额；getid()负责取出购书者的编号。由于对不同购书者的购书金额的计算方法不同，所以不能在基类中确定计算方法；又由于各类购书者的数据内容不同，显示的方法也不一样。因此，在基类中将 setpay()和 display()定义为虚函数。

有关购书者的类定义如下：

```cpp
class buyer{                              //基类
    protected:
        string name;                      //姓名
        int buyerID;                      //购书人编号
        string address;                   //地址
        double pay;                       //购书金额
    public:
        buyer();
        buyer(string n,int b,string a,double p);
        string getbuyname();              //取姓名
        string getaddress();              //取地址
        double getpay() ;                 //取应付金额
        int getid()  ;                    //取购书人编号
        virtual void display()=0;         //显示对象
        virtual void setpay(double=0)=0;  //计算购书金额
};
class member:public buyer{                //会员类
```

```
        int leaguer_grade;                  //会员级别
    public:
    member(string n,int b,int l,string a,double p):buyer(n,b,a,p)
    {  leaguer_grade=l;}                     //构造函数
    void display();                          //显示函数
    void setpay(double p);
};
class honoured_guest:public buyer{          //贵宾类
    double discount_rate;                    //折扣率
    public:
    honoured_guest(string n,int b,double r,string a,double p):buyer(n,b,a,p)
    {  discount_rate=r;}                      //构造函数
    void display();                           //显示对象
    void setpay(double p);                    //计算购书金额
};
class layfolk:public buyer{                  //普通人类
    public:
        layfolk(string n,int b,string a,double p):buyer(n,b,a,p)  {  }
                                              //构造函数
        void display();                       //显示对象
        void setpay(double p);                //计算购书金额
};
```

　　由于在计算购书金额时要知道用户买了哪些书以及书的原价，所以必须建立一个类 book，帮助完成对书的有关操作。

　　类 book 的定义如下：

```
class book{
    protected:
        string book_ID;                     //书号
        string book_name;                   //书名
        string author;                      //作者
        string publishing;                  //出版社
        double price;                       //定价
    public:
        book();                             //构造函数
        book(string b_id,string b_n,string au,string pu,double pr);//重载构造函数
        void display();
        string getbook_ID();                //取书号
        string getbook_name();              //取书名
        string getauthor();                 //取作者
        string getpublishing();             //取出版社
        double getprice();                  //取定价
};
```

　　本例的类图如图 12-4 所示。

　　从 book 类到 buyer 类的箭头表示：book 对象要传消息给 buyer 对象。

　　类定义中使用了 C++ 提供的标准类 string。

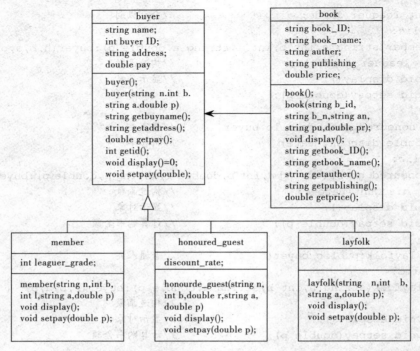

图12-4　计算购书费用的类图

3．核心控制设计

在主函数中要做的操作包括：

（1）建立继承了基类 buyer 的 3 个类对象。

（2）建立 2 个 book 对象。

（3）请用户输入购书人的编号。

（4）通过编号查询到相应的对象。

（5）用对象的计算金额的方法计算购书金额。此时，需要 2 个 book 对象的定价作为消息传递给购书人对象。

4．编码与测试

完成前几阶段的工作，就可以编码实现程序了。

```cpp
#include <string>
#include <iostream>
using namespace std;
class buyer{                              //基类
  protected:
    string name;                          //姓名
    int buyerID;                          //购书人编号
    string address;                       //地址
    double pay;                           //购书金额
  public:
    buyer();
    buyer(string n,int b,string a,double p);
```

```
        string getbuyname();                    //取姓名
        string getaddress();                    //取地址
        double getpay() ;                       //取应付金额
        int getid() ;                           //取购书人编号
        virtual void display()=0;               //显示对象
        virtual void setpay(double=0)=0;        //计算购书金额
};
class member:public buyer{                       //会员类
    private:
        int leaguer_grade;                       //会员级别
    public:
        member(string n,int b,int l,string a,double p):buyer(n,b,a,p)
        { leaguer_grade=l;}                     //构造函数
        void display();                         //显示函数
        void setpay(double p);
};
class honoured_guest:public buyer{              //贵宾类
        double discount_rate;                   //折扣率
    public:
        honoured_guest(string n,int b,double r,string a,double p):buyer(n,b,a,p)
        { discount_rate=r;}                     //构造函数
        void display();                         //显示对象
        void setpay(double p);                  //计算购书金额
};
class layfolk:public buyer{                      //普通人类
    public:
        layfolk(string n,int b,string a,double p):buyer(n,b,a,p)
        { }                                     //构造函数
        void display();                         //显示对象
        void setpay(double p);                  //计算购书金额
};
buyer::buyer()                                  //基类的构造函数
{ name="";
    buyerID=0;
    address="";
    pay=0;
}
buyer::buyer(string n,int b,string a,double p)
                                                //基类的构造函数
{ name=n;
    buyerID=b;
    address=a;
    pay=p;
}
double buyer::getpay()                          //取购书金额
{ return pay;
}
string buyer::getaddress()                      //取购书人地址
{ return address;
}
```

```cpp
string buyer::getbuyname()                    //取购书人名字
{ return name;
}
int buyer::getid()                            //取购书人编号
{ return buyerID;
}
void member::display()                        //会员类的显示函数
{ cout<<"购书人姓名:"<<name<<"\t";
  cout<<"购书人编号:"<<buyerID<<"\t";
  cout<<"购书人为会员, 级别: "<<leaguer_grade<<"\n";
  cout<<"地址: "<<address<<"\n";
}
void member::setpay(double p)                 //会员类的计算购书金额
{ if(leaguer_grade==1)                        //会员级别为1
     pay=.95*p+pay;
  else if(leaguer_grade==2)                   //会员级别为2
     pay=.90*p+pay;
  else if(leaguer_grade==3)                   //会员级别为3
     pay=.85*p+pay;
  else if(leaguer_grade==4)                   //会员级别为4
     pay=.8*p+pay;
  else if(leaguer_grade==5)                   //会员级别为5
     pay=.7*p+pay;
  else
     cout<<"级别错误! ";
}
void honoured_guest::display()                //贵宾类的显示函数
{ cout<<"购书人姓名:"<<name<<"\t";
  cout<<"购书人编号:"<<buyerID<<"\t";
  cout<<"购书人为贵宾! 折扣率为:"<<discount_rate*100<<"%\n";
  cout<<"地址: "<<address<<"\n\n";
}
void honoured_guest::setpay(double p)         //贵宾类计算购书金额
{ pay=pay+(1-discount_rate)*p;
}
void layfolk::display()                       //普通类显示函数
{ cout<<"购书人姓名:"<<name<<"\t";
  cout<<"购书人编号:"<<buyerID<<"\t";
  cout<<"购书人为普通人"<<"\n";
  cout<<"地址: "<<address<<"\n\n";
}
void layfolk::setpay(double p)                //普通类计算购书金额
{ pay=pay+p;
}
class book{                                   //图书类
  protected:
     string book_ID;                          //书号
     string book_name;                        //书名
     string author;                           //作者
     string publishing;                       //出版社
```

```
        double price;                            //定价
    public:
        book();                                  //构造函数
        book(string b_id,string b_n,string au,string pu,double pr);
                                                 //重载构造函数
        void display();
        string getbook_ID();                     //取书号
        string getbook_name();                   //取书名
        string getauthor();                      //取作者
        string getpublishing();                  //取出版社
        double getprice();                       //取定价
};
book::book(string b_id,string b_n,string au,string pu,double pr)
{   book_ID=b_id;                                //书号
    book_name=b_n;                               //书名
    author=au;                                   //作者
    publishing=pu;                               //出版社
    price=pr;                                    //定价
}
book::book()
{   book_ID="";                                  //书号
    book_name="";                                //书名
    author="";                                   //作者
    publishing="";                               //出版社
    price=0;                                     //定价
}
void book::display()
{   cout<<"书号:"<<book_ID<<"\t";
    cout<<"书名:"<<book_name<<"\t";
    cout<<"作者:"<<author<<"\n";
    cout<<"出版社:"<<publishing<<"\t";
    cout<<"定价: "<<price<<"\n";
}
string book::getbook_ID()
{   return book_ID;                              //取书号
}
string book::getbook_name()
{   return book_name;                            //取书名
}
string book::getauthor()
{   return  author;                              //取作者
}
string book::getpublishing()
{   return  publishing;                          //取出版社
}
double book::getprice()
{   return price;                                //取定价
}
int  main()
{   int i=0,buyerid,flag;
```

```
book *c[2];                            //用指针数组存放book对象的地址
layfolk b1("林小荼",1,"北京",0);
honoured_guest b2("王遥遥",2,.6,"上海",0);
member b3("赵红艳",3,5,"广州",0);
buyer *b[3]={&b1,&b2,&b3};              //用指针数组存放继承了buyer类
                                       //的三个对象的地址
book c1("7-302-04504-6","C++程序设计","谭浩强","清华",25);
book c2("7-402-03388-9","  数据结构","许卓群","北大",20);
c[0]=&c1;
c[1]=&c2;
cout<<"购书人信息:\n\n";
for(i=0;i<3;i++)                       //显示三个继承了buyer类的对象
   b[i]->display();
cout<<"\n图书信息:\n\n";               //显示两个book对象的信息
for(i=0;i<2;i++)
   c[i]->display();
cout<<"\n\n请输入购书人编号:";
cin>>buyerid;
flag=0;
for(i=0;i<3;i++)
   if(b[i]->getid()==buyerid) { flag=1;break;}
      if(!flag) { cout<<"编号不存在"<<endl;}
      else
      { b[i]->setpay(c[0]->getprice());        //计算购书金额
        b[i]->setpay(c[1]->getprice());
        cout<<endl<<"购书人需要付费: "<<b[i]->getpay()<<"\n\n";
      }
   return 0;
}
```

图 12-5 显示了程序的运行结果。在实际应用时，也许并不需要将购书人的相关显示出来，在此，主要是为了更直观地表示在程序已经建立的 3 个继承了 buyer 类的对象，同时也可以调试这 3 个类的 display() 函数。

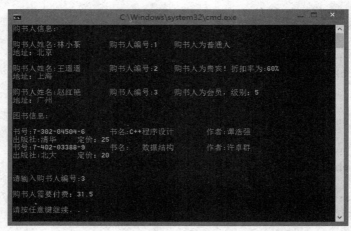

图 12-5 程序运行结果

12.2.2　举例：模拟 ATM 为用户提供服务

在"模拟网上购书的结账功能"实例中，我们基本上是按照本章第一节中讨论的方法去做的。而在本例中，我们将通过增加、修改等手段不断地完善对对象的设计和实现，也可以说是在"进化"程序。而最初的类定义和主控程序可能是非常简单的。

自动提款机（ATM）的用例图如图 12-1 所示。

1. 定义最初的类

如何定义最初的类呢？一般情况下，要把能想到的数据定义为数据成员。

对于每个储户，银行要记录一些信息。回忆一下，用户如何在 ATM 上取钱的呢？对了，首先用户要刷卡，这意味着 ATM 在读用户的账号，所以数据成员应该有账号一项；接着，ATM 要询问用户的密码；取钱时 ATM 要知道用户的账号是否有钱，所以应该有存款余额；尽管 ATM 并不真的要求输入用户的姓名，但按照常识，我们在银行开户时是实名制，所以数据成员也要有姓名，其实在这里使用姓名是为了方便调试程序。

至此，确定了 4 个数据成员：账号、密码、姓名和存款余额。

为了调试方便，一开始的成员函数不能复杂，能建立对象和显示对象就足够了。

最初的账户类 AccountItem 中定义了 4 个私有成员：账号、密码、姓名和存款余额，同时定义了公有成员构造函数和对象显示函数（Display）。

```
#include <string>
#include <iostream>
using namespace std;
class AccountItem
{ private:
    string m_Anumber;            //账号
    string m_Password;           //密码
    string m_Name;               //姓名
    double m_Balance;            //存款余额
  public:
    AccountItem();
    AccountItem(string Anumber, string Password,string Owener,const double
Balance);
    void Display();              //显示对象
};
AccountItem::AccountItem()        //构造函数
{ m_Anumber="";
  m_Password="";
  m_Name="";
  m_Balance=0;
};
//构造函数
AccountItem::AccountItem(string Anumber, string Password, string Name,const
double Balance)
{ m_Anumber=Anumber;
  m_Password=Password;
  m_Name=Name;
  m_Balance=Balance;
```

```
};
void AccountItem::Display()              //显示对象
{  cout<<"账号: ";
   cout<<m_Anumber<<endl;
   cout<<"密码: ";
   cout<<m_Password<<endl;
   cout<<"姓名: ";
   cout<<m_Name<<endl;
   cout<<"存款余额: ";
   cout<<m_Balance<<endl;
   return;
};
```

账号、密码、姓名的数据类型是字符串 string，本例使用已经预定义的类使用。

为了调试上面定义的 AccountItem 类，可以编写下面的主函数来进行测试，不妨称之为测试主函数 1。

```
//测试主函数1: 建立一个账户对象并显示
int main()
{  AccountItem lin;                                      //定义对象
   lin=AccountItem("110105586","wpupoi","林小荼",3000.56);  //构造对象
   lin.Display();                                        //显示对象
   return 0;
}
```

在测试主函数一中，建立了一个对象 lin，它的账户信息是：

账号: 110105586
密码: wpupoi
姓名: 林小荼
存款余额: 3000.56

程序运行时，主函数会显示对象 lin 的所有信息。

2．对 AccountItem 类进行第一次进化

使用最初定义的 AccountItem 类只能完成构造和显示对象两个功能。

现在，我们开始扩充程序和类。

考虑到账户信息应该存储到文件中，才能有效地为用户提供查询存款余额、取款和存款的服务，因为存、取款以后，存款余额要有所变化，所以可以在类 AccountItem 中增加成员函数 Write()，该函数执行对文件流的写操作，负责将对象信息写入文件。

在函数中要先建立两个对象，然后将对象的信息写入文件 Account.in 中。

两个以上的对象一般应该用对象数组来存储，对象数组的相关操作可以使用向量类 vector，vector 就象字符串类 string 一样，也是经常需要使用的。

增加成员函数 Write()以后的 AccountItem 类定义如下：

```
class AccountItem
{  private:
      string m_Anumber;           //账号
      string m_Password;          //密码
      string m_Name;              //姓名
      double m_Balance;           //存款余额
   public:
```

```
        AccountItem();
        AccountItem(string Anumber, string Password,
                    string Owener,const double Balance);
        void Display();              //显示对象
        void Write(ofstream& s);
};
AccountItem::AccountItem()              //构造函数
{   m_Anumber="";
    m_Password="";
    m_Name="";
    m_Balance=0;
};
//构造函数
AccountItem::AccountItem(string Anumber,string Password,string Name,const
double Balance)
{   m_Anumber=Anumber;
    m_Password=Password;
    m_Name=Name;
    m_Balance=Balance;
};
void AccountItem::Display()            //显示对象
{   cout<<"账号: ";
    cout<<m_Anumber<<endl;
    cout<<"密码: ";
    cout<<m_Password<<endl;
    cout<<"姓名: ";
    cout<<m_Name<<endl;
    cout<<"存款余额: ";
    cout<<m_Balance<<endl;
    return;
};
//写账目
void AccountItem::Write(ofstream& s)
{   s<<m_Anumber<<endl;
    s<<m_Password<<endl;
    s<<m_Name<<endl;
    s<<m_Balance<<endl;
    return;
};
```

下面是测试主函数 2，该程序负责建立一个账户对象数组，并存储到文件中。

```
#include <string>
#include <iostream>
#include <fstream>
#include <vector>
using namespace std;
//加入上面的 AccountItem 类定义
//测试主函数 2
int main()
{   ofstream OutputStream("Account.in");        //打开要写的文件
    vector <AccountItem> AllItems(100);//定义存放 100 个 AccountItem 对象的数组空间
```

```
        short i;                                       //记录对象的个数
        short AccountbookCount;                        //为两个对象赋值
        AllItems[0]=AccountItem("110105586","wpupoi","张三丰",3000.56);
        AllItems[1]=AccountItem("123456789","029876","黄容",300.56);
                                                       //在屏幕上显示这两个对象
        AccountbookCount=2;
        for(i=0;i<AccountbookCount;i++)
        { AllItems[i].Display();
        }
        //将两个对象记录存储到文件中
        for(i=0;i<2;i++)
          AllItems[i].Write(OutputStream);
        return 0;
}
```

主函数的主要操作：

（1）为了将对象信息写入文件，首先要将该文件打开，文件名为 Account.in。

（2）存放两个以上的对象，需要使用对象数组。使用 vector 类中的模板类，能存放 100 个 AccountItem 对象的数组空间。

（3）使用 AccountItem 的构造函数和 vector 类对赋值号的重载，为两个对象 AllItems[0]和 AllItems[1]设置初值。

（4）使用 AccountItem 类的成员函数 Display()显示 AllItems[0]和 AllItems[1]的值。

（5）使用 AccountItem 类的成员函数 Write()将对象 AllItems[0]和 AllItems[1]的值存储到文件中。

程序运行结果如下：

账号: 110105586
密码: wpupoi
姓名: 张三丰
存款余额: 3000.56
账号: 123456789
密码: 029876
姓名: 黄容
存款余额: 300.56

同时，该程序的运行使 Account.in 文件中存储了这两个对象的信息，读取它们就是下面要做的工作。

3. 对 AccountItem 类进行第二次进化

如果想对账户进行正确的操作，AccountItem 类中不但应该有写文件的操作，还应该有从文件读数据到内存的操作。这样，就可以将写到文件 Account.in 的信息读入内存并显示在显示器上，也可以为查询等操作做准备。

因此，第二次进化的操作是增加成员函数 Read()，Read()负责对文件流进行读操作。

增加成员函数 Read()以后的 AccountItem 类定义如下：

```
class AccountItem{
  private:
    string m_Anumber;                      //账号
    string m_Password;                     //密码
    string m_Name;                         //姓名
```

```
        double m_Balance;                    //存款余额
    public:
        AccountItem();
        AccountItem(string Anumber, string Password, string Owener,
            const double Balance);
        void Display();                      //显示对象
        void Write(ofstream& s);
        void Read(ifstream& s);
};
AccountItem::AccountItem()                   //构造函数
{   m_Anumber="";
    m_Password="";
    m_Name="";
    m_Balance=0;
};
//构造函数
AccountItem::AccountItem(string Anumber, string Password,  string Name,const
double Balance)
{   m_Anumber=Anumber;
    m_Password=Password;
    m_Name=Name;
    m_Balance=Balance;
};
void AccountItem::Display()                  //显示对象
{   cout<<"账号: ";
    cout<<m_Anumber<<endl;
    cout<<"密码: ";
    cout<<m_Password<<endl;
    cout<<"姓名: ";
    cout<<m_Name<<endl;
    cout<<"存款余额: ";
    cout<<m_Balance<<endl;
    return;
};
//写账目
void AccountItem::Write(ofstream& s)
{   s<<m_Anumber<<endl;
    s<<m_Password<<endl;
    s<<m_Name<<endl;
    s<<m_Balance<<endl;
    return;
};
//读入账目
void AccountItem::Read(ifstream& s)
{   s>>m_Anumber;
    s>>m_Password;
    s>>m_Name;
    s>>m_Balance;
};
```

为了调试进化的类 AccountItem，可以编写测试主函数 3 如下：

//测试主函数 3

```
int main()
{
   ifstream InStream("Account.in");     //打开要读的文件
   vector <AccountItem> AllItems(100);//定义存放100个AccountItem对象的数组空间
   short i;
   short AccountbookCount;
   //读入文件中的对象
   for(i=0;i<100;i++)
   {  AllItems[i].Read(InStream);
      if(InStream.fail()!=0)
      break;
   }
   AccountbookCount=i;                    //记录读入的对象的个数
   //显示读入的若干对象
   for(i=0;i<AccountbookCount;i++)
   {  cout<<endl;
      AllItems[i].Display();
   }
   return 0;
}
```

注意，在主函数中仍然要include包含需要的文件。

```
#include <string>
#include <iostream>
#include <fstream>
#include <vector>
using namespace std;
```

主函数中的主要操作：

（1）为了将对象信息从文件中读入内存，首先要将该文件打开，文件名为就是前面生成的文件Account.in。

（2）存放两个以上的对象，需要使用对象数组。使用vector类中的模板类，定义能存放100个AccountItem对象的数组空间。

（3）使用AccountItem类的成员函数Read从文件中读入数据到对象AllItems[0]和AllItems[1]中。

（4）使用AccountItem类的成员函数Display()显示AllItems[0]和AllItems[1]的值。

测试主函数3运行结果如下：

账号：110105586
密码：wpupoi
姓名：张三丰
存款余额：3000.56
账号：123456789
密码：029876
姓名：黄容
存款余额：300.56

4. 对 AccountItem 类进行第三次进化

完成对对象的读写操作以后，就要考虑增加一些新的成员函数来模拟ATM为用户服务时有可能对账户信息进行的操作

　　例如，客户取款时，需要输入账号（模拟刷卡）和密码，系统在确认对方的合法身份以后，需要询问客户需取款的金额，并修改对象的存款余额等。

　　因此，要在 AccountItem 增加若干成员函数，以完成相应的功能，如取账号、取密码、修改存款余额等。

```
class AccountItem
{ private:
    string m_Anumber;                 //账号
    string m_Password;                //密码
    string m_Name;                    //姓名
    double m_Balance;                 //存款余额
  public:
    AccountItem();
    AccountItem(string Anumber, string Password, string Owener,
          const double Balance);
    void Display();
    void Read(ifstream& s);           //读入账目数据
    void Write(ofstream& s);          //修改账目
    short CheckNumber(string Anumber);     //检测账号
    string GetNumber();               //取账号
    string GetPassword();             //取密码
    void DeductBalance(double pay);        //修改存款余额
    double GetBalance();              //取存款余额
    string GetName();                 //取账户名
    short AccountItem::IsNull() ;
};
AccountItem::AccountItem()            //构造函数
{ m_Anumber="";
  m_Password="";
  m_Name="";
  m_Balance=0;
};
//构造函数
AccountItem::AccountItem(string Anumber,string Password,string Name,
                  const double Balance)
{ m_Anumber=Anumber;
  m_Password=Password;
  m_Name=Name;
  m_Balance=Balance;
};
void AccountItem::Display()           //显示对象
{ cout<<"账号: ";
  cout<<m_Anumber<<endl;
  cout<<"密码: ";
  cout<<m_Password<<endl;
  cout<<"姓名: ";
```

```
    cout<<m_Name<<endl;
    cout<<"存款余额: ";
    cout<<m_Balance<<endl;
    return;
};
void AccountItem::Read(ifstream& s)              //从输入流读入数据
{  s>>m_Anumber;
   s>>m_Password;
   s>>m_Name;
   s>>m_Balance;
};
short AccountItem::CheckNumber(string Anumber)    //检测账号
{  if(m_Anumber==Anumber)
      return 1;
   else
     return 0;
};
string AccountItem::GetNumber()                   //取账号
{  return m_Anumber;
};
string AccountItem::GetPassword()                 //取密码
{  return m_Password;
};
void AccountItem::DeductBalance(double Pay)       //修改存款余额
{  m_Balance=Pay;
};
double AccountItem::GetBalance()                  //存款余额
{  return m_Balance;
};
string AccountItem::GetName()                     //取账户姓名
{  return m_Name;
};
short AccountItem::IsNull()                       //判空
{  if(m_Anumber=="")
      return 1;
   return 0;
};
void AccountItem::Write(ofstream& s)              //修改账目
{  s<<m_Anumber<<endl;
   s<<m_Password<<endl;
   s<<m_Name<<endl;
   s<<m_Balance<<endl;
   return;
};
```

新增加的成员函数和功能：

（1）检测账号。判断对象的账号与给定参数是否相等。若相等，返回1；否则返回0。

（2）取账号。返回对象的账号。

（3）取密码。返回对象的密码。

（4）修改存款余额。从当前对象的存款余额中减去参数表示的钱款。

（5）取存款余额。返回对象的存款余额。

（6）取账户姓名。返回对象的账户姓名。

（7）判空。判断对象的账号是否为空。

为了调试最新的类 AccountItem，编写下面的测试主函数 4：

```
//测试主函数 4
int main()
{                                      //打开要读的文件
    ifstream InStream("Account.in");
                                       //定义存放 100 个 AccountItem 对象的数组空间
    vector<AccountItem> AllItems(100);
    short i;
    short AccountbookCount;
    string AccountNo;
    string AccPassword;
    double AccountCount;
    bool Found1;
    bool Found2;
    //读入对象
    for(i=0;i<100;i++)
    {  AllItems[i].Read(InStream);
       if(InStream.fail()!=0)
          break;
    }
    //请用户输入账号和密码
    AccountbookCount=i;
    cout<<"请输入账号: "<<endl;
    cin>>AccountNo;
    cout<<"请输入密码: "<<endl;
    cin>>AccPassword;
    //对账号和密码进行验证
    Found1=false;
    Found2=false;
    for(i=0;i<AccountbookCount;i++)
    {
        if(AccountNo==AllItems[i].GetNumber())
        {  Found1=true;  }
        if( Found1==true &&  AccPassword==AllItems[i].GetPassword())
        {  Found2=true;
           break;
        }
    }
    //验证成功，可以取钱了!
```

```
if(Found2==true)
{  cout<<"请输入要取款的金额: "<<endl;
   cin>>AccountCount;
// 如果账户余额小于等于客户要取的钱数可以取
   if(AccountCount<=AllItems[i].GetBalance())
   {                                          //取钱，修改对象
     AllItems[i].DeductBalance(AccountCount);
                      //显示新的存款余额（并没有存储到文件）
     cout<<AllItems[i].GetBalance()<<endl;
   }
   else
     cout<<"账上的钱不够了! "<<endl;
 }
 else
    if (Found1==true)
      cout<<"密码有误"<<endl;
    else
      cout<<"账号不存在"<<endl;
  return 0;
}
```

测试主函数的主要操作：

（1）为了将对象信息从文件中读入内存，首先要将该文件打开，文件名是用前面的程序写入数据的文件 Account.in。

（2）使用 vector 类中的模板类，定义能存放 100 个 AccountItem 对象的数组空间。

（3）接收用户输入的账号和密码。

（4）使用 AccountItem 类的成员函数 Read 从文件中读入数据到对象 AllItems[0]和 AllItems[1]中。

（5）使用 AccountItem 类的成员函数 GetNumber()在对象数组中查询是否有相应的账号。

（6）使用 AccountItem 类的成员函数 GetPassword()取出密码并判断密码和账号是否匹配。

（7）若账号和密码匹配，允许用户取钱，请用户输入要取的钱。

（8）使用 AccountItem 类的成员函数 GetBalance()取出存款余额，并判断用户所取金额是否小于存款余额。

（9）若用户所取金额小于存款余额，使用 AccountItem 类的成员函数 DeductBalance()修改存款余额，表示用户已经将钱取走。

（10）使用 AccountItem 类的成员函数 GetBalance()取出修改后存款余额，并显示。

注意：为了调试简单，本试验程序并没有真正把修改以后的存款余额并存储到文件中。这个任务由后面的程序完成。

5. 增加一个新的类 Accountbook

尽管前面的程序已经完成了 ATM 的不少功能，但还是不够完善，如修改后的账目并没有存储到文件中。真正要使修改有效，必须进行文件的写操作。在测试主函数 4 中，已经包含了对文件 Account.in 的读操作，那么，只要把修改后的对象再写回同一文件中，修改就有效了。

另外，在主函数的操作中有不少是对对象数组的操作。例如，将两个对象读入内存，再将两个对象显示出来等。为了程序简单易懂，我们一直是在操作两个对象，其实对这两个对象的操作

可以改为对 n 个对象的操作。那么，是否可以把这 n 个对象定义为一个类呢？回答是肯定的。不断完善对象设计是面向对象程序设计的目标之一。

现在定义一个新的账目本类 Accountbook，该类的一个对象将存放一组账户类 AccountItem 的对象。

```cpp
class Accountbook
{ private:
    vector<AccountItem> m_Account;            //AccountItem 对象数组
    short m_AccountCount;                      //数组中的对象个数
  public:
    Accountbook();                            //构造函数
    short LoadAccountbook(ifstream& InputStream);  //读入账目本
    void StoreAccountbook(ofstream& OutputStream); //为修改账目本写文件
    AccountItem FindItem(string No_);          //在账目本中查询
    bool UpdateItem(AccountItem Item);         //修改账目中的一个记录
};
//构造函数
Accountbook::Accountbook()
{ m_Account=vector<AccountItem>(100);          //100 个对象空间
  m_AccountCount=0;                            //对象个数为 0
}
//读入账目本
short Accountbook::LoadAccountbook(ifstream& InputStream)
{ short i;
  //从文件中读入 i 个对象
  for(i=0;i<100;i++)
  { m_Account[i].Read(InputStream);
    if(InputStream.fail()!=0)
       break;
  }
  InputStream.close();                         //关闭文件
  m_AccountCount=i;
  return m_AccountCount;                        //返回读入对象的个数
}
//按给定账号在账目本中查询
AccountItem Accountbook::FindItem(string No_)
{ short i;
  bool Found=false;
  for(i=0;i<m_AccountCount;i++)
  {
    if(m_Account[i].GetNumber()==No_)
    {
      Found=true;
      break;
    }
  }
```

```
    if(Found==true)
        return m_Account[i];                    //若查询到，返回该对象
    return AccountItem();                       //若未查询到，返回一个空对象
}
//按所给对象修改对象内容，但是账号不能修改
bool Accountbook::UpdateItem(AccountItem Item)
{   string No_=Item.GetNumber();
    short i;
    bool Found=false;
//按账号在账目本中查询账号与所给对象相同的对象
    for(i=0;i<m_AccountCount;i++)
    {   if(m_Account[i].GetNumber()==No_)
        {   Found=true;
            break;
        }
    }
    //如果查询到,修改对象内容
    if(Found==true)
        m_Account[i]=Item;
    return Found;
}
//修改账目本
void Accountbook::StoreAccountbook(ofstream& OutputStream)
{   short i;
//将对象组输出到文件
    for(i=0;i<m_AccountCount;i++)
        m_Account[i].Write(OutputStream);
    OutputStream.close();                       //关闭文件
    return;
}
```

在 Accountbook 类中定义两个私有数据成员：

```
vector <AccountItem> m_Account;
short m_AccountCount;
```

m_Account 为 AccountItem 类型的对象数组，m_AccountCount 则记录了对象的个数。

在 Accountbook 类中定义了 5 个成员函数，其名称和功能如下：

（1）构造函数 Accountbook()在构造函数中建立 100 个 AccountItem 对象空间，对象的个数 m_Account 设置为 0。

（2）成员函数 LoadAccountboo()负责将输入文件流的内容读入账目本的对象空间，并根据读入的对象个数重新设置 m_Account。

（3）成员函数 StoreAccountbook()负责将账目本的对象空间中的内容写到输出文件流中。这样，就可以保证账户被修改后的内容存入文件中。

（4）成员函数 FindItem()，根据参数提供的账号，在账目本中查询该账号是否存在。

（5）成员函数 UpdateItem()，根据参数提供的一个对象，在账目本中找到该对象，并修改除账号以外的其他项。

为了调试增加的类 Accountbook，编写测试主函数 5，它可以模拟用户在 ATM 上取钱和查询余额的情况。这也是本例的最后一个测试主函数。

```cpp
//测试主函数 5
int main()
{ //打开文件
  ifstream InputStream("Account.in");
  string AccountNo;
  string AccPassword;
  double AccountCount;
  string ItemName;
  double OldAccountbook;
  Accountbook MyAccountbook;
  AccountItem FoundItem;
  string TransactionCode;
  string Count;
  //读入账目本
  MyAccountbook.LoadAccountbook(InputStream);
  cout<<"请输入账号: ";
  cin>>AccountNo;
  //在账目本中查询
  FoundItem=MyAccountbook.FindItem(AccountNo);
  if(FoundItem.IsNull())
  { cout<<"账号不存在."<<endl;
    return 0;
  }
  //读入密码
  cout<<"请输入密码: ";
  cin >> AccPassword;
  //判断密码是否正确
  if(FoundItem.GetPassword()!=AccPassword)
  { cout<<"密码错误! "<<endl;
    return 0;
  }
  //取原存款余额
  OldAccountbook=FoundItem.GetBalance();
  //请客户选择交易代码
  cout<<"请选择交易代码:"<<endl;
  cout<<"G (取钱)"<<endl;
  cout<<"C (查询余额)"<<endl;
  cin>>TransactionCode;
  //判断用户需要做什么
  if(TransactionCode=="C"||TransactionCode=="c")
  {   //查询存款余额
    cout<<"余额是: "<<FoundItem.GetBalance()<<endl;
  }
  else if(TransactionCode=="G"||TransactionCode=="g")
  { //取款
    cout<<"请选择取钱的数量: "<<endl;
    cout<<"1 (取 100)"<<endl;
    cout<<"2 (取 200)"<<endl;
    cout<<"5 (取 500)"<<endl;
    cout<<"A (取 1000)"<<endl;
    cout<<"B (取 2000)"<<endl;
    cin>>Count;
```

```
        if(Count=="1") AccountCount=100.;
        else if(Count=="2") AccountCount=200.;
        else if(Count=="5") AccountCount=500.;
        else if(Count=="A") AccountCount=1000.;
        else if(Count=="B") AccountCount=2000.;
        else {  cout<<"选择错误"<<endl; return 0;}
        //判断存款余额是否够
        if(OldAccountbook<AccountCount)
        {  cout<<"存款余额不够! "<<endl;   }
        else
        { //修改对象的存款余额
          FoundItem.DeductBalance(AccountCount);
          //修改账目本
          MyAccountbook.UpdateItem(FoundItem);
          cout<<"请取钱!"<<endl;
          //将修改后的账目本写到文件中
          ofstream OutputStream("Account.in");
          MyAccountbook.StoreAccountbook(OutputStream);
        }

    return 0;
}
```

执行测试主函数 5 后的运行情况如图 12-6 和图 12-7 所示。

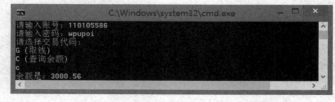

图 12-6　查询存款余额

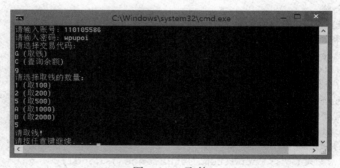

图 12-7　取款

测试主函数 5 中主函数的主要操作：

（1）为了将对象信息从文件中读入内存，首先要将该文件打开，文件名为是测试主函数 2 程序写入的文件 Account.in。

（2）定义一个账目本 Accountbook 类的对象 MyAccountbook。

（3）接收用户输入的账号。

（4）使用 Accountbook 类的成员函数 FindItem()在账目本中查询用户输入的账号是否存在。

（5）若账号存在，请用户输入密码，并判断密码和账号是否匹配。

（6）若账号和密码匹配，允许用户取钱，显示用户的存款余额。

（7）请客户选择交易代码：若用户选择 G，表示要取钱；若用户选择 C，表示要查询余额。

（8）根据用户的选择，进行查询和显示。

（9）若用户是取款操作，请用户选择钱数。

（10）判断存款余额是否大于用户的取款数。若是，允许取款，修改对象的存款余额。

（11）使用 Accountbook 的 UpdateItem()成员函数修改账目本。

（12）使用 Accountbook 的 StoreAccountbook()成员函数将修改后的账目写到文件中。

注意：输出的文件名仍然是 Account.in。

本例最终的程序是对 ATM 运行情况的模拟，但程序中只设计了查询和取款操作，其他的操作（如存款、修改密码以及输入密码显示的是"*"等）留做习题。

本 章 小 结

面向对象程序设计方法越来越受到广大程序设计者的青睐。尤其对于复杂度较高的大型软件系统，传统的模块化设计方法已经不能满足人们的要求。

传统的程序设计方法一般采取自顶向下的设计方法。整个软件系统是由分层次的子程序集合构成的。在使用自顶向下的设计方法时，要求程序设计人员尤其是负责人必须对系统的调用关系非常清楚，对大型系统来说这是非常困难的。同时，自顶向下设计的方法还有一大缺点，即上层子程序的简单改动，可能造成底层程序的大量修改。

面向对象程序设计方法提供了一种新的系统设计模型。就是将软件系统看成对象的集合，而对象是通过交互作用来完成任务的，每个对象用自己的方法管理数据。

自顶向下程序设计方法将系统视为函数模块的集合，面向对象程序设计方法则以对象设计为基础。

本章通过两个实例介绍面向对象程序设计中一种常用的软件开发方法。这种方法将软件开发过程划分为明显的几个阶段：问题分析和功能定义、对象（类）设计及实现、核心控制设计、编码与测试、进化。

习　　题

【12.1】修改教材中 ATM 的程序，增加存款、修改密码的操作。

【12.2】修改网上购书的例子，模拟下订单的操作。每张订单的数据成员如下：

```
class order
{   static int ordercount;              //自动增加订单编号
    int orderID;                        //订单编号
    int buyerID;                        //购书人编号
    int listcount;                      //购书数量
    string orderlist[20];               //记录书号的数组
    ...
}
```

参 考 文 献

[1] 陈维兴，林小茶．C++面向对象程序设计教程[M]．3 版．北京：清华大学出版社，2009．

[2] 陈维兴，林小茶．C++面向对象程序设计[M]．北京：中国铁道出版社，2004．

[3] [美]DEITEL H M，DEITEL P J．C++大学教程[M]．2 版．邱仲潘，等，译．北京：电子工业出版社，2002．

[4] [美]COHOON J P，DAVIDSON J W．C++程序设计[M]．3 版．刘瑞挺，等，译．北京：电子工业出版社，2002．

[5] [美]OVERLAND B．C++语言命令详解[M]．3 版．董梁，等，译．北京：电子工业出版社，2002．

[6] [美]LEE R C，TEPFENHARD W M．C++面向对象开发[M]．2 版．麻志毅，蒋严冰，译．北京：机械工业出版社，2002．

[7] 谭浩强．C++程序设计[M]．北京：清华大学出版社，2004．

[8] 钱能．C++程序设计教程[M]．北京：清华大学出版社，2005．

[9] 吴文虎．程序设计基础[M]．北京：清华大学出版社，2003．

[10] 郑莉，董渊，张端丰．C++语言程序设计[M]．3 版．北京：清华大学出版社，2003．

[11] 罗建军，朱丹军，顾刚，等．C++程序设计教程[M]．2 版．北京：高等教育出版社，2007．

[12] 吴克力．C++面向对象程序设计：基于 Visual C++ 2010[M]．北京：清华大学出版社，2013．